장진호 전투와 흥남철수작전

현봉학 박사와 포니 대령의 미담사례 포함

장진호 전투와 흥남철수작전
현봉학 박사와 포니 대령의 미담사례 포함

2015년 06월 05일 초판1쇄 발행
2023년 11월 15일 초판2쇄 발행

지은이 | 스탠리 웨인트라웁
옮긴이 | 송승종
교정교열 | 정난진
펴낸이 | 이찬규
펴낸곳 | 북코리아
등록번호 | 제03-01240호
주소 | 13209 경기도 성남시 중원구 사기막골로 45번길 14
우림2차 A동 1007호
전화 | 02-704-7840
팩스 | 02-704-7848
이메일 | ibookorea@naver.com
홈페이지 | www.북코리아.kr
ISBN | 978-89-6324-425-9 (03390)

값 17,000원

A Christmas Far from Home

장진호 전투와 흥남 철수작전

현봉학 박사와
포니 대령의 미담사례 포함

스탠리 웨인트라웁 지음
송승종 옮김

북코리아

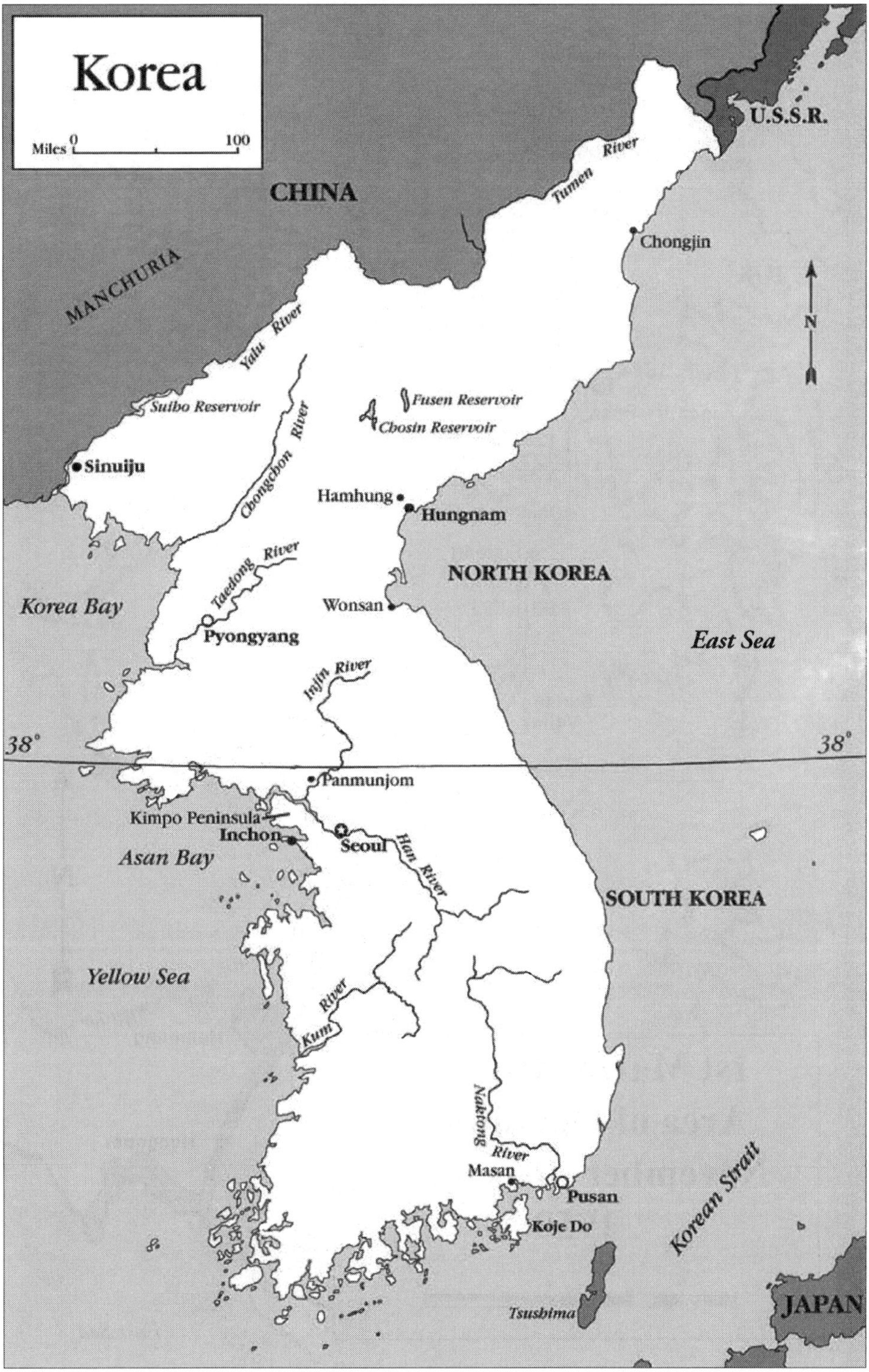

Korea
Miles 0 100
CHINA
U.S.S.R.
Tumen River
Chongjin
MANCHURIA
Yalu River
N
Suiho Reservoir
Fusen Reservoir
Chosin Reservoir
Chongchon River
Sinuiju
Hamhung
Hungnam
Taedong River
NORTH KOREA
Korea Bay
Wonsan
Pyongyang
East Sea
Imjin River
38°
38°
Panmunjom
Kimpo Peninsula
Inchon
Seoul
Asan Bay
Han River
SOUTH KOREA
Yellow Sea
Kum River
Naktong River
Masan
Pusan
Korean Strait
Koje Do
Tsushima
JAPAN

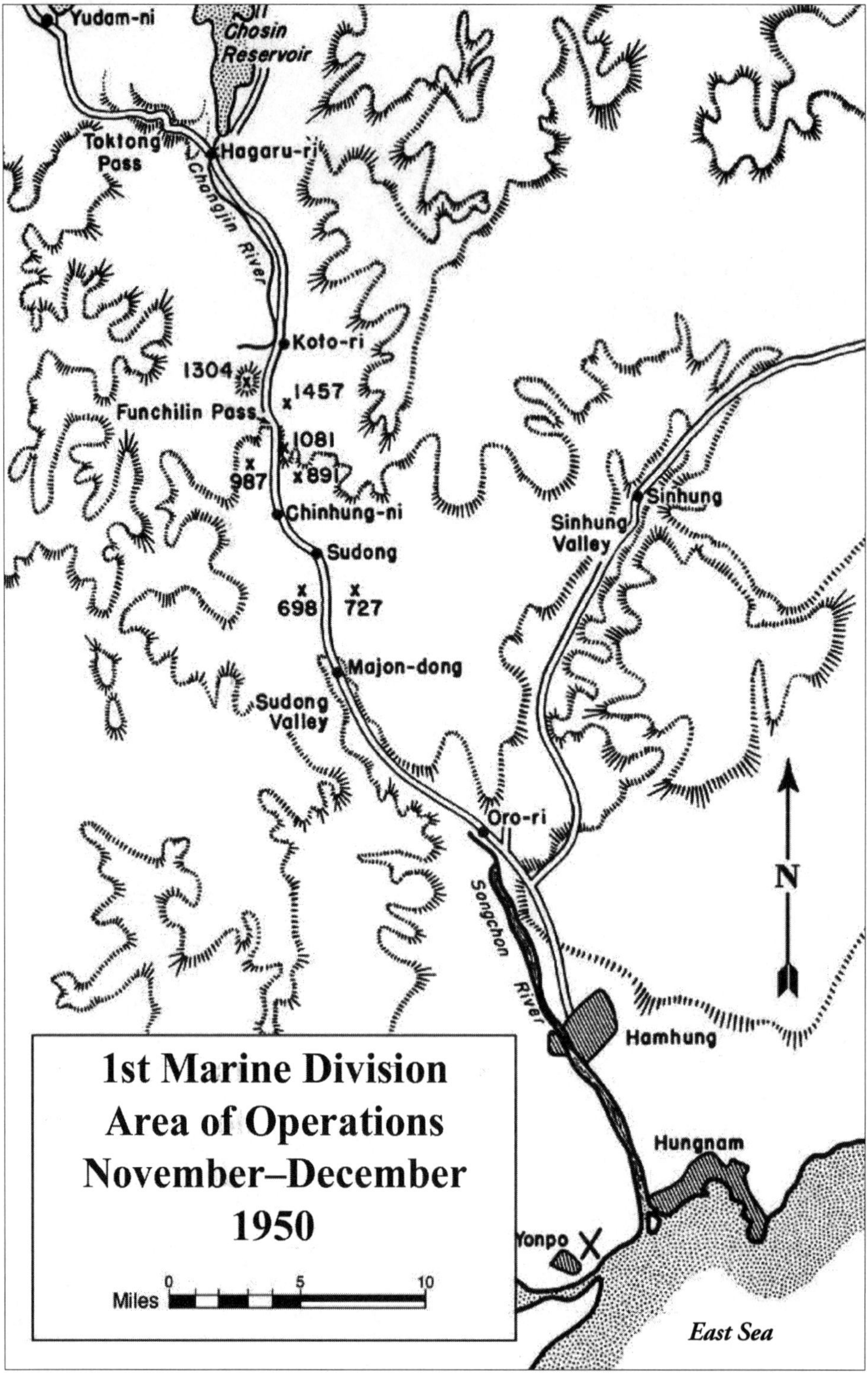

1st Marine Division
Area of Operations
November–December
1950

추천사

흔히 한국전쟁을 '잊힌 전쟁(Forgotten War)'이라고 부른다. 그러나 아직도 '현재 진행형'인 한국전은 결코 잊혀서도 안 되고, 잊힐 수도 없는 전쟁이다. 한국전쟁의 본질은 미국을 비롯한 참전 16개국과 자유를 갈망하는 국제사회가 북한 공산주의자들의 침략에 맞서 싸워 영예로운 승리를 거두었다는 데 있다.

남한 영토의 90%를 상실하고 낙동강 방어선에 의지한 채, 우리 민족의 생사와 존망이 풍전등화의 위기에 처해 있던 바로 그때, 맥아더 사령관의 기습적인 인천상륙작전의 성공으로 일거에 전황이 송두리째 뒤바뀌는 감격적인 순간을 맞이했다. 인천상륙작전은 역대 상륙전 역사에서 불멸의 전설로 남게 될 위대한 승리였다. 맥아더는 미 합참과 국방부의 강력한 반대와 설득에도 불구하고 '성공 확률이 5천분의 1'이라는 인천상륙작전을 끝까지 관철시켰다. 인천상륙작전에는 미 제10군단 예하 미 제1해병사단, 미 제7보병사단을 주력부대로 하여 한국군 제1해병연대(신현준 대령)와 육군 제17연대(백인엽 대령) 등 총 7만 명의 병력과 약 260척의 각종 함정이 투입되었다. 역사적인 상륙작전에 한국군 해병이 참여하게 된 것은 당시 손원일 제독의 강력한 요구가 있었기 때문이다.

암호명 '크로마이트 작전(Operation CHROMITE)'으로 알려진 인천상륙작전은 눈부신 승리를 거두었다. 이 작전의 성공요인에는 여러 가지가 있겠으나, 단연 돋보이는 것은 맥아더 사령관의 탁월한 판단력과 특유의 끈질김이었다. 먼저, 그는 북한군의 주력이 낙동강 방어선에 투입된 결과, 서울과 인천 지역에는 불과 1만 명의 병력만이 남아 있기 때문에 상륙작전을 방해할 정도의 수준이 아니라는 것을 꿰뚫어 보았다. 또 "상륙 여건이 가장 양호한 지역에 상륙"할 것을 주장하며 군산을 최적의 상륙지역으로 판단한 미 합참과 해군에 대하여, 맥아더는 "우리가 전략목표를 달성하기 위해 상륙해야만 하는 지역에 상륙"하자는 주장을 끝까지 굽히지 않은 끝에, 상륙을 불과 닷새 앞둔 1950년 9월 10일이 되어서야 작전개시에 대한 미 합참과 국방부의 승인을 받을 수 있었다. 인천상륙작전으로 미 제8군을 '해머(hammer)', 그리고 새로 창설된 상륙부대인 미 제10군단을 '모루(anvil)'로 삼아 북한군의 주력을 한강 이남에서 포착 및 궤멸시킨다는 전략 구상이 대성공을 거둠에 따라 맥아더 사령관의 선견지명이 옳았음이 입증되었다.

그러나 예상을 뛰어넘는 인천상륙작전의 대대적인 성공은 결과적으로 맥아더 사령관의 예지와 판단력을 흐리게 만드는 요인이 되었던 것으로 보인다. 그는 크리스마스인 1950년 12월 25일까지 한국전쟁에서 완승을 거두고 한반도의 통일을 달성한 다음, 미군 장병들을 본토로 귀국시키겠다는 대담한 구상을 수립하였으나, 결과적으로 그 약속을 지킬 수 없었다. 중공군 대부대가 사전 예고도 없이 참전하였기 때문이다.

『장진호 전투와 흥남철수작전』은 30만 명에 이르는 엄청난 규모의 중공군이 이미 압록강을 건너 북한 지역 곳곳에 침투해 들어온 사실을 미처 인식하지 못하고 북쪽으로의 진군에 매진하였던 미군들, 특히 원산에 상륙한 후에 개마고원 방향으로 전진하였던 미 제10군단 예하부대들이 중공군의 기습으로 절체절명의 위기에 빠졌던 순간들을 집중적으로 조명한 작품이다.

『장진호 전투와 흥남철수작전』을 관통하는 키워드는 자기 부대의 10배가 넘는 중공군의 기습적인 포위공격을 받아 궤멸될 위기에 처했으나, '후방으로의 공격'이라는 새로운 신화를 창출하여 10만 명의 미 제10군단 병력과 10만 명의 한국인 피난민의 기적적 생환을 이룬 흥남철수작전의 주역인 미 제1해병사단이 발휘한 불멸의 해병대 투혼과 감투정신이다. 장진호 전투의 승리에 깊은 감명을 받은 미국의 조지 W. 부시 대통령은 2005년 1월 2일, 미 제1해병사단의 요람인 캘리포니아의 '캠프 펜들턴(Camp Pendleton)'을 방문하는 자리에서, "한국전쟁 당시, 중공군 7개 사단을 격파하는 대승을 거둬 해병대의 위대한 전통을 수립했다"고 칭송할 정도였다.

이 책의 곳곳에서 발견되는 해병대 정신과 선견지명은 실로 가슴 뭉클할 정도로 감동적이고 자랑스럽다. 가장 두드러진 등장인물은 단연 제1해병사단장인 올리버 프린스 스미스(Oliver Prince Smith) 소장으로, 그의 괄목할 만한 성과를 요약하면 세 가지이다. 첫째, 맥아더 사령관의 참모장 출신으로서 전황을 '낙관'하고 있던 아몬드 미 제10군단장과는 달리, 본능적으로 임박한 위험을 감지한 스미스 사단장은 홍남 항구로부터 구절양장 같은 120킬로미터의 험준한 산길을 돌고 돌아야 도착할 수 있는 해발 1,000~2,000미터의 고산지대 개마고원의 한복판에 자리 잡은 '하갈우리'에 미군 쌍발 수송기가 이·착륙할 수 있는 '활주로'를 건설하기로 결심했다. 스미스 사단장이 활주로가 완공되면 물자·장비의 보급은 물론이고 '부상자'도 신속하게 후송할 수 있을 것이라고 설명하자, 아몬드 군단장은 "무슨 부상자?"라며 뜨악했던 것으로 전해진다. 하지만 이 간이 활주로는 5,000여 명에 가까운 부상자를 후송시켜 귀중한 인명을 살리는 데 수훈갑이 되었다. 둘째, 아몬드 군단장은 서부전선의 미 제8군의 진출속도에 비례하여 미 제10군단의 신속한 북진을 독려하면서, 일일 전진속도가 1마일에 불과한 미 해병1사단에게 북쪽으로 난 도로를 따라 "쏜살같이 질주"할 것을 재촉했다. 하지만 스미스 사단장은 군단장의 지휘권에 대한 도전으로 비칠 수도 있었음에도 불구하고 영하 20~40도에 육박하는 혹한의 기상과 험준한 지형에서 언제 닥칠지도 모르는 위험에 대비하여 하갈우리와 장진호 일대의 중요한 지점들에 작전과 보급을 위한 캠프를 설치하며 조심스럽게 전진하였다. 이처럼 스미스 사단장의 신중하고 주도면밀한 예비동작이 없었다면, 해병1사단은 물론이고 미 제10군단 전체가 전멸할 수도 있었을 것이다. 셋째, 서부전선에서 중공군의 기습으로 미 제8군의 주력이 심대한 타격을 입자, 동부전선에서 북진하던 미 제10군단의 철수가 불가피해졌다. 하지만 스미스 소장은 "철수"라는 용어를 사용하는 대신에 "후방으로의 공격"임을 강조하는 신선한 사고의 전환으로, 자칫하면 심리적 공포로 전선이 무너질 수도 있는 위기상황을 오히려 장병들의 전의와 투혼을 북돋우는 호기로 전환시키는 발군의 리더십을 발휘했다.

『장진호 전투와 흥남철수작전』에 등장하는 해병정신은 비단 스미스 사단장에게만 국한되지 않는다. 아마도 가장 드라마틱하고 감동적인 장면은 동료를 구출하기 위해 전투기를 버리고 뛰어내린 토머스 허드너(Thomas Hudner Jr.) 중위의 애틋한 우정일 것이다. 코르세어(Corsair) 전투기를 몰고 하갈우리 작전을 지원하던 허드너 중위는 동료이자 친구인 제시 브라운(Jesse Brown) 소위의 전투기가 중공군 지상화기에 맞아 격추되는 장면을 목격하였다. 그는 브라운 소위가 아직 살아 있는 것을 확인하고는 그를 구하기 위해 대담하게도 자신이 몰던 전투기에서 탈출하여 지상으로 착륙한 다음, 무전으로 헬기 지원을 요청했다. 그는 때마침 날아온 헬기 조종사 찰스 워드(Charles Ward) 중위와 전투기 동체 밑에 깔린 브라운 소위의 발을 빼내기 위해 사투를 벌였지만, 날이 저물어 어둠이 깔리고 근처의 중공군이 접근할 조짐을 보이자, 안타깝게도 구출에 성공하지 못한 채 그 자리를 떠날 수밖에 없었다. 사실 그때까지 흑백 간 인종차별이 잔존하였던 군대에서 백인인 허드너 중위와 흑인 조종사 브라운 소위는 한국전쟁 전부터 인종을 뛰어넘는 개인적 친분을 쌓아오고 있었다. 비정하고 냉혹한 전쟁터에서 진정한 해병대 사나이가 보여준 참으로 가슴 뭉클하고 감동적인 우정과 사랑의 이야기다.

『장진호 전투와 흥남철수작전』에서 부상당한 동료를 구출하기 위해 목숨을 걸었던 허드너 중위의 우정 외에도, 단 1명의 전사한 동료도 전선에 남겨두지 않기 위해 사투를 벌였던 미 해병대원들의 진정한 전우애는 책을 읽는 이로 하여금 옷깃을 여미면서 눈물을 흘리게 만들기에 족한 장엄한 모습이 아닐 수 없다.

살아 있는 사람들도 제 몸조차 가누기 쉽지 않았던 극한의 조건에서 먼저 간 전우의 사체를 결단코 포기하지 않았던 해병대 장병들의 뜨거운 전우애는 군복을 입은 이 땅의 모든 군인들이 본받아 마땅한 귀감이 아닐 수 없을 것이다.

끝으로, 이처럼 한국전쟁에 관한 훌륭한 저서를 발굴하여 번역한 충남대학교 송승종 교수의 안목에 찬사를 표한다. 때때로 원문의 의미가 온전히 전달되지 않는 번역서의 한계를 뛰어넘어, 세밀하고 역동적인 전쟁의 실상을 꼼꼼하고 유려한 필체로 그려낸 절정의 번역 솜씨는 『장진호 전투와 흥남철수작전』의 가치를 한층 더 높여준 것으로 확신한다.

전 해병대사령관 이호연

역자 서문

일찍이 헨리 키신저는 한국전쟁을 가리켜 일련의 오인(誤認, misperceptions)과 오해(misunderstanding)로 초래된 전쟁이라고 분석했다. 조지 케넌의 주창으로 시작된 대(對)소련 봉쇄정책이 미국 안보정책 및 전략의 전반에 뿌리를 내리기 시작했던 1940년대 말과 1950년대 초, 미국 지도부의 관심은 오로지 미국 본토에 대한 소련의 기습과 서유럽에 대한 소련의 침공이라는 거대 시나리오뿐이었다. 따라서 이런 논리의 연장선상에서 보면, 설령 한반도를 전략적 관심지역에서 제외시키더라도 이곳이 설마 소련이 주도하는 세계전쟁의 도화선이 되지 않으리라고 미국이 상정하는 것도 가능하였을 것이다.

1949년 3월, 당시 맥아더 원수는 한반도를 미국 방어선(defense perimeter)의 정확히 바깥쪽에 위치시켰다. 맥아더에 의하면 미국의 방어선은 필리핀에서 시작하여 오키나와－일본－알류샨열도를 거쳐 알래스카에 이르는 선을 말한다. 1949년 트루먼 대통령은 미 합참의 조언에 따라 한반도로부터 모든 미군병력을 철수시켰다. 한국군의 훈련과 장비는 고작해야 국내치안을 위한 경찰 수준을 넘지 못한 한심한 상황이었다. 그 이유는 조금이라도 능력이 생기면 한국이 무력으로 북한을 침공하여 한반도를 통일하려는 유혹을 받을 것으로 미국 정부가 끊임없이 의심하고 있었기 때문이다. 1950년 1월 12일, 애치슨 국무장관은 한술 더 떴다. 그는 한국을 미국의 방어선 외곽에 위치시켰을 뿐 아니라, 특히 아시아 본토에 속한 여하한 지역에 대한 안전보장 의도도 포기(abjured)하였음을 공언하는 사태마저 벌어졌다.

호루시초프는 자서전에서 남한에 대한 북한의 침략이 김일성의 발칙한 아이디어에서 나온 작품(brainchild)라고 증언했듯이, 주저하던 스탈린이 침략전쟁에 동의한 것은 무력침공이 손쉬운 승리를 거둘 수 있다는 김일성의 사탕발림에 넘어갔기 때문이다. 당시 북한과 소련과 중공의 입장에서 보건대, 맥아더 사령관으로부터 트루먼 대통령, 애치슨 국무장관에 이르기까지 미국 지도부가 공언했던 내용들을 종합하면, 설령 북한군이 38선을 넘어 남침하더라도 이미 1948년 공산주의 쿠데타로 중국 대륙이 공산화가 되도록 묵인한 미국이 한반도의 절반이 공산진영의 수준으로 넘어가는 것에 대해 새삼스럽게 저항할 하등의 이유가 없을 것임이 분명했다.

하지만 미국의 트루먼 대통령은 공산주의 진영의 예상과는 달리, 유엔 결의를 통해 한국전쟁 참전을 결정하는 전광석화와 같이 재빠른 반응을 보였다. 그 이유는 트루먼 행정부의 핵심인사들은 한국전쟁의 배후에 소련이 있고, 나아가 북한이 중공과 소련의 지원을 보장받지 않고는 전쟁에 뛰어들지 않았을 것임을 확신함과 아울러, 남한에 대한 대대적인 남침공격을 전 세계 자유진영 국가들을 겨냥한 중국과 소련의 잘 협조된 세계 지배전략의 첫 번째 전주곡으로 간주하였기 때문이다. 그러나 실제로 중·소 간 자유세계를 노린 그러한 수준의 중앙집권적 음모는 존재하지도 않았던 것이 사실이다.

이번에는 중국이 이러한 미국의 단호한 대응을 '거울 이미지(mirror image)'를 통해 잘못된 방향으로 해석했다. 즉, 트루먼 행정부의 남한 수호의지를 중국 내전을 통해 어렵사리 거둔 공산주의 혁명의 승리를 뒤집으려는 미국의 음모 중에서 첫 번째 시도로 오판한 것이다. 따라서 미군과 국제연합군의 세력을 압록강 이남의 한반도에서 저지하지 못하면, 전선이 중국 대륙으로 확산되는 것은 시간 문제로 우려되었다. 마오쩌둥이 아직 전쟁을 위한 준비가 거의 되어 있지도 않은 30만 명의 중공군을 압록강 너머로 부랴부랴 침투시킴으로써 한국전쟁 참전에 대한 결단을 내린 것은 이러한 절박한 상황인식이 깔려 있었기 때문이다.

이처럼 일련의 오인식과 오해가 얽히고설킨 결과로 빚어진 한국전쟁에서 불행하게도 트루먼 행정부의 전쟁목표는 한반도 통일, 침략의 저지, 유엔군의 안전 확보, 38선을 연한 정전상태 보장, 전쟁의 확산 방지 등으로 정신없이 오락가락하였다.

『장진호 전투와 흥남철수작전』은 인천상륙작전의 대승으로 한껏 고조되었던 한반도 통일의 꿈이 중공군의 개입으로 무산되고, 동부전선에서 북진하던 미 제10군단이 목숨을 건 후방으로의 공격이라는 작전을 통해 흥남항 일대로 철수하지 않을 수 없게 되었던 대목에 관한 눈물겨운 이야기이다.

원래 전쟁에 관한 책들은 별로 재미가 없다. 딱딱하고 무미건조하고 비슷비슷한 내용들이 중복하여 등장한다. 이야기들도 주로 전쟁 영웅이나 위대한 군사 지도자 또는 국가 원수들 중심이 대부분이다. 전쟁이 벌어지기 전 교전 당사자들 간의 대립과 긴장, 전쟁목표, 전쟁계획, 전쟁에 투입된 인원과 장비와 무기체계들, 전투에서 승리한 비결, 전투와 전쟁의 결과 등등에 관한 천편일률적인 이야기들은 아무리 반복해 읽어보아도 감동이 가슴에 와 닿지 않는다. 그 이유는 무엇일까? 이에 대한 해답은 바로 전쟁터에서 벌어지는 '인간들'에 대한 리얼한 기술(記述)이 부족하거나 결여되었기 때문일 것이다.

이런 면에서 『장진호 전투와 흥남철수작전』은 한국전쟁에 관한 다른 저서들과의 확연한 차별성을 보이고 있다. 이 책은 장진호 부근에서 벌어졌던 '인간들'에 대한 정교하고 상세한 묘사를 통하여 독자들을 시간과 공간을 뛰어넘는 타임머신에 태워 전투의 현장으로 데려다줌으로써 바로 그때 그곳에서 벌어졌던 일련의 사건들을 직접 눈으로 보고, 손으로 만져보고, 온몸으로 느끼고, 때로는 눈물을 뿌리고, 또 때로는 웃음을 터뜨릴 수 있도록 안내해주는 빼어난 흡인력을 갖고 있다.

이 책의 압권은 영화「국제시장」에 등장한 바 있는 현봉학 박사와 포니 대령에 관한 미담사례일 것이다. 당시 한국인 문관이던 현 박사는 매일같이 아몬드 군단장을 찾아가 피난민을 미군들과 철수시켜달라고 간청했다. 포니 대령은 "나폴레옹도 자기 사전에 '불가능'이란 단어가 없었다."며 현 박사의 노력을 거들어주었다. 지혜로운 현 박사는 군단 군목인 클리어리 신부에게 피난민 대부분이 기독교로 개종한 신자들이라는 점을 설명하면서 아몬드 군단장을 설득시켜

줄 것을 부탁하는 기지를 발휘했다. 현봉학 박사와 포니 대령의 헌신적인 노력이 없었다면, 장진호 전투에서의 승리는 가능했을지 몰라도 흥남철수작전의 기적은 결단코 일어나지 못하였을 것이다.

한 가지 이 책을 읽으면서 주의해야 할 사항이 있다. 그것은 맥아더 사령관에 대한 필자(Stanley Weintraub)의 지나치게 시니컬한 관점이다. 1929년생으로 아직 생존해 있는 웨인트라웁은 소위로 참전한 바 있는 한국전쟁 참전용사이기도 하다. 그의 원저 제목인 『A Christmas Far from Home』은 1950년 크리스마스까지 한국전쟁을 마치고 미군 장병들을 고국으로 돌려보내겠다는, 지킬 수도 없는 '허황된 약속'을 내건 맥아더 사령관에 대한 통렬한 비판으로 시작된다. 뿐만 아니라 저서 곳곳에 맥아더의 전략적 오판과 과시욕, 국가원수인 트루먼 대통령에 대한 결례 등에 관한 사례를 자세하게 기술하고 있다. 그러나 번역자로서 필자에게 갖고 있는 최대의 불만은 그가 맥아더 사령관에 대해 과도하게 편향적인 시각을 갖고 있다는 점이다.

완전한 승리를 거둘 수도 있었던, 그리고 꿈에도 그리던 한반도 통일의 비원을 달성할 수도 있었던 1950년 9월 중순 이후 한국전쟁의 흐름이 천문학적 규모의 중공군 개입으로 좌초되었던 것은 실로 뼈아픈 역사적 경험으로 남아 있다. 하지만 필자인 웨인트라웁은 이러한 과오의 주범으로 맥아더 사령관을 정조준하는 오류를 범하였다. 역자가 보기에 그것은 맥아더라는 개인이 아니라 미 합참과 국방부, 나아가 워싱턴 지도부의 실책이 누적된 결과로 보는 것이 타당하다. '5천분의 1 이하'의 확률밖에 없었던 인천상륙작전에서 대승을 거두지 못하였다면, 그리고 만일 미 합참의 주장대로 군산 상륙작전으로 어중간한 성과만을 거두었다면 아마도 '장진호 전투'나 '흥남철수작전'은 애당초 불가능하였을 것이기 때문이다. 더구나 인천상륙작전이 시작되기 직전인 1950년 9월 초의 시점에서 미군 지휘부는 남한 전역을 "전략적으로 포기"하는 최악의 상황까지 염두에 두고 있지 않았던가? 이런 이유로 역자의 입장에서 보면, 누구보다 한국을 사랑하고, 한국의 통일을 열망하고, 한국의 목숨을 백척간두의 위기에서 구해준 맥아더 사령관의 역사적 기여를 도외시한 웨인트라웁의 외눈박이 시각이 못내 아쉬움으로 남는다.

끝으로 흔쾌히 추천사를 써주신 이호연 전 해병대 사령관님께 감사의 말씀을 드린다.

역자 송승종

이 책의 하이라이트

- 한국전쟁 개입을 위해 압록강을 몰래 건너온 중공군의 기상천외한 수법(41-43쪽)
- 1950년 10월 말, 중공군이 전투를 갑자기 중단한 진짜 이유(45쪽)
- '하갈우리'에 활주로 건설을 결심한 스미스 사단장의 선견지명(46-47쪽)
- 한반도 통일에 대한 맥아더 장군의 열정(51쪽)
- 압록강에 도착한 한국군 수도군단과 미 제7사단의 세리머니(62쪽)
- 야전에서 꽁꽁 얼어붙은 추수감사절 칠면조고기를 요리하는 비결(68쪽)
- 한국전쟁에서 마오쩌둥 아들(마오안잉)의 사망(84쪽)
- 만주 국경 일대에 대한 맥아더 사령관의 '수박 겉핥기식' 공중정찰(86-90쪽)
- 일본 주둔 극동군 총사령부 정보참모의 판단 착오(103-104, 129쪽)
- C-119 수송기에서 떨어진 병사의 기적적 생환(142-143쪽)
- 일본 다이이치 사령부에서의 심야 비밀회의(149-150쪽)
- 맥아더 사령관의 '장진호 철수작전' 명령 하달(152쪽)
- 필사적인 '하갈우리' 활주로 공사 현장(153쪽)
- 트루먼 대통령의 '원자폭탄' 발언의 파장(163-164쪽)
- 장진호 부근에서 후방으로의 탈출을 결심한 스미스 사단장(166쪽)
- 중공군의 기사도와 미군의 답례(187, 258쪽)

- 전장에서 '항복'을 둘러싸고 벌어진 한 편의 코미디(194쪽)
- 아몬드 군단장의 '농담'과 병사의 '답변'(217쪽)
- 딸의 피아노 연주에 대한 비평기사에 노발대발한 트루먼 대통령(223-224쪽)
- 얼음 구덩이 속의 중공군, 그리고 움직이는 그의 '눈동자'(232쪽)
- "가장 힘든 것이 무엇이었는지?"를 묻는 미모의 금발 여기자(238쪽)
- 동료를 구하기 위해 전투기에서 뛰어내린 해병대 조종사의 우정(250-251쪽)
- 어느 병사의 소원: "제게 내일(tomorrow)을 주세요."(255쪽)
- '투치롤(Tootsie Rolls)' 캔디 사건(283-284쪽)
- '포니 대령'의 미담 사례: "불가능이란 단어는 없잖아요!"(295쪽)
- 아몬드 군단장을 설득한 '현봉학 박사'의 재치(296-297쪽)
- 제10호 포로수용소에서의 크리스마스와 중공군의 세뇌교육(310-312쪽)
- '메러디스 빅토리호'의 기적(315-317쪽)
- 월턴 워커 장군의 안타까운 죽음(323-324쪽)

서문

환상으로의 도피

"제게 내일(tomorrow)을 주세요."

『이역만리 타향에서의 크리스마스(A Christmas Far from Home)』라는 제목의 이 책은 1950년 추수감사절에서 크리스마스까지 한국전쟁에서 벌어졌던 부대 단위의 특별하고 감동적인 에피소드를 그린 단순한 역사가 아니라, 두 가지 환상에 대한 이야기이다. 극동군사령부 최고사령관인 맥아더(Douglas MacArthur) 장군은 크리스마스까지 전쟁을 종결시키고 대부분의 병력을 귀향시킬 수 있다는 데 도박을 걸었다. 맥아더는 그처럼 중요한 사안을 지나치게 공개적인 방식으로 약속했다. 삭풍이 몰아치는 한반도 북단에서 혹한에 얼어붙은 채 인생 최악의 겨울을 보내고 있던 미군들은 모든 증거들이 정반대의 가능성을 가리키고 있었음에도 불구하고 '고향에서의 크리스마스' 또는 적어도 전쟁의 위험에서 벗어나 고향으로 향하는 귀로에 오르는 일이 그럭저럭 가능할 것이라고 믿고 있었다. 그래 봬도 맥아더가 미 육군에서는 온갖 훈장들로 번쩍거리는 화려한 경력을 자랑하며 언론의 각광을 받고 있던 최고위직 야전사령관이 아니었던가.

좀 더 현실적인 상황을 알려주는 것이라면 맹렬한 추위가 몰아치는 황무지에서의 전투로 기진맥진해 있던 어느 해병대 병사에게 「라이프(Life)」 지의 종군 사진사인 데이비드 더글러스 던컨(David Douglas Duncan)이 "만일 제가 신(god)이고, 당신에게 뭐든지 해줄 수 있다고 한다면, (크리스마스 선물로) 뭘 달라고 하시겠어요?"라는 질문에 대한 답변 내용일 것이다.

그는 이렇게 대답했다. "제게 내일을 주세요(Gimme tomorrow.)"

이 두 마디 단어는 '잊힌 전쟁(forgotten war)'으로 잘못 알려진 한국전쟁 중에서 가장 기억에 남는 것이다. 2004년 데이비드 핼버스탬(David Halberstam)은 "여전히 한국전쟁은 대부분 미국인의 정치적·문화적 의식의 외곽에 머물러 있다."고 기록했다. '잊힌 전쟁'은 한국전쟁에 관한 최고의 저서들 중 하나에 붙어야 할 가장 적합한 제목이다. 한국전쟁에 대한 강렬한 인상을 주는 저서를 집필 중인 핼버스탬은 이렇게 덧붙였다. "우연히 플로리다 주의 키웨스트(Key West) 도서관에 들른 적이 있다. 도서관 서가에는 베트남전에 관해서는 약 80권의 책이 꽂혀 있었으나 한국전쟁 관련 서적은 불과 4권이었고, 그나마 미국인의 기억 속에 남아 있는 전쟁의 참상을 요약한 것이 고작이었다."

어쩌면 키웨스트 도서관 서가에 한국전쟁에 관한 서적이 거의 없었던 것은 책들이 대출 중이었기 때문일 수도 있다. 한국전쟁은 잊힌 전쟁이기는커녕 오히려 도서관 서가에 잠들어 있던 수많은 저명한 역사기록과 개인적인 기록물들을 다시 일으켜 깨웠으며, 특히 생존자들이 남긴 개인적 수기(手記)들은 아무리 하찮은 것이라도 이들의 역할을 회고하기에 충분했다. 이 책의 저자도 까마득한 옛날인 1964

년에 전쟁 회고록을 출간한 바 있는데, 그 당시에는 전쟁의 기억이 너무도 생생하여 삶의 프라이버시를 존중하기 위해 전쟁터에서 함께 복무했던 전우들 중 일부의 신원을 감추어야 했을 정도였다. 하지만 세월이 흐를수록 인터뷰와 회고록에 전해진 참전용사들의 기억이 퇴색되거나, 각기 다른 열정으로 회고되거나, 아니면 작가의 상상에 의해 기록되기도 했다. 심지어는 어떤 참전용사로부터 인용된 진술이 과거의 회고 내용과 이따금 상충되는 경우도 벌어졌다. 그러한 모순된 현상은 역사적 기록물에서 새삼스러운 것이 아니었다. 일례로 오랜 세월 동안 호머(Homer)는 트로이전쟁(Trojan wars)을 저술한 작가로서 권위를 인정받았으나, 그의 저작물 속에는 수많은 상충적이고 모호하고 공상적인 이야기들이 포함되어 있다.

미국의 국익이 걸려 있는 국가에 대한 노골적 침략을 격퇴한다는 것이 본토에서 7천~8천 마일(약 11,200~12,800킬로미터) 떨어진 한국으로 미국인 장병들을 파견한 표면상의 이유였다. 이는 기필코 침략자들을 응징해야 한다는 확고한 논리에 입각한 것이다. 그러나 전쟁 지역에 투입된 대부분 병사들은 지정학이나 애국적 열정, 진급・훈장・포장 같은 것에 별로 관심이 없었고, 심지어 궁극적 평화니 제대니 하는 것에도 그다지 신경을 쓰지 않았다. 미군 GI(Government Issue, 병사)들이 투입된 전쟁에서 만고불변의 진리는 '살아남는 것'이었다.

내일 이후의 우선순위라는 것은 자기 부대 그리고 옆에서 싸우는 전우들에 대한 충성심에서 시작된다. 전쟁을 참고 견디는 것을 넘어선 다른 모든 것은 거의 아무 상관도 없는 것들이다. 전쟁에 뛰어드는 것은 전쟁을 끝내기 위해서이고, 그 말은 곧 종국에는 어찌되었건 집으로 돌아간다는 것을 뜻한다. 두툼한 동계 복장을 착용하고 한국에서 끈질긴 총격전을 벌이고 있던 미군 병사들에게 전투의욕을 불러일으킬 요량으로 지어낸 "무엇 무엇을 기억하라(Remember…… anything)!"는 따위의 슬로건은 아무 쓸모도 없는 구호였다. 깃발 주위에 사람들을 불러 모으는 행위 따위는 어이가 없을 정도로 고리타분한 짓이었다. 경멸스러운 공산주의를 포함하여 "반(反)…… 어쩌고저쩌고"라며 정치인들의 분발을 촉구하는 정치적 구호도 전투 현장에서는 아무 짝에도 소용이 없고, 투표소에서도 고작해야 제비뽑기 정도에 불과했다.

아직도 '(국제평화를 위한) 경찰행위(Police Action)'란 용어는 때때로 한국 그리고 해리 트루먼(Harry S. Truman) 대통령을 연상시킨다. 그러나 오늘날 멍청하게도 피비린내 나는 살육전을 전쟁이 아니라고 대수롭지 않게 떠들어댄 책임을 트루먼에게 돌리는 사람은 없다. 북한의 남침전쟁 직후, 미국의 대응이 시작된 초기에 워싱턴에서 열린 기자회견장에서 그는 어느 기자에게서 이런 질문을 받았다. "대통령 각하, 한국전쟁에 대한 미국의 개입을 유엔의 깃발 아래 이루어지는 경찰행위로 부르는 것이 옳을까요?"

트루먼은 이처럼 완곡한 표현에 반색하면서 이렇게 대답했다. "네, 바로 정확하게 말씀하셨습니다. 우리는 전쟁을 하는 게 아닙니다." 대체 무슨 소리인가? 우리는 분명히 전쟁을 하고 있었다. 그 이후로 '경찰행위'라는 용어는 해리 트루먼의 전매특허가 되었지만, 이 용어에 불행한 꼬리표를 갖다 붙인 장본인은 윌리엄 놀런드(William Knowland)라는 극우적 성향을 가진 캘리포니아 주 상원의원(공화당)이었는데, 그는 상원 의사당에서 북한의 침략에 대한 대응을 "유엔헌장과 국제법을 어긴 위반자를 응징하기 위한 경찰행위"라고 표현했다. 어느 기자가 거두절미하고 이 발언을 그대로 보도하여 신문에 대서특필되었다. 미국 의회가 헌법에 의거하여 공식적인 전쟁으로 선언하지는 않았지만, 한국전쟁은 진짜 전쟁(a real war)이었다. 지금에 와서는 말도 안 되는 역설이 되어버리긴 했지만, 그나마 유일하게 기억될만한 슬로건을 만든 사람은 맥아더 장군이었다. "크리스마스를 고향에서(Home for Christmas)!"라는 슬로건 말이다.

스탠리 웨인트라웁(Stanley Weintraub)

CONTENTS

추천사 ······ 7

역자 서문 ······ 13

이 책의 하이라이트 ······ 19

서문: 환상으로의 도피 ······ 21

1 추수감사절용 칠면조 ······ 29

2 기대에 부푼 추수감사절 ······ 61

3 협공작전의 도박 ······ 95

4 불가능한 임무: 공격의 좌절 ······ 121

5 완전히 새로운 전쟁 ······ 145

6 대탈출의 시작 ······ 171

7 하갈우리에서 고토리로 ······ 205

8 머나먼 다리 ······ 243

9 내리막길 ······ 277

10 크리스마스이브 ······ 299

에필로그 ······ 323

찾아보기 ······ 328

1

추수감사절용 칠면조

'칠면조 요리: 불발에 그친 연극'

맥아더는 자신만만하게 큰소리쳤다. 그가 큰소리친 것은 사실 한두 번이 아니다. "(적들의) 조직적인 저항은 추수감사절까지 소멸될 것이다. …… 그들은 철저히 분쇄되었다. 우리가 격멸시키지 못한 잔당들은 동장군이 처치해주실 것이다." 여기서 '그들'이란 북한군을 말한다. 맥아더는 1950년 10월 15일 일요일, 태평양의 웨이크 섬(Wake Island)에서 트루먼 대통령과 회견하는 자리에서도 자신만만했다. 맥아더는 슬픈 표정을 지으며 이렇게 한탄했다. "그게 말이죠, 이놈들을 격멸하는 건 제 취향이 아니지만, 저항이 무척 완강합니다. 목숨보다 '체면(face)'을 더 중시하는 동양적 가치관 때문이죠."

추수감사절 이후, 맥아더는 당시 한국의 서부전선에서 중공(中共, Communist China)과의 접경지역인 압록강의 턱밑까지 진격한 제8군을 '빠르면 크리스마스까지' 일본으로 철수시킬 계획을 세웠다. 그는 당시 동해안에서 상륙을 준비하고 있던 에드워드 '네드' 아몬드(Edward 'Ned' Almond) 소장이 지휘하는 제10군단을 통일한국에게 통치권을 넘겨줄 때까지 치안군(a security force)으로 활용할 참이었는데, 10군단은 제1해병사단을 핵심으로 하는 보병부대였다. 맥아더는 트루먼 대통령이 웨이크 섬에 도착했을 때 그리고 대통령이 섬을 출발할 때에도 경례를 하지 않았다. 이는 군대 지휘관이 군 통수권자인 대통령에게 해야 하는 오랜 전통에 어긋나는 행동이었다.

맥아더는 기수에 'SCAP(Supreme Commander of the Allied Powers: 연합군 최고사령관)'라는 로고가 선명하게 새겨진 C-54 전용기에 올라 1시간 30분 만에 동경에 도착하여 대사관저로 사용되던 저택에서 늦은 만찬을 즐겼다. 11월 초 중간 의회선거(midterm Congressional elections)가 임박한 시점에서 맥아더는 언론기사에 해리 트루먼의 애완견 같은 모습으로 묘사되기를 원치 않았다. 말이 난 김에, 맥아더가 이미 사단장이자 준장으로서 가슴에 훈장들을 주렁주렁 매달고 있던 시절인 1918년 당시, 미주리 주 방위군 소속으로 프랑스에 배치된 트루먼은 포병대위에 불과했다. 맥아더의 부관으로서 웨이크 섬에서의 회견내용을 기록한 로렌스 벙커(Lawrence Bunker) 대령의 진술에 의하면, 트루먼 대통령은 이렇게 질문했다. "한 가지 질문이 있어요. 이것에 대해 중공과 소련이 어떤 태도로 나올 것 같습니까? …… 이들이 개입할 위험은 없나요?"

그러자 맥아더는 코웃음을 쳤다. "우리는 그들의 개입을 조금도 두려워하지 않습니다." 중공이 만주에서 한반도로 국경을 넘어오더라도 사단병력들을 보호해줄 수 있는 "공중엄호가 전무(no air umbrella)합니다."라고 말했다. "만일 중공이 지상군을 투입한다면 사상 최대의 살육전이 벌어질 겁니다. 그들은 완전히 격멸될 테니까요." 맥아더는 회견 자리에 배석한 오마 브래들리(Omar Bradley) 장군,

아서 래드포드(Arthur Radford) 제독과 몇 마디 주고받고는 시계를 들여다보며 이렇게 말했다. "동경에 돌아가서 처리해야 할 급한 일들이 많아서요." 그는 대통령에게 비행기 탑승구까지 동행하겠다고 말했다. 간단한 의식행사를 위해 비행기 앞에서 잠시 지체하는 사이, 정오의 강렬한 햇살 아래서 화사하게 보이던 트루먼 대통령의 가벼운 중절모는 끝이 추켜세워진 장군용 모자의 요란한 장식에 빛이 바랬다. 약식행사에서 트루먼 대통령은 맥아더의 근무복에 공로훈장(Distinguished Service Medal, 다섯 번째 메달)을 달아주었다.

맥아더는 전용기에 올라 서쪽으로 날아가면서 기자들이 트루먼은 태평양 상의 고립된 산호초 섬에서 출발하여 워싱턴까지 7천마일(약 11,200킬로미터) 이상을 비행해야 하는 반면에, 자신은 일본의 점령군사령부를 관할하는 '다이이치(第一)'* 본부까지 1,900마일(약 3,000킬로미터)만 이동하면 된다는 사실을 발견할 것임을 알고 아마도 흐뭇한 기분이었을 것이다. 트루먼이 맥아더를 만나러 웨이크 섬까지 몸소 이동한 것은 정치적 실수(political gaffe)였던 바, 맥아더 사령관은 오랜 세월에 걸쳐 인구(人口)에 회자되던 프랜시스 베이컨(Francis Bacon)의 풍자를 기억하고 있었을 것이다. "산이 마호메트에게 오지 않겠다면, 마호메트가 산으로 가야 할 것이다."

오마 브래들리가 중간급유를 위해 두 차례나 기착하여 대통령과 함께 머나먼 거리를 날아 워싱턴에 도착했을 무렵, 합참의장은 맥아더 사령관에게 무전을 보내 "금일 아침 평양에서 낭보가 들어왔

* 미국의 일본 점령군사령부는 동경의 '다이이치 생명보험' 건물에 위치하고 있었다.

다."는 칭찬과 함께 그의 '위대한 업적(grand job)'을 추켜세웠다. 보도에 의하면 적의 수도인 평양이 함락되었다는 것이다. 북한군 잔당들은 중공과의 국경지대인 압록강 쪽으로 도주하는 중이었다. 사실 모든 것이 맥아더의 예언대로 착착 들어맞았다. 한국에 있던 대부분의 미군 병사들은 일본에서 추수감사절 만찬을 즐기거나, 아니면 크리스마스 무렵에는 귀국하기 위해 동쪽으로 항해하는 병력 수송선에 몸을 실을 수 있다는 기대에 부풀었다. 거의 아무런 저항도 없이 평양이 접수될 무렵, 북한지역의 동쪽 해상에 떠 있던 아몬드 소장의 제10군단은 뒤늦게 상륙했다.

펜타곤이 공개적으로 의구심을 제기했음에도 불구하고 마치 미식축구 경기처럼 '엔드 어라운드(end-around)'* 전략을 구사한 제임스 도일(James H. Doyle) 해군 소장의 맹활약에 힘입어 9월에 인천상륙작전으로 북한군의 허리를 차단하여 남쪽을 고립시킨 전략은 눈부신 대성공을 거두었다. 그러나 그 이후 맥아더의 전략은 신통치 않았다. 그는 상륙작전의 대성공으로 조성된 공격 기세를 활용하지 않고 연합군을 쪼갠 다음, 새로 창설된 제10군단을 동쪽 해안으로 이동시키는 결정을 내렸다. 상륙함에 다시 탑승한 제10군단 병력은 한반도 남쪽을 빙 돌아 38선 훨씬 북단에 재차 상륙했다. 차량, 무기, 연료, 전투식량 등 온갖 품목들을 다시 선적하여 상륙작전을 감행하느라 귀중한 6주를 허비하는 바람에 압록강을 넘어 만주에서 중공군과 합류

* 미식축구에서 공격 팀 최전방의 발 빠른 '엔드 플레이어(end player)'가 일단 후방으로 물러난 다음, 쿼터백으로부터 공을 패스 받아 수비 팀의 양 날개(wing side)로 파고들어 공격하는 전술을 말한다.

한 북한군 잔당들은 10여 개 사단을 만들어 은밀히 한반도 전선에 투입될 수 있었다.

특히 다이이치 사령부에서 찰스 윌러비(Charles Willoughby) 소장이 제멋대로 정보를 주물럭거리고 있던 관계로, 일본에 있던 연합군 사령부는 중공군의 이동에 관한 정보를 입수하기 어려웠다. 맥아더의 지휘를 받지 않은 해군이 일본 요코스카 항에서 소규모 CIA 작전을 운용하고 있었다. 그곳에서 윌리엄 듀건(William Duggan)은 강제로 공산당에 합류하게 된 대만정부군(Nationalist troops)으로부터 비밀 무선 메시지를 전해 들었다. 마오쩌둥의 중공군 부대가 만주행 기차에 탑승하여 북한과 국경을 마주한 압록강 쪽으로 이동했다는 것이다. 대만 망명정부는 반공적 편향성을 갖고 있었지만, 이들의 접촉상대는 진짜(genuine) 첩보를 제공했던 것으로 보인다.

하지만 동경 사령부는 이러한 경고에 아무 관심도 보이지 않았다. 그러나 11월이 될 무렵, 한국 언론에 "중공군과 신무기(new weapons)의 지원을 받은 북한군이 서부해안에서 유엔군의 우익에 압박을 가하고 있다. 적군은 주요 해안도로에서 20마일(약 32킬로미터) 이내로 접근했다."는 기사가 보도되었다. 기자는 이런 사실을 맥아더 장군의 사령부에서 입수한 것이었으므로 기사의 정확성에 문제가 있었다. 적군은 북한군이 아니라 중공군이었고, '신무기' 같은 것은 없었다. 그러나 이들(북한군/중공군)이 갖고 있던 비장의 무기는 '기습(surprise)'이었는데, 나태함에 빠진 다이이치 사령부의 관료집단은 이런 사실을 까맣게 모르고 있었다. 중공이 개입할 것임을 수없이 경고했음에도 불구하고 맥아더는 "선전포고도 없이" "외국의" 공산군대가 만주에서 압록강을 넘어왔다고 비난했다.

영원한 백악관 지망생이자 오랫동안 트루먼 대통령의 약점을 호시탐탐 공격할 틈을 노리던, 야심에 가득 찬 해럴드 스태슨(Harold Stassen) 같은 공화당원은 주장을 뒷받침할 수 있는 아무런 근거도 없이 다짜고짜 "트루먼 대통령이 5년간 중공의 공산주의자들로부터 몸을 사리고, 5년간 맥아더 사령관의 발목을 잡고, 5년간 평화를 애호하는 아시아인들을 모욕했다."고 맹비난했다. 미국에서 일어나기 시작한 공화 상태를 부추기기라도 하려는 듯 브롱크스(Bronx)에 소재한 어느 아마추어 무선가는 "적군의 비행기가 '시민방위트럭(Citizens Defense Truck)'이라는 곳으로부터 뉴욕 시에 원자탄을 투하하기 위해 날아오고 있다."는 허무맹랑한 헛소문을 퍼뜨리는 바람에 뉴욕 시민이 공포의 도가니에 휩쓸리는 황당한 사건이 벌어지기도 했다.

인천상륙작전이 성공을 거둔 지 채 열흘도 지나지 않아 중공군 총참모장이자 군수전문가인 네룽전(聶榮臻)은 북경주재 인도 대사인 파니카(K. M. Panikkar)에게 "중공은 팔짱끼고 앉아 미국이 국경으로 다가오기를 기다리지 않을 것"이라고 말했다. 10월 3일, 저우언라이(周恩來) 외무상은 파니카 대사에게 중공의 경고를 재차 확인시켜주었고, 이 소식이 런던을 경유하여 워싱턴 그리고 다이이치 사령부로 전달되었다. 맥아더는 중공의 위협을 허풍(a bluff)으로 간주했다. 심지어 트루먼 대통령도 파니카 대사를 "과거에 중공 공산주의자들과 정규적으로 게임에 참여"했던 비중 있는 인물로 평가하고 있었다. 5일 후 마오쩌둥(毛澤東) 주석은 한국전쟁에 개입할 경우, 장제스(蔣介石)가 지배했던 중국의 흔적으로 남아 있는 섬나라 대만을 점령하는 것이 지연 혹은 좌절될 것임을 인식하면서도 평양을 탈출하려던 김일성에게 급전을 보내 중공이 전쟁에 참여할 것이라고 알려주었다.

맥아더는 압록강 너머 만주에서 벌어지는 중공군의 증강에 대한 경고를 무시했고, 이런 상황도 모른 채 서둘러 남북한 통일을 추진했다. 딘 러스크(Dean Rusk) 국무장관은 이를 두고 "우리 모두가 깊이 우려했다."고 회상했지만, 워싱턴의 그 누구도 감히 맥아더에게 진격을 중단하고 신중하게 압록강 남쪽에 방어선을 구축하라는 주장을 전달하려 들지 않았다. 놀랄 일도 아니지만 동경의 총사령부가 저지른 정보 확보의 실패는 맥아더의 야심과 그 시점이 일치한다. "미국이나 (남한의) 괴뢰군대는 우리 의용군의 한국전쟁 참전을 꿈에도 예상하지 못했다. 그래서 연합군이 감히 2개의 분리된 축선을 따라 북진했던 것"이라며 마오쩌둥 주석은 펑더화이(彭德懷)에게 자랑을 늘어놓았다. 다이이치 사령부의 어느 누구도 북동부 해안의 원산을 향해 진격하던 거대한 연합군 차량 호송대가 적군의 지뢰들로 가득 찬 원산항 외곽에서 차단될 것으로 예상하지 못했다.

도일(Doyle) 제독은 제10군단이 '도보(shank's mare)'로 훨씬 빨리 전진할 수 있었는데도 차량으로 이동했다면서 불같이 화를 냈다. 밥 호프(Bob Hope)와 그의 여행에 동반한 USO(United Services Organization, 주한미연합봉사기구) 직원들이 흥남의 1차 상륙지점 하단에 위치한 원산에 도착했을 무렵, 이들 위문단은 자신들이 위문공연을 베풀어주어야 할 부대들이 여전히 바다 위에 떠 있다는 사실을 알게 되었다.* 밥 호

* 당시 유명한 코미디언이었던 밥 호프는 전선에서 싸우는 미군 장병들을 위문하기 위해 한국전쟁 와중에 원산을 방문했다.

프는 이렇게 회고했다. "우리가 해병대보다 먼저 해변에 도착했어요. 이 사실이 AP 통신에 보도되어 난리가 났지요."

아무리 근거가 없더라도 소문이란 한 번 생기면 걷잡을 수 없을 정도로 빠르게 확산되기 마련이다. 한반도 남단을 돌아 지루한 속도로 느릿느릿 이동하여 38선 바로 북쪽의 육지에 상륙한 부대는 금세 그럴듯한 변명거리를 찾아냈다. 이유인즉, 타락한 이승만 대통령이 한국 내 철도를 이용하는 모든 미군 장병들에게 요금을 부과하는 통에 이런 비용을 줄이려고 원거리를 돌아 바다로 이동했다는 것이다. 지도를 보면 산악지대의 협곡을 통과하는 것이 어렵기도 했지만, 한반도의 동서를 가로지르는 협궤열차 선로라는 것이 존재하지도 않았다는 것을 알 수 있다.* 어느 한국군 사단**도 어렵사리 차량이동과 도보이동을 거듭한 끝에 험준한 지형을 극복하고, 밥 호프 일행과 마찬가지로 제10군단보다 한 발 앞서 동해안에 도착했다.

제10군단이 원산, 홍남 그리고 더 북동쪽의 이원에 각각 상륙했을 무렵에는 벌써 초겨울이 시작되었다. 북한군은 만주와 인접한 시베리아에서 몰아치는 혹독한 추위에 단련되어 있었다. 혹한에 떨던 미군들은 곧 영하의 매서운 강풍을 가리켜 '시베리아 특급(the Siberian express)'이라 불렀다. AP 통신사 특파원인 핼 보일(Hal Boyle)은 '철학자 병사(a philosophic private)'의 발언을 인용하여 보도했다. 아마도 그 병사는 더 심한 단어를 구사했을 것이나, 여러 언론매체를 상대하

---

* 한반도를 동서로 연결하는 열차 선로가 부설되어 있지도 않았으므로 이승만 대통령이 미군들에게 철도요금을 부과하려 한다는 소문은 허무맹랑하다는 의미다.

** 역주: 한국군 제6사단으로 추정된다.

고 있던 AP사는 체통을 생각했다. "젠장, 중공군이 마음먹을 때까지 기다리면서 엉덩이를 깔고 앉아 얼어죽기보다는 앞으로 걸어가다가 얼어죽는 것이 더 낫겠다." 보일은 다음과 같은 내용으로 기사를 마무리했다. 부대들은 "더글러스 맥아더 사령관에게 무한한 신뢰를 갖고 있다. 그들은 맥아더를 크리스마스 전까지 최후의 승리를 가져다 줄 군복 차림의 산타클로스로 생각한다."

메마른 저수지처럼 줄어드는 맥아더의 총기(聰氣)는 지나친 자존심과 충돌을 벌였다. 그는 더 이상 과오를 저지를 수 없는 지존이었다. 맥아더에게 전쟁이란 무수한 시행착오 끝에 승리의 길로 안내한다는 말이 더 이상 통하지 않았다. 전쟁에서는 오로지 승리 아니면 패배가 있을 뿐이다. 그는 압록강 남쪽에서 그 누구도 부인할 수 없는 확실한 성과를 구축하면 마오쩌둥이 창건한 중공이라는 신생국이 겁먹을 것으로 기대했다. "크리스마스 때까지 귀국(Home by Christmas)!"이라는 구호는 공산주의에 대한 압도적 승리를 거두는 동시에 맥아더라는 개인에 대한 광고효과를 극대화시키기 위해 고안된 것이다. 바야흐로 미국 대통령 선거가 불과 1년 앞으로 다가왔다. 맥아더는 대통령 후보가 되겠다는 야심을 품고 있었다. 맥아더에게는 크리스마스가 별것 아니었는지 몰라도 미국의 유권자들과 미군들에게는 엄청난 의미를 갖고 있었다. 맥아더에게 종교적 이유에서 크리스마스를 준수하는 것은 중요한 일이 아니었다. 1941년의 크리스마스를 제외하면 크리스마스란 단지 은유와 슬로건 또는 연설문 작성에 인용할 성서적 운율에 쓸모가 있을 뿐이었다.

당시 맥아더는 사령부와 함께 필리핀의 마닐라 만(灣) 코레히도르(Corregidor) 섬에 위치한 요새에 은거하고 있었다. 크리스마스가 다가오자, 맥아더의 부인 진 맥아더(Jean MacArthur)는 남편의 명령으로 시드 허프(Sid Huff) 중령이 이틀 전에 급히 보내준 선물을 뜯어보았다. 맥아더는 자신의 부관에게 이렇게 말했다. "시드, 내가 깜빡 잊고 진(Jean)에게 크리스마스 선물을 사주지 않았어." 맥아더 부인의 의복과 속옷 사이즈까지 알고 있는 충성심에 충만한 허프 중령은 늦게까지 문을 연 가게에 들어가 빨간색 리본이 장식된 선물상자를 사들고 나왔는데, 그 안에 들어 있던 물건들이란 전쟁이 한창이던 올챙이 모양의 코레히도르 섬에서는 거의 쓸모가 없는 것이었다. 맥아더는 아내에게 빨리 상자를 열어보라고 재촉했다. 크리스마스이브가 되면 너무 늦는다는 것이다.

마닐라 만에 위치한 코레히도르 섬 요새의 지하에 구축된 습기 찬 터널 안에서 오는 2월에 생일을 맞이하게 될 막내인 아서 4세(Arthur IV)에게서 전쟁의 긴장감이란 느낄 수 없었다. 어린아이가 잘 시간이 지났지만, 그의 아버지는 하루 전날 이미 "오늘이 크리스마스이브"라고 말했다. 조바심이 난 아서는 아버지가 사준 선물꾸러미를 열었다. 하나는 세발자전거였는데, 아서는 신바람이 나서 자전거를 타고 펜트하우스와 발코니를 돌아다녔다. 크리스마스 전날, 충직한 부관인 시드 허프는 4성 장군 성판을 떼어내고 내다버린 맥아더의 패커드(Packard) 승용차 트렁크에서 세발자전거를 꺼내들고 섬과 섬 사이를 이동하는 증기선인 돈 에스테반(Don Esteban)에 몸을 실었다. 이 배는 오후 7시에 캐비트(Cavite) 부두에 닻을 내렸다. 낮 동안 일본군의 폭격으로 불바다가 되었던 항구에 불빛이 잦아들었다. 기필코 크리스마스라는 휴일을 포기하지 않으려는 의지에 충만한 맥아더 사령관 참모부 요원 중 몇 사람이 앞쪽 갑판에서 「고요한 밤(Silent Night)」을 합창하는 동안 증기선은 코레히도르 섬을 향해 어둠 속에 마닐라 만 입구로 접어들었다.

1950년 북한에서 직면하게 될 재앙으로부터 공중과 바다로 700마일(약 1,100킬로미터) 떨어진 점령지 동경에서 맞이하는 크리스마스는 1941년에 비해 한결 뿌듯했다. 의도적으로 서부전선에 8군단을 독립적으로 창설한 제10군단의 사령관은 에드워드 '네드' 아몬드(Edward 'Ned' Almond) 소장으로, 지금은 다이이치 사령부에서 떨어져나온 맥아더 휘하의 극동군사령부 부사령관이었다. 두 명의 사령관은 모두 제10군단장이 진급할 것으로 짐작하고 있었지만, 어느 누구도 중공군의 대대적인 개입을 예상하지 못했다. 당시 중공군이 개입하고 있긴 했지만, 포로로 잡힌 중공군이라고 해봐야 몇 명 되지도 않았고, 중공군이 전선으로의 침투이동을 최소화하고 있던 상황에서 아몬드는 예하 부대에게 침입자들은 단지 의용군 대대 출신들뿐이라고 안심시켜주었다. 11월 7일 AP통신이 사진과 함께 게재한 기사에는 제10군단장이 통역을 대동하고 중공군 포로를 심문하는 장면이 실렸는데, 같은 날 「뉴욕타임스(New York Times)」 지에는 "맥아더가 중공군의 침투 포착; 적들은 기습적으로 철수"라는 제하의 기사가 보도되었다.

안개처럼 침투했던 중공군이 바람처럼 갑자기 종적을 감추자, 제8군은 서부전선에서 빼앗겼던 진지를 회복했다. 한국군 수도사단은 거의 아무런 저항도 받지 않고 이원(利原) 북동쪽에 상륙하여 "소련(시베리아) 국경선에 이르는 해안도로를 따라 이동"했다. 동경 사령부는 나타났다 사라졌다를 반복하는 중공군의 존재에 당황했다. 신문 기사의 제목은 "유엔군 부대가 약간의 손실을 입은 후 한국에서의 전진 재개"라는 것이었다. 유엔군 '부대(units)'라는 것은 대부분 미군들이었지만, 워싱턴과 동경은 상징적 의미에서나마 침략을 격퇴하기 위한 국제적 연대(international coalition)임을 강조했다.

'외국'의 적군을 의미하는 최초의 군사 약어는 CCV(Communist China Volunteers, 중공의용군)였다. 마오쩌둥 주석은 이들을 CPV(Chinese People's Volunteers, 중국인민의용군)라고 불렀다. 이들은 징병된 병사들이 아니라 지원병들로서, 여기에는 포로로 잡히거나 강제로 전향된 전직 장제스 군대의 군인들도 포함되어 있었다. 10월 8일, 마오쩌둥은 군사령부에 다음과 같은 명령을 하달했다. "동북국경수비대(The Northeast Border Defense Force)는 중국인민의용군(Chinese People's Volunteers)으로 명칭을 바꾸고, 즉시 북한 영토 내로 이동할 준비를 갖출 것."

펑더화이 장군은 10월 18일 야음을 틈타 중공군 부대에 섞여 은밀하게 압록강을 건넜다. 강을 건넌 수천 명의 중공군 보병들은 동이 틀 무렵에는 몸을 숨겼고, 밤이 되면 다시 강을 건너왔다. 이렇게 하여 4개 야전보병군, 3개 포병사단 그리고 1개 반(反)항공 연대가 북한 영토에 진입했다. 야음을 틈타 이동한 중공군은 유엔군의 공격으로부터 전혀 피해를 당하지 않은 웅장한 수풍발전소(水豊發電所) 상단의 도로를 이용했다. 맥아더 사령관은 마오쩌둥을 도발하는 행위를 하지 말라는 명령을 받았으므로 압록강 건너 중공지역에는 폭탄을 한 발도 떨어뜨리지 않았다. 워싱턴은 '북한군 후미'를 공격하려는 맥아더의 명령을 일언지하에 취소하고, 그에게 만주에 영향을 주는 어떠한 군사행동에 대해서도 사전에 영국과 협의해야 함을 상기시켰다. (이 무렵 영국은 도저히 방어가 불가능한 홍콩에 대한 이익을 보호하는 데 정신이 팔려 있었다.) 펜타곤이 영국과의 합의를 고지식하게 글자 그대로 준수하느라 애쓴 것은 중공으로 하여금 아무런 징벌도 받지 않고 한국전쟁에 뛰어들도록 도와준 실로 무지함의 극치를 이루는 행위였다. 아무런 민간인 피해(collateral damage)도 입히지 않고 고고도에서 교량을 정밀 폭격하는 것은 어리석은 행위였다. 만일 맥아더가 실제로 이를 시도했더라면, 표적오차가 발생하더라도 목표물 파괴의 필요성에 의해 불가피한 것이었다고 중공에게 사과하며 발뺌할 수도 있었을 것이다. 전쟁에서 이런 실수는 흔한 일이거니와 중공은 자국을 전쟁에 끌어들일 수 있는 미국의 사과가 필요한 것도 아니었다. 사실 중공은 이미 한국전쟁에 개입한 상태였다.

B-29 폭격기가 어둠 속에서 한국 국경 쪽으로 조명탄을 투하하여 촬영한 정찰사진에 중공군 부대는 그림자도 보이지 않았다. 중공은 압록강을 어떻게, 어느 지점에서, 어떤 방법으로 몸을 숨겨 건널 수 있는지 알고 있었다. 제4공병단 소속 쉬에리(Xue Li)에 의하면, 자신의 지휘관인 두핑(杜平)은 눈에 띄지 않고 폭격당할 염려도 없는 추가 도하지점을 구축하라는 명령을 받았다. 그는 목재로 제작한 교량을 '물 색깔'로 도색하여 수면 아래에 살짝 가라앉게 해두었다. 그

김일성과 만나고 있는 중국공산군 사령관 펑더화이(좌)

런 다음 밤늦게 화물을 가득 실은 트럭들이 바퀴 꼭대기까지 물에 잠기면서 강을 건넜고, 건장한 중공군은 얼음장 같이 차가운 수중교량을 건넜다.

기운이 영하로 내려갔건만 '독주(毒酒)'를 들이킨 중공군 장병들은 "춥지 않아! 춥지 않아!"라고 소리를 지르면서 거의 벌거벗은 차림으로 어둠 속에서 압록강을 건넜다. 마침내 그들이 물속에서 모습을 드러내자, 쉬에리와 동료들이 달려가 마른 방한 외투를 입혀주었다. "우리가 입에 독주를 부어주자 이들 영웅들의 이빨이 요란스레 딱딱거리는 소리를 냈고, 손이 너무 떨려 술병을 제대로 잡지 못할 지경이었다." 어느 중공군의 기록에 의하면 "영하 10도 아래로 내려간 겨울밤의 은은한 달빛 속에서…… 온몸에 얼음이 주렁주렁 매달린 의용군들이 마치 은색 갑옷을 착용한 유령들처럼 강물 속에서 모습을 드러냈다." 중공군은 "아무런 주저함도 없이 두툼한 방한복과 신발, 양말을 벗어 등 뒤에 질끈 묶은 채…… 심지어 응급처치를 담당하는 여군들도 (이런 모습으로) 강을 건넜다." 펑더화이의 명령에 따라 수중교량의 위치는 비밀에 부쳐졌다. 강물이 얼어붙자 은폐된 교량은 더 이상 필요없게 되었지만, 그 무렵 이미 수만 명의 중공군이 쥐도 새도 모르게 은밀히 남쪽으로 강을 건넜다.*

마오쩌둥은 다음과 같이 명령했다. "매일 군대는 해가 질 무렵부터 도강을 시작하여 새벽 4시에 중단하고, 새벽 5시까지 위장을 완료하며, 모든 부대는 반드시 이 계획을 엄격하고 신중하게 준수해야 한다." 이들은 공병부대 병력들처럼 낮에는 몸을 숨기고 밤에 이동했다. 주간에는 산 중턱의 동굴, 기차선로의 터널, 탄광의 갱도, 마을 초가집 등에 몸을 숨기고 있다가 어둠이 내리면 도보로 이동했다. 18개 사단병력에 해당하는 18만 명이 강을 건너 서쪽으로 이동했고, 동쪽에서는 10월과 11월 어간에 12개 사단 12만 명이 강을 건너 몸을 숨긴 채 명령을 기다리고 있었다. 적들은 오랫동안 제10군단의 상륙을 예견하고 있었다. 은폐가 불가능한 군단의 차량 호송대는 예기치 못한 지뢰지대에 봉착한 것을 제외하고는 거의 아무런 저항도 받지 않고 이동했다. 맥아더 군대의 사단들이 적들이 파놓은 함정 속

* 1939년 잠시 동안 일본과 벌어진 몽골-만주전쟁 당시, 소련군은 할하(Halha) 및 홀스텐(Holsten) 강을 건너는 교량을 제작하고, 표면이 물속으로 10~12인치가량 잠기도록 하여 항공기가 교량을 탐지하지 못하게 은폐시켰다. 일부 중공군 중에서는 소련에 유학한 군인들이 있었을 것이므로 상기 사례를 본떠서 고대로부터 적의 눈을 속이는 스텔스 전략(stealthy strategy)을 발휘하여 수중교량을 만들었을 가능성이 있다.

에 빨려들어갈 것이라는 점을 예측하는 데는 거의 아무런 전략적 상상력도 필요 없이 명약관화한 것이었음에도 불구하고 그러한 전략적 상상력은 전혀 발휘되지 못했다. 어느 작전장교는 이렇게 회상했다. “공세작전이 유리한 경우, 네드(아몬드)는 공세적으로 움직였다. 하지만 네드는 신중한 작전이 유리한 경우에도 공세적으로 움직였다.”

10월 25일 중공군은 내륙으로 이동하는 미군/한국군과 처음으로 교전이 벌어졌을 때, 한밤중에 조명탄을 쏘아올리고, 사방에서 요란하게 나팔과 호루라기를 불고, 꽹과리를 두드리거나 기이한 괴성을 지르고, ‘주머니 대포(pocket artillery)’처럼 수류탄과 배낭폭탄(satchel charges)을 마구 던지면서 돌격하는 전술을 구사했다. 중공군의 공격은 기술력 면에서 형편없이 조악한 수준이었지만, 타이밍과 기습효과 면에서는 가히 위력적이었다. ‘의용군들(volunteers)’은 물밀 듯 몰려드는 중공군의 공세에 경악한 나머지 차량과 화기, 보급품도 내버린 채 후퇴하는 전방부대 미군들을 포로로 잡았다. 미군 포로들을 집결시킨 중공군 대위는 오래전에 선교단체가 운영하는 주일학교에서 배웠지만 그동안 써먹을 일이 없던 영어를 더듬거리며 자신의 이름을 ‘라오(Lao)’라고 밝혔는데, 자신이 북한군이 아니라 중공군의 포로로 잡힌 것을 알게 된 어느 해병대원은 “맙소사! 이건 너희가 끼어들 전쟁이 아니야!”라고 외쳤다. 그러자 라오는 “이건 우리 전쟁이야.”라고 쏘아붙였다.

서부전선과 동부전선의 양쪽에서 중공군이 한국군을 압박해 내려오면서 벌어진 최초의 전투는 갑자기 끝났다. 일단 미군의 전술과 약점을 파악한 중공군이 일시적으로 후퇴한 것은 부분적으로는 전열을 가다듬기 위한 재편성에 목적이 있었지만, 더 중요한 것은 일시적 후퇴로 일종의 진공상태(vacuum)를 조성함으로써 전투력이 더욱 우수한 적을 끌어들여 매복전술로 섬멸하려는 계략이었다는 점이다. 펑더화이의 노림수는 적들에게 겁을 먹고 후퇴하고 있다는 그릇된 인상을 주는 것이었다. 몇몇 경우에서 중공군은 실제로 후퇴했다. 동부지역의 장진호* 방향으로 올라가며 이동하던 호머 리첸버그(Homer Litzenberg) 대령의 제7해병연대는 중공군 제124사단과 맞닥뜨렸다. 닷새 동안 밤낮으로 맹렬한 야포 사격과 공중공격을 퍼부은 끝에 가까스로 황초령(黃草嶺) 협곡** 남쪽의 구릉지로부터 중공군을 몰아낼 수 있었는데, 이 협곡은 깎아지르듯 가파른 오르막 경사를 굽이굽이 올라 고토리(古土里)를 거쳐 장진호 방향으로 용이 꿈틀거리는 불길한 모양으로 내려가는, 일본인들이 건설해놓은 도로 상에 위치하고 있다. [일본은 1910년부터 1945년 태평양전쟁이 끝날 무렵까지 한국을 점령했다. 저수지의 한국어 명칭은 '장진(Changjin)'이지만, 미 육군은 당시에 보유하고 있던 지도를 복제하여 사용했다.]*** 장진은 한국에서도 가장 추운 지역으로서, 한국의 주식인 쌀도 재배할 수 없는 희귀한 곳이다.

최초의 교전에서 누빈 동계 전투복에 귀마개가 달린 털모자,

---

* 역주: 원문에는 '장진(長津)'이 일본어 표기인 '초신(ちょうしん)'으로 되어 있는데, 그 이유는 한국전쟁 당시 작전용 지도가 일본어로 된 것밖에 없었기 때문이다. 그래서 소위 '장진호 전투'에서 구사일생으로 살아남은 미군들을 가리켜 'Chosin Few(장진호 생존자)'로 부르고 있다.

** 역주: 황초령은 함경남도 장진군 신남면과 함주군 하기천면 사이에 있는 해발 1,210m의 험준한 고산 협곡지대이다.

*** 미 해군은 1992년 14번째 티콘데로가(Ticonderoga)급 유도미사일 순양함을 USS Chosin호로 명명하면서 자체적으로 명칭 문제를 해결했다.

고무밑창을 댄 정구화를 착용한 약 1,500명의 중공군은 땅바닥에 넘어진 채 그 자리에서 어색한 자세로 얼어 죽었다. 목숨을 잃은 중공군은 저마다 5일분의 전투식량 중에서 먹고 남은 식량을 갖고 있었는데, 야전에서 불을 피워 적에게 위치가 노출될 위험을 예방하기 위해 전투식량은 대부분 찐쌀과 콩으로 만들어졌다. 이 전투에서 약 50명의 해병대가 전사하고 200명이 부상을 입었다.

현장 조사를 위해 부관과 함께 L-5 경(輕)정찰기를 타고 도착한 아몬드 장군은 인근의 가파른 언덕배기를 겨냥하여 사격하기 위해 연대포병이 보유한 18문의 곡사포가 고각(高角)을 지향하고 있다는 사실을 발견했다. 그는 어리벙벙한 표정을 짓고 있던 리첸버그 대령에게 다짜고짜 이렇게 말했다. "참 이해할 수 없군. 여기 있는 대공포로 사격하면 되잖아."

제1해병사단의 사단장은 깡마르고 나이에 비해 머리칼이 하얗게 센 올리버 프린스 스미스(Oliver Prince Smith) 소장으로, 그는 1944년 9월 치열한 펠렐리우(Peleliu) 전투에 참여한 역전의 용사였다.

스미스 소장은 최악의 사태에 대비할 요량으로, 해병대 공중작전을 담당하던 필드 해리스(Field Harris) 소장의 도움을 받아 중공군에 맹렬한 공습을 퍼부어 전투에서 잠시 소강상태를 조성하고, 그 틈을 타서 하갈우리(下碣隅里)에 활주로를 건설해야 한다고 확신했다. 하갈우리는 흥남 항구에서 고산지대에 이르는 64마일(약 100킬로미터) 길이의 울퉁불퉁하고 기복이 심한 도로를 달려가야 겨우 이를 수 있는 산간벽지였다. 해리스 소장은 깨뜨린 돌조각들을 바닥에 깔아 활주로 공사를 완료하면 장비와 보급품 수송은 물론이고 사상자 후송에

장진호 전투 당시의 올리버 스미스(Oliver P. Smith) 제1해병 사단장

도 충분할 것이라고 아몬드 군단장을 안심시켰다.

"사상자 후송이라니?" 하고 아몬드 장군이 물었다. 아몬드가 보기에 속임수였는지 실패였는지는 몰라도 중공군의 공세는 이미 끝난 상태로 보였다. 스미스 사단의 전·사상자 몇 명 정도는 하등 문제될 것이 없었다. 이처럼 사태의 심각성을 전혀 깨닫지 못한 아몬드 군단장의 아둔함은 "중공군 따위가 무슨 대수랴?"라고 반응한 일본 다이이치 사령부의 분위기와 닮은꼴이었다.

자신만만한 아몬드와는 달리 스미스와 해리스는 필립 컬비스(Philip A. Kulbes) 육군 공병대위에게 미군 병사 77명과 90명의 한국군을 모아 호박만 한 돌덩이가 여기저기 묻혀 있는 콩밭을 C-47 쌍발엔진 수송기와 DC-3 민간 수송기가 이·착륙하는 데 문제가 없는 견고한 활주로로 개조하라고 지시했다. 전투가 뜸한 틈을 이용하여 야간에도 투광등(floodlights)을 대낮같이 밝히고 작업을 계속했다. 치열한 교전이 있을 것이라고 예견한 스미스는 적의 포위망에 빠질 것을 경계하면서 휘하 연대장들을 조용히 불러 험준한 고산지대에 둘러싸인 장진호로부터 북쪽으로 중공군을 역습하기 위한 공격출발지점으로 이동하라고 명령했다. 아울러 그는 장진호 서쪽에 주력을 집결시키면서 제7사단의 일부가 동쪽에 배치되어야 한다고 고집을 부렸다. 아몬드 군단장은 해병대 스미스 사단장의 이러한 예비동작을 자신의 지휘권을 방해하는 행위로 간주했다.

맥아더 사령관은 중공을 자극하지 말라는 합참의 지침에 분을 삭이지 못했다. 마지못해 중공군의 존재를 인정한 맥아더 사령관은 11월 7일 — 여전히 워싱턴에서는 11월 6일 — 만일 중공이 제멋대로 굴고도 응징을 당하지 않는다면 "대대적인 규모의 재앙"이 초래할 가능성이 있다고 경고했는데, 이런 표현은 마오쩌둥 정권에게 해가 될 만한 것이라면 어떤 조치든 취할 것이라는 경고성 언사였다.

워싱턴은 맥아더에게 38선 이북으로의 전진 — 마오쩌둥 정권은 이를 도발적(provocative) 행위로 간주했다 — 을 승인했지만, 9월 27일 합참은 맥아더에게 노파심에 미군을 보내지 말고 한국군만 만주 국경 부근으로 접근시키도록 유념하라는 지침을 하달했다. 그러나 저우언라이에게는 한국군의 접근조차 참을 수 없는 일이었다. 9월 30일, 그는 이렇게 비난했다. "중공 인민은 인접국이 제국주의자들에 의해 야만적으로 침략당하는 것에 수수방관하지 않을 것이다."
저우언라이는 적반하장으로 역사적 사실을 반대로 뒤집어 남한이 북한을 먼저 침략했다고 주장했다. 10월 23일, 마오쩌둥은 한국전쟁에 대한 과거의 입장을 수정하여 "만일 미군이 우리 국경 쪽으로 전진하지 않으면, 중공군은 전쟁에 참여하거나 미군을 저지하려 들지 않을 것이다."라고 완곡하게 경고했다. 하지만 그때는 이미 마오쩌둥 군대가 미군들과의 교전을 피하면서 압록강 건너 한국 영토에 은밀하게 잠입한 상태였다.

이미 마오쩌둥은 맥아더 사령관이 워싱턴과 북경의 경고를 무시할 것을 예견했다. 일단 중공군이 한국에 투입되었으므로 만주 일대의 중공군 표적을 공격해야 한다는 맥아더의 경고성 메시지를 접수한 워싱턴과 합참은 자신들의 결정을 재고해야 할지 여부를 놓고 골머리를 앓았다. 펜타곤과 미 합참은 맥아더 사령관의 공군참모인 조지 스트레이트마이어(George Stratemeyer) 중장에게 마지못해 압록강 교량에 대한 폭격을 허락하면서도 폭격지점을 한국에서 진입하는 방향으로 제한했다. 그러나 압록강이 결빙된 상태여서 교량의 중요성은 별로 크지 않았다. 중공군의 대대적인 개입을 차단하려면, 전쟁의 조기 종결이 상책이라는 것이 맥아더의 판단이었다. 그러나 그는 이미 한국 영토에 얼마나 많은 중공군이 잠입해 있는지 모르고 있었다.

11월 초, 펑더화이는 마오쩌둥에게 전문을 보내 '역습(counteroffensive)' 준비가 보류된 상태라고 보고했다. 중공군은 유엔군의 포병사격 사거리 밖으로 물러나 있었다. 역습을 위한 다음 단계는 펑더화이가 인원, 탄약, 물자를 진지로 이동시켜야 했다. 도로는 거의 없거나 협소했고, 초겨울 추위가 맹위를 떨치기 시작했다. "야전이나 눈 속에서 취침해야 하는 부대의 전투력을 유지하는 것은 갈수록 어려워졌다." 제3집단군이 보유한 소련제 중(重)기관총은 강추위에 얼어버렸고, 중국 본토 동부 내전에 참여했던 병사들을 포함한 부대원들 대부분은 영하의 날씨를 견뎌본 적이 없었다. [11월 20일, 북서쪽 전선에서 표면적인 소강상태가 지속되자, 필리핀 병력으로 보강된 마리아노 아주린(Mariano Azurin) 대령의 지휘를 받던 대대는 제8군 사령관에게 불평을 늘어놓았다. "우리 부대의 사기가 말이 아니다. 이들은 과거 선선한 날씨도 경험하지 못했다. 동계 의복이 부족하다는 말은 하지도 않겠다." 그러면서 그는 동계 의복이 부족함을 언급했다.]

11월 7일 장진호 밑에서 제7해병연대가 새로운 작전을 시작할 무렵, 이들 부대는 서부전선에서 제8군과 대치하던 청천강 건너편의 중공군이 사라졌을 때와 마찬가지로 자신들과 마주하던 중공군이 그 전날 종적을 감추었다는 사실을 알아챘다. 한국과 일본에 위치한 두 사령부 간에 효과적인 조율이 이루어지지 않는 상태에서 전선에서 멀찌감치 떨어진 일본의 다이이치 사령부의 어느 누구도 중공군이 동시에 계획적으로 물러난 상황이 얼마나 중요하고 심각한 것인지를 인식하지 못했다. 며칠 동안 쌍방 간에 잠시 총격전이 벌어지는가 싶다가는 금방 적막감이 찾아왔다. 계속해서 중공군은 나타났다가 사라지기를 반복했다.

당초에는 워싱턴이 퇴짜를 놓았지만, 맥아더 사령관의 건의에 따라 압록강 일대에 대한 폭격이 재개되었다. 11월 8일, 일본을 이륙한 B-29 폭격기와 300여 대의 전폭기들이 서너 차례 압록강 교량과 북서쪽 방향을 폭격했다. 한국 땅에서 교량에 이르는 접근로가 손상되었고, 압록강 주변 도시인 신의주가 파괴되었다. 이 폭격은 제8군이 북한지역에서 거둔 전과를 뒷받침하는 데 기여했다기보다는 유엔의 자제력에서 벗어난 맥아더 군대와 마오쩌둥 군대의 충돌을 자극하는 데 더 기여했던 것으로 보인다. 미 공군이 몇 년간 입이 닳도록 자랑했음에도 불구하고 삼엄한 엄호를 받은 폭격기의 조준은 빗나갔고, 난기류로 인해 투하된 폭탄들은 엉뚱한 곳에 떨어졌다. 중공은 압록강 너머 자기네 땅에 폭탄이 떨어진다고 불만을 제기했지만, 이들은 공습의 표적오차(targeting errors)를 맥아더의 판단착오와 동일하게 간주했다. 즉, 그들이 보기에 펜타곤은 중공군에 대한 도발을 만류했지만 맥아더가 말을 듣지 않았다고 본 것이다.

다음날 맥아더는 워싱턴에 일급비밀 전문을 보내 자신이 구상한 종전목표(end-of-war objectives)를 승인해줄 것을 요청했다. 중공군을 압록강 너머로 몰아내고 한반도를 통일시킨다는 목표 하에 추수감사절 이전에 동·서부 전선에서 대대적 공세를 개시하겠다는 것이다. 맥아더는 "이런 목적 하에 11월 15일을 전후하여…… 공격을 개시할 계획"임을 선언하고, 이렇게 내용을 이어갔다. "이런 목표에 미달되는 여하한 작전계획도 우리 군대의 사기를 송두리째 파괴할 것이며, 그로 인한 심리적 타격은 이루 형언할 수조차 없을 것이다. 그처럼 소극적인 구상은 북한지역에서 우리에게 무한정 방어적 태세를 취하도록 강요하고, 의심할 여지도 없이 한국인의 분노를 촉발함으로써 한국군이 붕괴하거나 오히려 미국에 총부리를 겨누게 될 것이다."

맥아더는 펜타곤이 자신을 '포기(deserted)'할 경우에는 더 끔찍한 사태가 벌어질 것임을 경고하는 한편, 1938년 만주와 체코가 적의 수중에 넘어간 사실을 환기시키며 워싱턴을 상대로 '역사적 교훈'을 환기시키는 것을 잊지 않았다. 전투력이 약한 한국군이 중공군에 의해 격파될 가능성이 있었건만, 맥아더 군대는 한국군에게 방어진지를 맡기고 고향으로 돌아가서 크리스마스를 보내려는 기대를 버리지 않고 있었다.

1939~1945년간 육군총장을 지낸 조지 마셜(George C. Marshall) 국방장관은 지휘부에서 유일하게 맥아더 사령관의 친구였는데, 그 자신도 태평양 건너편의 다른 대륙에서 벌어지는 전쟁의 실상을 제대로 인식하지 못하고 전투지역으로부터 적절한 정보도 입수하지 못하고 있었다. 맥아더의 고통스러운 우려에 설복된 마셜은 외교적 요인들로 운신의 폭이 '제한(limiting)'된 채 "험준한 지형에서 벌어지는 전투에서 국제연합군을 지휘하기 위해 고군분투하는" 맥아더의 고충을 동정하는 "대단히 개인적이고 비공식적인" 메시지를 보냈다. 맥아더에게 어려움이 있음에도 불구하고 전쟁은 한반도로 제한되어야 했다. "국방부, 국무부, 대통령 할 것 없이 워싱턴에 있는 모든 사람은 적극적으로 귀관을 도우려는 열망에 차 있습니다." 하지만 "설령 한국전쟁이 스탈린의 계략으로 촉발된 대리전쟁(proxy war)이라고 하더라도 미묘한 국제적 균형이 훼손되어서는 안 됩니다."라고 강조했다. 그러나 압록강까지 밀고 올라간 맥아더의 결단과 중공으로부터의 거듭된 위협으로 인해 그러한 균형은 이미 긴장상태에 놓여 있었다.

동경 사령부에서 맥아더 사령관은 중공군의 개입으로 과민반응을 보이는가 하면, 중공군의 미심쩍은 철수 그리고 명백하면서도 불가사의한 중공군의 후퇴를 오판한 정보참모의 보고에 안도하는 등 갈피를 잡지 못하고 있었다. 아울러 압록강까지 올라가 한반도를 통일하려는 야망, 그리고 아시아 대륙에서 공산주의의 기세를 역전시키는 꿈을 실현하기 위해 주저하는 동맹국들을 끌어들여 전쟁을 더욱 확산시키려는 야망 사이에서 동요했다.

상대적으로 펑더화이가 침묵을 지키고 있는 것으로 판단한 맥아더의 작전참모 에드윈 라이트(Edwin K. Wright) 준장은 네드 아몬드 군단장에게 맥아더 사령관의 메시지를 하달하고, 제8군과 펜타곤에도 사본을 발송했다. 메시지의 내용은 병력수가 제한되지만 제10군단으로 하여금 전투에서의 소강상태를 틈타 모든 수단을 동원하여 서부전선과 접촉을 유지하고, 험악한 지형을 극복하면서 북진하는 워커 장군의 제8군을 지원하라는 것이었다.

장병들이 더욱 거세지는 혹한의 추위에 시달리게 되었음에도 불구하고 아몬드는 제10군단이 장진호 부근의 고산지대를 넘어 만주국경까지 제8군의 북진을 지원할 수 있는 최적의 위치에 있다면서 국경지대에 도달한 후에는 예하 사단의 방향을 서쪽으로 전환시켜 '조니' 워커('Jonnie' Walker) 장군을 지원할 것이라고 회신했다. 아몬드 군단장이 혹한에 험준한 지형을 극복해야 하는 문제점을 강조하긴 했으나, 맥아더 사령관은 정찰비행으로 중공군의 위치를 식별하지 못했다면서 북극에서 불어오는 동장군으로 피아 쌍방이 타격을 입기 전에 전쟁을 신속하게 종결시켜야 한다고 독려했다. 아몬드의 부(副) 작전참모 존 차일스(John H. Chiles) 중령이 제10군단의 작전계획을 동경 사령부에 보고했지만, 해병대 사령관인 스미스 장군에게는 알려주지 않았다. 이 계획을 접수한 맥아더 사령관은 작전계획 상 워커 장군을 지원하기 위해 한국군 부대들이 담당한 경계선을 재조정함으로써 해병대 책임지역을 서쪽으로 좀 더 확장시켰다. (스미스는 해병대를 이런 식으로 분리하는 구상에 반대했다.) 잠시 동안 중공군의 기습으로 당황하기는 했지만, 맥아더는 압록강까지 밀고 올라가는 공격작전으로 한국전쟁의 대미를 장식하고, 이로써 중공군의 개입을 사전에 차단하려는 열망에 사로잡혔다. 크리스마스 전까지 전쟁을 끝내고 귀국길에 오른다는 전략은 여전히 유효했다.

한국전쟁에 참전한 장군들은 맥아더 사령관의 확신을 믿었다. 핼 보일(Hal Boyle) AP 특파원이 제8군 담당지역이던 서부전선의 청천강 일대에서 오하이오 주 출신의 어니스트 홈스(Ernest V. Holmes) 대령을 인터뷰한 기사가 11월 15일자로 보도되었는데, 그는 전쟁을 12월 첫째 주까지 끝낼 수 있을 것으로 믿는다고 말했다. "저는 우리가 만주 국경까지 실제로 갈 것인지 의문입니다. 미군 병사들이 실제로 압록강을 건너가면 난리가 날 테니까요. 크리스마스 날 하와이에서 만납시다."

마오쩌둥과 펑더화이는 맥아더의 오판을 유도하고 있었다. 일본 다이이치 사령부의 정보참모부는 얼마나 많은 규모의 중공군이 압록강을 넘어왔는지 파악하지 못한 채 이들이 장갑부대나 포병부대를 거의 보유하지 않고, 수송차량이나 항공기도 변변치 않을 것으로 짐작했다. 소련 비행기가 격추된 적은 없으나(스탈린은 9개의 MIG-9 및 MIG-15 전투기 사단을 만주로 이동시키라고 명령했다), 공중-지상 간의 통신내용을 감청한 결과에 따르면 (중공군을 훈련시키고 있던) 소련군은 정확한 기종을 알 수 없지만 압록강 전선을 따라 MIG 전투기들을 운용하고 있었다. 제2차 세계대전 당시 독일인이 설계한 MIG-15기가 11월 전선에 모습을 드러냈는데, 속도가 미 공군 전투기인 F-80C보다 빨라서 느림보 'Shooting Star(역주: F-80C의 별명)'를 따돌리고 하늘 꼭대기로 사라졌다. 이런 모습에 대해 어느 공군 역사학자는 "MIG-15기는 마치 하늘 위에 활주로를 갖고 있는 듯했다."고 말했다. 두 차례 이상 좀처럼 선회하지 않는 미그기들은 국경을 넘어왔다가는 다시 쏜살같이 북쪽으로 기수를 돌렸다. 그 뒤를 이어 만주 국경을 따라 소련제 레이더 경보망을 장착한 방공포대가 등장했다. 크리스마스까지 전쟁을 끝낸 요량으로 대공세를 취할 것이라는 맥아더의 공개 발언에 마음이 놓인 마오쩌둥은 11월 9일 펑더화이에게 "11월 말과 12월 초 사이에 동부/서부전선에서 한두 차례 전투를 벌여 약 7개 또는 8개의 (미군) 연대를 섬멸할 수 있을 것으로 기대한다."는 전문을 보냈다.

11월 13일 북경에 복귀한 펑더화이는 마오쩌둥이 소집한 군 지휘관 회의에서 "우리는 적군을 우리의 내선(internal lines)으로 유인하여 하나씩 각개 격파하여 섬멸하는 전략을 구사할 것"이라고 말했다. 그는 한국전쟁의 방향을 '근본적(fundamentally)'으로 틀어놓을 것이라고 공언했다. 그가 구상하는 함정에 빠뜨리기 위해서는 적이 먼저 밀고 올라와야 한다. 적들을 이렇게 움직이도록 유인하겠다는 것이 펑더화이의 계략이었다.

가뜩이나 상륙작전을 장기로 삼는 군대가 내륙에서 보병부대처럼 지루한 임무를 수행하는 것이 마땅치 않았던 스미스(O. P. Smith) 장군은 혹한의 지형에서 터무니없이 바보 같은 짓이라고 생각되었음에도 불구하고 아몬드 군단장을 경유하여 하달된 맥아더의 명령을 수행할 수밖에 없었다. 아몬드는 해병대가 고작 하루에 1마일(약 1.6킬로미터)씩 이동하는 것에 대해 길길이 뛰면서 화를 냈지만, 해병대는 "태백산맥을 타고 올라가기 전의 기지(base)인 청흥리(Chinghung-ni) 그리고 하갈우리 등으로부터 장진호 바로 밑의 구릉지에 이르기까지 도처에 작전·보급을 위한 캠프를 설치하면서 신중하게 전진했다. 11월 15일 비행기를 타고 하갈우리의 스미스를 방문한 자리에서 아몬드 군단장은 북쪽을 가리키며, "저 도로를 따라 쏜살같이 달려가란 말이에요."라고 재촉했다.

아몬드 군단장이 가리킨 '저 도로'란 흥남·함흥과 동해바다에서 시작하여 황초령 협곡을 넘어 하갈우리에 이르는, 얼음에 뒤덮인 자갈과 먼지투성이의 비포장도로였다. 비좁은 'U'자형 급커브로 이루어진 황초령 협곡의 틈바구니로, 저수지에서 끌어올린 물이 4개의 거대한 수로관을 통해 낙하하여 협소한 콘크리트 교량 밑에서 0.5마일(약 800미터) 내려간 곳의 수력발전소를 돌리고 있었다. 만일 적군이 교량을 파괴한다면 미군 전차(tank), 트럭 및 차량견인 포병은 장진호 너머로 이동하지 못할 것이다. 좁은 콘크리트 교량이 아직도 무사하다는 것은 적군의 기이한 전술적 실책이거나, 아니면 장진호를 넘어 안심하고 전진하는 위험을 무릅쓰도록 유인하려는 잔꾀이거나 둘 중의 하나였는데, 스미스는 그것이 적의 실수가 아니라 함정이 아닐까 의심하며 근심에 빠졌다.

그는 워싱턴에 복귀한 해병대 사령관 클리프턴 케이트(Clifton Cates)에게 보낸 서한에서 자신의 우려를 숨기지 않고 이렇게 기록했다. "사령관께서 이곳에 오셨을 때 말씀드린 바와 같이 저는 계획이 성공할 것으로 확신하는 제10군단의 전술적 판단을 조금도 신뢰하지 않습니다. …… 확실히 우리는 제8군의 전진속도를 무시하고 무작정 앞으로 전진해서는 안 됩니다. 우리는 그 누구로부터의 도움도 받을 수 없이 위험에 처해 있습니다. …… 북한의 산악지역에서 동계 전투를 벌이는 것은 미군 병사나 해병에게 너무도 큰 희생을 요구하는 것이라고 생각합니다." 스미스 사단장은 동경에 있는 자신의 직속 상관인 르무엘 셰퍼드(Lemuel Shepherd) 중장이 맥아더의 손아귀에 꽉 잡혀 있다는 것을 간파하고 셰퍼드에게 알리지 않고 보고를 건너뛰었는데, 이는 올바른 판단이었다. 나중에 케이트 사령관은 답장을 발송하기 전에 편지를 잘못 두었다가 뒤늦게 되찾는 소동을 벌인 끝에 영악하게도 다음 주 금요일이 되어서야 답장을 보냈다.* 일본 다이이치 사령부를 상대하려면 이처럼 정치인 같은 짓이 필요했던 모양이다.

'위험'은 실제로 존재하였다. 기나긴 초겨울의 야음을 틈타 15만 명에 이르는 중공군 제20, 26 및 27야전군이 얼음으로 뒤덮인 압록강을 계속해서 건너왔다. 이들이 미군의 눈에 띄지 않은 채 장진호의 고원지대에 진지를 점령하는 동안 수천 명의 중공군 지원 병력이 도보로 남쪽으로 보급품을 운반했고, 어둠 속에서는 또 다른 병력이 도로와 포장길, 교량 등을 수리했다. 이들은 마을의 첩자들과 자체적으로 운용하는 선발대 요원들로부터 정보를 입수했고, 미국 언

* 역주: 아마도 동경의 셰퍼드 중장이 케이트 해병사령관에게 한국에서 스미스 장군이 보낸 서한을 받지 못했느냐고 물었던 것처럼 보인다. 스미스의 판단에 동조하는 케이트는 이런 식으로 일본에 있는 셰퍼드를 따돌렸던 것으로 추정된다.

론에서 수집한 신문·라디오 보도 내용으로 보완하여 때로는 적의 부대 명칭과 인원수까지 완벽하게 파악했다.(미국사람들은 한국에 파견된 자신의 자녀들이 한국에서 어떻게 지내는지 알기를 원했고, 이들의 이름을 불러주는 것이 사기를 올려주는 방법이기도 했다.) 중공군 지상화력의 공격을 받지 않고 장진호 서쪽 제방으로 헬기를 타고 날아온 제5해병연대 3대대장 로버트 래플릿(Robert Raplett) 중령은 공중에서 눈 덮인 산악지대에 만들어진 이동로와 그늘 속에 은폐된 개인용 참호(foxhole)들을 구석구석 꼼꼼히 살펴볼 수 있었다. 헬기 조종사는 저공비행을 하던 도중에 명백한 증거를 발견했다. 래플릿 중령은 이렇게 중얼거렸다. "저 망할 놈의 구멍 속에 중공군 놈들이 득실거리겠지."

11월 16일 북경에서 압록강으로 복귀한 펑더화이는 예하 각 집단군에게 자신들이 겁을 먹고 후퇴했다는 인상을 주도록 기만작전을 계속하라는 명령을 내렸다. 한편 니키타 흐루시초프(Nikita Krushschev)의 회고록에 의하면, 펑더화이는 "(마오쩌둥에게) 전투계획을 상세히 설명하는 장문의 전문을 보냈다. …… 우리는 적들을 포위망에 가두어 결정적인 측면 공격으로 몰살시킬 것이다." 마오쩌둥은 스탈린에게 전문의 사본을 보냈다. 펑더화이는 허위첩보를 더욱 확산시키기 위한 계략으로 '안전통행권(safe-conduct passes)'이란 것을 사방에 뿌릴 것을 명령했는데, 이는 대부분의 전쟁에서 주로 전투원들에게 사용되었다. 통행권의 한쪽에는 죽은 병사의 그림, 반대쪽에는 시거를 입에 물고 와인을 들이켜는 뚱뚱한 자본가의 그림이 인쇄되었는데, 자본가 그림 밑에는 영어로 이런 구절이 적혀 있었다.

미군 병사들은 한국에서 죽어가는데,

본국에서는 정치인들이 거짓말을 하고 있네. ……

간첩들이나 마을 협력자의 도움을 받아 뿌려진 안전통행권은 부대가 항복하면 '평화와 안전'을 보장받고, 가족들에게 편지를 보내도록 허용되며, 음식과 치료를 받게 될 것을 보장했다. 또한 '통행권'은 이런 약속도 했다. "우리는 이미 많은 미국인들과 영국인 죄수들을 석방했다. 드디어 여러분은 자유를 얻어 고향으로 돌아갈 수 있게 될 것이다."

펑더화이가 말하는 '속임수(trick)'란 1950년 11월 17일 펑더화이와 그의 참모들이 마오쩌둥 주석에게 제안한 바에 대한 후속조치였던 셈이다.

> 우리는 30명의 미국인과 70명의 꼭두각시 죄수를 포함하여…… 100명의 미국인들과 그 꼭두각시인 이승만의 죄수들을 석방할 것을 제안한다. …… 우리의 주요 목표는 일단 잡히면 살해될 것이라는 두려움에 떨고 있는 적군 부대를 제압하기 위해 우리가 전쟁포로를 관대하게 대우하는 정책을 취하고 있다는 사실을 선전하는 것이다. 우리는 11월 19일 밤에 전선의 진지들을 경유하여 전쟁포로들을 석방할 계획을 수립했다. 부디 우리 제안을 수용할 것인지 여부를 즉각 알려주기 바란다.

마오쩌둥은 이 계획을 승인했다. 펑더화이는 두핑에게 이렇게 설명했다. “우리는 포로들에게 식량공급이 부족하여 굶고 있으며, 아마도 중국으로 철수해야 할 것 같다고 말해줄 것이다. …… 큰 물고기를 잡으려면 미끼로 사용되는 작은 물고기의 맛을 보여주어야 하는 법이다.”

2

기대에 부푼 추수감사절

GI들의 농담: "잡아먹기 위해 살찌운다."

11월 19일, 제7사단 17연대는 북한군 잔당들로부터 아무런 저항을 받지 않고 장진호 북동쪽에 위치한 갑산 마을에 도착했다. 갑산을 넘어 23마일(약 37킬로미터)만 걸어가면 압록강과 만주 국경에 이를 수 있었다. 맹렬한 강추위 속에서도 전진하기로 작정한 연대장은 분대용 천막 250개와 몸을 녹일 수 있는 야전난로 500개를 공중 투하(airdrops)해달라고 요청했다. (요청한 보급품은 예정대로 투하되었으나 낙하산이 너무 빨리 떨어지는 바람에 대부분의 야전난로들이 충격으로 박살났다.) 이들보다 앞서 이동한 한국군 수도사단은 훨씬 동쪽에서 압록강에 도착하여 얼음장을 뚫고 수통에 압록강 물을 채운 다음, 승전보의 상징으로 이승만 대통령에게 수통을 보냈다.

21일 아침, 허버트 파월(Herbert Powell) 대령이 지휘하는 17연대는 눈 덮인 언덕을 넘어 도보로 더 북쪽으로 이동하여 한 주 전에 항공모함에서 발진한 항공기에 의해 거의 잿더미가 되다시피 한 혜산진에 이르렀다. 네드 아몬드 군단장과 데이비드 바(David Barr) 사단장은 한바탕 세리머니를 벌이기 위해 선두 중대의 후미에 합류하여 압록강을 굽어보는 산등성이에서 비포장도로를 따라 2마일(약 3.2킬로미터)을 이동해 내려왔다. 강폭이 50야드(약 45미터) 정도에 불과한 압록강은 동쪽 발원지인 해발 8천 피트(약 2,438미터) 높이의 남포태산과 가까운 지점에서 결빙상태에 있었으나, 아직 얼지 않은 강의 중간에는 좁은 수로가 형성되어 있었다. 그 수로도 곧 추위에 얼어붙었다.

종군기자들은 화씨로 영하*를 훨씬 밑도는 혹독한 추위 속에서도 전형적인 군인 같은 포즈를 취한 몇몇 혈기왕성한 미군 장병들의 모습을 촬영하여 본국으로 전송했다. 부대원들은 중공 땅이 건너다보이는 눈 덮인 강둑에 서서 꽁꽁 얼어 있는 압록강을 향하여 번갈아가며 소변 줄기를 내뿜었다. (성기가 동상에 걸렸다는 기록은 발견되지 않았다.) AP통신이 전송하여 미국 신문의 제1면에 실린 사진들은 압록강 건너 백설을 뒤집어 쓴 만주 벌판의 산등성이를 바라보고 있는 17연대 장병들의 뒷모습을 멀리서, 그러나 비교적 선명하게 보여주었다.

압록강에 오줌을 싼 장병들의 의식행사에 대해서는 아무런 언급도 하지 않은 것이 분명하지만, 맥아더 사령관은 아몬드 군단장에게 다음과 같은 내용의 무전을 보냈다. "네드(Ned)와 데이브 바(Dave Barr) 그리고 대박(jackpot)을 터뜨린 7사단 장병들에게 진심에서 우러나오는 축하를 보냄." 11월 22일 동경발 언론은 7사단 장병들이 얼음을 깨고 압록강 물에 '뛰어들었다'고 보도했지만, 이는 일본 다이이치 사령부의 과장이었다. 7사단의 전진은 실질적인 전과라기보다는 상징적인 의미를 담고 있었다. 아울러 중공이 은밀히 유포한 역정보

* 화씨로 0도는 섭씨로 영하 17.8도이다.

에 따르면 "공산주의자들이 북동부 지방에 거주하는 18세에서 45세까지의 모든 남자들을 서둘러 징집하여 지리멸렬한 중공군 사단들을 재편성하고 있다."는 정보가 나돌았다. 적들을 자만심에 빠뜨리기 위한 중공의 심리전은 동경의 다이이치 사령부를 유혹하는 데 효과를 발휘했다. 연합군 총사령부로부터의 '공식 설명'에 의하면, 한국군과 미군은 "한국 북동부를 석권하기 위해 맹렬히 전진하는 중"이었다. 또 다른 출처의 역정보에 의하면, 본토에서 쫓겨나 섬나라 대만으로 도망친 장제스는 소련이 중국 본토를 '점령'하여 '식민지'로 삼았다고 비난했다. 그러나 사실 마오쩌둥 정권은 군사장비의 지원을 부탁하는 것 외에는 소련의 스탈린으로부터 거리를 두고 있었다.

불과 이틀 후면 추수감사절이었다. 전쟁터에서 날아온 또 한 차례의 낙관적 보도에 고무된 미국인들은 휴가여행을 즐기기 위해 앞 다투어 비행기 표를 구입하는 소동을 벌인 나머지 항공권 판매가 종전의 모든 기록을 갈아치웠다. 낙관론을 부추긴 또 다른 장본인은 「뉴욕타임스(New York Times)」의 과학담당 기자였던 윌리엄 로렌스(William L. Laurence)가 프린스턴에서 "수년간의 시간과 수백만 달러의 돈을 절약할 수 있는 새로운 형태의 인공두뇌"를 보도한 기사로서, 이러한 인공두뇌는 "역사상 가장 규모가 크고 정확한 아날로그 컴퓨터"로 묘사되었다. 첨단무기 설계를 위해 해군항공국(Bureau of Aeronautics)과의 계약으로 제작된 '인공두뇌'는 "4,000개의 진공관(electronic tube)과 몇 마일 길이의 배선(wiring)"으로 구성되어 있었다. 대부분의 첨단기술이 지상·공중·해상에서 추수감사절 만찬에 사용될 식자재를 운반하는 데 사용된 한국전쟁에서 그러한 초현대식 무

제7사단 장교들과 압록강 앞에 서 있는 미 제10군단장 아몬드 소장(중앙). 좌로부터 사단 포병단장 호머 키퍼(Homer Kiefer) 준장, 부사단장 헨리 호즈(Henry I. Hodes) 준장, 사단장 데이비드 바(David G. Barr) 소장, 그리고 제17연대장 허버트 파월(Herbert B. Powell) 대령

기는 별로 필요가 없었다. 한국전쟁에서의 승리를 예견한 일본 다이이치 사령부의 추산에 의하면, 크리스마스가 될 무렵에는 대부분의 미군들이 본토로 이동할 것이므로 추수감사절용 만찬을 위한 대규모 작전이 또다시 벌어지는 일은 없을 것이다.

압록강에 잠시 머물렀던 바(Barr)와 아몬드는 쌍안경이 없어도 압록강 너머 마을의 중공군 보초들이 무표정하게 근무교대를 하는 모습을 볼 수 있었다. 마을에서 사람들이 움직이는 모습은 전혀 보이지 않았다. 아몬드 군단장의 회고에 따르면, 얼어붙은 압록강이 중공군의 도강에 "아무런 장애물도 되지 않는" 것처럼 보였지만, "이를 별로 심각하게 우려하지 않았다." 두 사람은 이런 사실을 마땅히 심각하게 우려했어야 했다.

L-5 연락기로 바(Barr) 사단장이 위치한 교두보에서 훨씬 남쪽

에 위치한 흥남 사령부로 복귀한 아몬드 군단장은 맥아더 사령관도 받아볼 것을 의식하여 다음날 아침 일찍 다소 으스대는 기분에 젖어 제7사단장에게 공식적인 축하 메시지를 전했다. 영웅을 칭송하는 듯한 그의 메시지는 이렇게 시작되었다. "불과 20일 전 이원 해안에 상륙한 제7사단은 고통스러운 산악 지형을 넘어 200마일(약 320킬로미터)을 전진한 끝에 격렬하게 저항하는 적들을 영하의 혹한에서 성공적으로 무찌르고 찬란한 군사적 위업을 달성한 바, 이는 역사에 길이 남을 전승으로 기록될 것이다."

제57야전포병대대 소속 밥 해먼드(Bob Hammond) 일병은 대대가 압록강에 도착했을 당시 18세였다. "바로 이거야!" 누군가가 마치 임무가 완료되었다는 듯이 이렇게 외쳤다. "여기가 한국의 정상이다! 더 이상 갈 수 없어. 앞으로 더 가면 중공 땅이야!"

17연대보다 훨씬 뒤에서 올라온 제7사단 예하의 다른 연대인 31연대와 32연대는 압록강변을 탐색해본 다음 조심스럽게 압록강 남쪽을 출발하여 왔던 길을 되짚어 이동했다. 곳곳에 흩어져 있던 북한군 부대들은 어디선가 나타나 교량을 폭파하고, 그러지 않아도 좁고 노면이 형편없던 도로에 분화구 같은 구덩이들을 만들어 17연대의 이동을 완강하게 방해하고는 어둠이 깔리자 장진호 부근의 고산지대에 파놓은 은거지로 기어들어가 몸을 숨겼다. 그러나 미군에게 진정한 적은 살을 에는 듯한 북극의 추위, 그리고 전장의 실상에 너무나 어두운 일본 다이이치 사령부의 전략적 무지였다. 총격전이나 수류탄보다 동상으로 더 많은 사상자가 발생했다. '1번가(First Avenue)'라는 이름에서 연상할 수 있듯, 상징적 인물에 불과한 천황이 거주하는 황실 정원이 위치한 히비야 공원(日比谷公園)으로 개칭된 평온한 경관이 내려다보이는 다이이치 사령부의 고층건물로부터 혹한에 사투를 벌이는 전쟁터의 부대들에게 전진명령을 하달하는 것은 더할 나위 없이 손쉬운 일이었을 것이다.

1944~45년간 드와이트 아이젠하워(Dwight Eisenhower) 장군이 지휘한 원정연합군최고사령부(Supreme Headquarters Allied Expeditionary Force) 부사령관이던 앨프리드 그루엔더(Alfred Gruenther) 대장은 한국에서 멀리 떨어진 맨해튼에 거주하던 중 컬럼비아 대학에 소재한 아이젠하워 대통령 관저를 방문하였다. 1946년 웨스트포인트에 입학한 그루엔더 장군의 큰아들 딕(Dick)은 제7사단 17연대 소속 소대장으로 한국전쟁에 참전하고 있었다. 그의 아버지는 아직 소식을 듣지 못했지만, 딕은 연대가 압록강에 도착하기 4일 전 중상을 입었다. 합참 내에서 실세였던 그루엔더는 한국전에서 뭔가 일이 터지기 직전인 상황인데도 맥아더가 그러한 증거를 무시하고 있음을 알게 되었다. 북쪽으로 올라간 맥아더의 부대들은 머잖아 수를 셀 수 없을 정도로 거대한 마오쩌둥 군대와 맞닥뜨릴 참이었다.

초대받지 않은 손님인 그루엔더 장군은 아이젠하워와 상의하기 위해 추수감사절 만찬에 나타났다. NATO의 출범이 임박한 시점이었고, 그루엔더는 소련이 야심을 품고 유럽을 공격할 경우에 역습을 가하기 위한 NATO군 사령부에서 또다시 아이젠하워의 부사령관으로 임명될 예정이었다. 당시 웨스트포인트에서 젊은 교관으로 근무하던 존 아이젠하워도 만찬에 동석했다. 그루엔더가 만찬을 마치고 떠나자 아이젠하워는 자기 아들에게 한국전쟁 문제로 지금처럼 속이 상한 적이 없다고 말했다. 다음날 아침 웨스트포인트로 복귀하는 길에 자동차 라디오를 켠 아이젠하워 중위는 우연히 "크리스마스를 고국에서!"라는 맥아더 사령관의 약속을 보도하는 방송을 듣게 되었다. 그로부터 두 차례의 크리스마스가 더 지난 후, 젊은 아이젠하워는 한국전쟁에 파병되어 제3사단 15연대에 배치되었다.

제1해병사단은 이원에 상륙한 이후, 아몬드가 지휘하는 제10군단 중에서 38선 훨씬 북쪽에 위치했다. '후하이보(Hu Hai Bo)'라는 중공군 역사학자는 소설적 상상력을 발휘하여 이렇게 기록했다. "북동쪽 전선에 위치한 미군부대들은 우아한 메뉴판을 인쇄했다. 불에 타 폐허로 변한 마을에서 추수감사절을 기념하는 촛불이 켜지고, 테이블마다 흰색 덮개가 씌워졌다. 어떤 부대에서는 위스키를 나누어주고, 장교와 병사들은 뜨거운 목욕을 즐긴 다음에 새로 지급받은 군복으로 갈아입었다." 잿더미가 된 마을을 제외하면 후하이보가 기록한 것은 황당무계한 이야기였다. 제10군단의 공세가 제8군의 공격 개시보다 며칠간 지연된 바로 그 '북동쪽' 전선에 배치된 제5해병연대의 부대일지에는 몇몇 중대에서 간단한 추수감사절 예배가 열리고, 1대대와 2대대에서 사과와 파이 조각이 메뉴에 올랐다는 기록이 남아 있다. 하갈우리에서 남쪽으로 11마일(약 17킬로미터) 떨어진 고토리에 위치한 체스티 풀러(Chesty Puller)의 1연대는 유속이 빨라 아직 얼어붙지 않은 시냇물 근처에서 추수감사절 만찬을 먹었다.

리 버지(Lee Bergee)라는 이름의 어느 하사는 이렇게 회고했다. "하루하루 날씨가 추워졌다. 북쪽과 서쪽으로 흰 눈에 뒤덮인 고산지대가 보였다. 우리는 칠면조와 온갖 특별요리들을 먹어치웠다. 전날 밤, 나는 트럭의 헤드라이트를 대낮같이 켜놓고 취사병들이 요리하는 모습을 지켜보았다. 만찬 전에는 불도저 2대를 동원하여 평평하게 만든 연병장에서 벌어진 풋볼 경기의 심판을 맡았다. 오후에는 풀러(Puller) 대령이 인천과 서울 전투에서 공을 세운 장병들의 가슴에 훈장을 달아주었다. …… 우리 대대 소속의 어느 위생병은 자신의 용맹한 활약에 대한 찬사가 낭독될 때 고개를 좌우로 흔들었다. 나는 시냇물로 가서 옷가지를 세탁했다. 물은 엄청 차가웠다. 매일 밤 기온이 화씨 영하(역주: 섭씨로 –17.8도)로 내려갔다. 최악의 혹한이 닥치기 전에 한국을 떠났으면 좋겠다."

기온이 영하로 곤두박질치는 지역에 배치된 부대에서는 다음날 먹을 칠면조고기를 해동시켜야 했다. 장진호 기슭에 위치한 하갈우리에서 레이먼드 데이비스(Raymond Ravis) 중령이 지휘하는 제7해병 1대대는 칠면조고기가 추운 날씨로 꽁꽁 얼어붙은 것을 알게 되었다. 그러나 추수감사절 전날 밤 연대본부의 어느 장교가 기발한 아이디어를 냈다. 그는 얼어붙은 칠면조고기를 불을 땐 2개의 야전 취사난로 주변에 산더미처럼 쌓았다. 그런 다음 이것들을 피라미드 모양으로 된 2동의 천막으로 덮고, 눈과 나무덤불로 밀폐해놓았다. 다음날 아침이 되니 칠면조고기는 절단해서 요리할 수 있을 정도로 녹아 있었다. 3대대에서 에밀리오 '레이' 아귀레(Emilio 'Ray' Aguirre) 병장은 자기가 소속된 조지 중대(George Company)에 수색정찰을 나가라는 임무가 떨어지는 바람에 칠면조고기와 추수감사절 특식을 뒤늦게 먹어야 하는 상황이 벌어진 것을 알게 되었다. "내가 보기에 자원해서 수색정찰을 나가려는 사람이 없는 것 같았다. 그러자 어니(Ernie, 소대장)

는 우리를 쳐다보고 이렇게 말했다. '레이, 네가 가야 할 것 같아. 고디(Gordy)랑 3분대도 너하고 같이 갈 거야. …… 미안하긴 하지만 명령이야. …… 언덕 쪽에 적군이 활동하고 있다는 보고가 있더군. 특히 추수감사절 같은 날에 순찰을 나가야 하는 기분을 나도 잘 알아. 하지만 수색정찰을 나가더라도 시간을 많이 뺏기지는 않을 거야. 아마 복귀한 다음에 추수감사절 특식을 먹을 수 있을 테지."

이들은 수색정찰 임무를 수행하는 내내 불평을 늘어놓았고, 사격으로 벌집이 된 버려진 지프차를 발견했으며, 사방에서 포탄 — 아마도 박격포 — 이 날아오는 소리를 들었다. 이들은 복귀하자마자 혹시라도 먹다 남은 칠면조고기가 있을까 싶어 언덕 꼭대기로 쏜살같이 달려갔다. 마지막 취사차량에서도 "그들은 고기 한 점 없이 완두콩과 감자밖에 발견하지 못했다." 아귀레는 하는 수 없이 타말레(tamales, 역주: 옥수수 가루, 다진 고기, 고추 등으로 만든 멕시코 음식) 통조림으로 허기를 채웠다.

체스티 풀러가 지휘하는 제1해병연대 1전차대대 베이커 중대(Baker Company)에 소속된 할리 트루블러드(Harley Trueblood) 상병은 해안에 상륙한 이후 처음으로 맛보게 될 뜨거운 음식을 학수고대했지만, 시베리아에서 불어 닥치는 삭풍이 어찌나 매서웠던지 김이 무럭무럭 나는 칠면조고기 조각을 스푼으로 떠 배식기에서 입으로 가져가는 동안에 얼어붙을 정도였다. 그는 이렇게 회상했다. "그때 우리가 먹은 건 칠면조 아이스케이크(popsicle) 같은 거였다." 덕동 협곡* 밑에 위

* 역주: 정확한 한국어 지명을 확인할 수 없음

하갈우리 중대본부에서 추수감사절 요리를 준비하는 제5해병대 취사병

날씨가 그리 춥지 않았던 함흥 근처에서의 추수감사절 만찬

치한 찰리 중대(Charlie Company)의 감시구역은 해발 1,419미터였던 일명 '1419고지'였는데, 그 후에는 1419고지를 '칠면조 고지(Turkey Hill)'로 불렀다. 이유인즉, 추수감사절 당일에 그곳을 점령하고 있던 베이커 중대가 먹다 남은 칠면조고기를 내다 버렸는데, 지면이 너무 딱딱하게 얼어붙어 구덩이를 팔 수 없었다. 중공군이 공격하자 찰리 중대 생존자들은 1419고지와 함께 칠면조 뼈를 그냥 버리고 후퇴했다.

제7연대 2대대 소속 폭스 중대(Fox Company)의 윌리엄 바버(William Barber) 대위가 지휘하는 장병 192명은 추수감사절 만찬을 취사병이 요리하는 기름투성이의 맛없는 짬밥에서 해방될 수 있는 절호의 기회로 여기며 환호하고 있었다. 하지만 배식기를 들고 참호로 가져가는 동안 설탕에 조린 고구마와 소시지 그리고 그레이비 양념을 뿌린 훈제 칠면조가 얼어버렸다. 중대 통신장교인 로렌스 슈미트(Lawrence Schmitt) 중위는 오로지 긍정적인 장면들만 모아 그날 밤 아내에게 열렬한 편지를 썼다. "우리는 「성조기여 영원하라」, 「아름다운 미국」, 「나의 조국」 같은 노래를 불렀다오. 목사님이 기도하고 연대장이 축하연설을 해주었어. 난 감사할 게 너무 많아요. 아름다운 아내와 아들, 우리 집, 우리의 건강 그리고 내 신앙. 하나님 아버지께서 우리에게 계속해서 자비를 베풀어주시기를 빌어요." (슈미트 중위는 편지를 보낸 며칠 후 저격병의 사격으로 정강이뼈가 으스러졌으나 다행히 목숨은 건졌다.)

다음날 아침 야외변소와 변소까지 가는 길 주변에는 얼어붙은 설사똥이 사방에 널려 있었다. 추수감사절 아침 무렵 대대가 하갈우리에서 가파른 경사를 14마일(약 22킬로미터) 정도 올라간 유담리(柳潭里) 방향으로 이동했으므로 해병대원 중 일부는 추수감사절 다음날 저녁까지 칠면조 요리를 먹지 못했지만, 위생병이던 윌리엄 데이비스는 "아무도 신경 쓰지 않았다."고 회고했다. 대대는 독동 협곡을 지나 장진호 서쪽의 유담리에 접근하던 중 200명가량의 중공군과 맞닥뜨렸는데, 이들은 포병사격과 지상에서 요청한 공중공격으로 사방에 뿔뿔이 흩어졌다. 일단 해병대가 스산한 언덕배기를 점령하자 하갈우리에서 추수감사절 만찬이 운반되었다. 취사병들은 트럭과 지프차 헤드라이트를 켠 채로 요리를 했고, 부대원들은 헤드라이트 조명 속에서 "마치 해군함정에서처럼 양철 배식기에 요리를 담아서 먹었다. 우리는 차량의 (따스한) 지붕에 올라가 앉거나 서서 음식을 먹었다. …… 음식이 순식간에 식어버렸으므로 신속하게 먹는 것이 장땡이었다. 가장 먼저 그레이비와 으깬 감자가 얼었지만, 칠면조고기의 속살은 여전히 따뜻했다. 정말이지 마파람에 게 눈 감추듯 엄청나게 빨리 먹어치웠다. 식사시간 내내 (멀리 떨어진 헤드라이트 조명을 조준하여) 중공군 저격병이 우리를 향하여 총알을 날렸다."

거의 어느 곳이나 마찬가지였지만, 열악하고 위험한 환경이 그런대로 축제 분위기를 느낄 수 있었던 막간의 휴식을 복잡하게 만들었다. 하지만 그 누구도 공중공격을 걱정할 필요는 없었다. 만주에 진을 치고 있던 소련 항공기들은 압록강을 넘어오는 위험을 무릅쓰지 않았다. 왜냐하면 비행기가 격추되어 소련군 조종사가 생포되는 날에는 만주벌판에 숨어 있는 자신들의 존재가 발각될 것을 우려했기 때문이다. 중공군이 수수께끼처럼 물러간 후 막간의 시간 동안 유담리에서 잠시 조우전이 벌어진 것을 제외하고는 밤에 헤드라이트를 켜놓아도 적의 사격이 그리 심하지 않았다. 마치 적들은 미군이 추수

중공군 지휘소 벙커에서 발견된 소련 독재자 이오시프 스탈린의 초상

감사절을 즐기는 모습을 방조하는 것 같았다. 그래서 미군 병사들은 농담으로 "놈들이 우릴 잡아먹기 전에 살을 찌우는 모양."이라고 말했다.

해군은 배에서 저녁식사를 실컷 즐겼다. 흥남항에 나가 있던 제임스 도일(James H. Doyle) 해군소장은 스미스 대장에게 참모들의 만찬용으로 구운 칠면조 요리를 보냈다. 스미스는 해동시키지 않은 칠면조로 요리한 '가족과의 추수감사절 만찬'을 고대했다. 참모들은 도일 장군의 호의를 반겼지만 스미스 장군은 그렇지 않았다. 그는 지금쯤 (전쟁터가 아닌) 다른 곳에 있어야 했던 것이다.

스미스 장군은 추수감사절 다음날 제7해병 3대대 호머 리첸버그(Homer Litzenberg) 연대 참모와 함께 얼어붙은 유담리의 황량한 마을 북쪽에 진지를 구축했다. 그는 레이먼드 머리(Raymond L. Murray) 중령의 제5해병을 리첸버그 부대 앞으로 배치하고, 풀러가 지휘하는 제1해병을 양쪽 부대의 예비대로 삼으려는 의도를 갖고 있었다.

부대를 통합시키라는 스미스 대장의 압력에 못 이긴 아몬드 장군은 제5해병연대를 바(Barr) 소장이 지휘하는 제7사단 예하 31연대전투단(RCT: Regimental Combat Team)으로 교체하고, 11월 27일 월요일까지 장진호 동쪽을 담당하라는 명령을 하달했다. 바로 그날 미국 전역의 신문에는 압록강에 도착한 바(Barr) 부대원들의 의기양양한 모습이 보도되었다. 일단 미군들이 압록강에서 물러나자, 얼음으로 덮인 장진호 양쪽 제방에 숨어 있던 중공군이 말썽을 부릴 조짐을 보였다. 장진호 위쪽의 마을에서 적들이 보인다는 보고를 우려한 바(Barr) 장군은 전방에 배치된 부대를 후방으로 옮기고, 앨런 매클린(Allan D. MacLean) 대령에게 아몬드가 하달한 배치명령을 전달했다. 그런데 이 명령은 왠지 모르게 부대원들에게 불안감을 주는 것이었다. 명령에 따라 매클린 대령은 자신이 지휘하는 31연대를 1개 전차중대, 1개 야전포병대대 및 돈 페이스(Don C. Faith) 중령이 지휘하는 제32보병 예하 1대대와 임무 교대했다. 이미 만주의 린창(临沧)으로부터 얼어붙은 압록강을 건너 수많은 중공군이 넘어왔다는 것은 더 이상 비밀이 아니었다. 압록강은 린창에서 유담리 위쪽을 돌아 약 100마일(약 160킬로미터)가량 북쪽으로 흘러간 다음, 다시 남동쪽으로 방향을 틀었다. 지형이 험하고 지표면이 결빙되었지만, 중공군은 바퀴 달린 운송수단

없이도 이동하거나 대낮에 몸을 숨기는 데 익숙했다.

추수감사절 다음날인 11월 25일, 해병대 목사인 코르넬리우스 그리핀(Cornelius J. Griffin) 해군 중위(그는 2주 후에 부상을 입었다)는 취사반장에게 "냉동 칠면조를 포장한 빨간색 셀로판지를 버리지 말고 모아두었다가 …… 만찬이 끝나면 모든 뼈를 셀로판지에 포장해달라."고 부탁했다. 취사반장이 영문을 몰라 어리둥절해하자, 그리핀 목사는 설교시간에 보여준 모습과는 달리 이렇게 설명했다. "우리가 북쪽으로 더 이동한 다음, 이 뼈다귀들을 끓여 훌륭한 칠면조수프를 만들 수 있을 겁니다." (과연 1주일도 안 되어 포장지와 함께 뼈다귀들이 재활용되었다. "우리는 빨간색 셀로판지를 등화관제(blackout) 시간에 텐트와 의무대에서 불빛이 새어나오는 구멍들을 막는 데 요긴하게 두 번째로 재사용했다.")

억수같이 퍼붓는 폭설과 살을 에는 북풍에도 부대원들의 사기는 높았다. 이들은 축제 분위기가 한풀 꺾인 상황에서 텐트에 옹기종기 모여 앉아 입 안 가득 음식을 씹으면서 크리스마스를 집에 돌아가 즐길 기회 또는 심지어 고향으로 향하는 귀로에 오를 가능성마저 점점 멀어지는 것이 아닌지 걱정했다. 그러나 마법을 부리는 오즈의 나라(the land of Oz)에 머물고 있던 일본의 다이이치 사령부는 여전히 이러한 희미한 환상을 믿고 있었다. 맥아더 사령관은 추수감사절 전날 「시카고 트리뷴(Chicago Tribune)」 지의 기자에게 "금년 말까지 전쟁이 끝날 것"이라고 장담했다.

전차궤도에 155밀리 곡사포를 장착한 자주포와 함께 상륙지점에서 가장 북쪽에 위치한 이원 해안에 도착한 제7사단 31야전포병대 예하 B포대에 소속된 제임스 딜(James H. Dill) 중위는 무사히 남쪽으

1950년 봄 일본에서 찍은 사진. 오른쪽: 제7사단 32보병연대 1대대장 돈 페이스(Don C. Faith) 중령, 왼쪽: 32연대장

로 후퇴하기 전까지 지그재그 커브가 즐비한 얼음에 뒤덮인 험악한 산악도로를 기어올라 멀리 갑산 마을에 주둔하고 있었다. 그는 추수감사절이 지겹도록 먹던 소금에 절인 쇠고기 통조림에서 해방된 "믿을 수 없이 즐거운 휴식"이었다고 기록했다. 그들이 칠면조고기로 만찬을 즐기고 있을 때, 동경의 고위급 장성이 발신한 것이 틀림없는 다음과 같은 내용의 메모가 회람되었다. "전쟁이 거의 끝났으므로 우리는 일본으로 돌아갈 채비를 해야 한다. 아울러 한국군 병사들이 원래의 소속 부대로 돌아가기 위해 작성해야 할 서류의 샘플을 첨부했

다. 우리는 그들에게 대부분은 곧 제대하여 집으로 돌아가게 될 것이라고 말할 것이다." 또 다른 회보(回報)는 "제7사단이 일본에 도착하는 즉시 전승기념 퍼레이드(a Grand Victory Parade)에 참여하게 될 것이므로" 미리 밀집대형에서의 행진 연습을 해둘 것을 권고했다.

여기서 승리란 북한군 잔당들을 압록강 동쪽과 서쪽으로 추격하는 것을 말한다. 추수감사절 열흘 전, 맥아더 사령관은 주일(駐日) 국무부 대표인 윌리엄 시볼드(William Sebald)에게 "중공군이 얼음 위로 떼를 지어 남쪽으로 건너가려는 유혹을 받게 될 것이므로 강물이 얼기 전에 압록강에 도착하는 것이 중요하다."고 설명했다. 서울을 출발하여 동경을 방문한 말쑥한 차림의 존 무초(John Muccio) 주한 미대사는 중공이 한국전쟁 개입에 대해 단지 말로만 위협하는 것 같지 않다는 맥아더의 우려에 공감했다. 그럼에도 불구하고 무초의 기록에 의하면, 맥아더는 "우리의 공군과 정보기관"이 압록강을 넘어온 중공군의 대부대를 탐지할 수 있을 것이라면서 '만족감'을 나타냈다. 그러면서 맥아더는 은밀히 "국경을 넘어온 중공군의 숫자가 약 2만 5,000명에서 많아야 3만 명 정도"일 수도 있다는 점을 인정했다. 그는 중공군과 교전이 벌어졌던 것을 알고 있었다. 맥아더는 처음에는 그 숫자를 약 6만 명으로 추정했으나, 그가 보기에 중공군이 생각을 고쳐먹고 다시 국경을 넘어 물러난 것 같았다. 맥아더는 무초 대사에게 만일 그들이 더 많은 병력을 투입시키려 한다면 공군참모인 조지 스트레이트마이어(George Stratemeyer)가 공중폭격으로 이들을 싹 쓸어버리고 그 지역을 "불모지로 만들 것"이라고 말했다.

맥아더와 그의 참모들은 영악한 마오쩌둥이 쓴 『지구전(On

Protracted War)』이라는 책을 읽어본 적이 없는 것 같았다. 그 책에서 마오쩌둥은 이렇게 충고했다. "신속하고 결정적인 승리를 달성하려면 진지를 사수하고 있는 적들이 아니라 이동하고 있는 적을 공격하라." 이는 집결된 상태에서 "은밀하게 숨어 있다가 반드시 지나야 할 통로에 적들의 대부대가 나타나는 순간을 포착하여 갑자기 이들을 덮치고, 적들이 움직일 때 이들을 포위하여 무슨 일이 벌어졌는지 알기도 전에 공격함으로써 전력을 다해 전투를 종결시키라."는 것이다.

마오쩌둥이 말한 모든 조건을 부지불식간에 충족시킨 것도 모른 채 맥아더 사령관은 추수감사절 다음날 아침 임박한 대공세를 선언하기 위해 비행기를 타고 한국에 도착했다. 11월 24일 금요일 이른 아침, 그의 C-54 SCAP(연합군 최고사령관) 전용기가 새로 탈환한 북한의 수도 평양에서 북쪽으로 약 50마일(약 80킬로미터) 떨어진 신안주로 날아갔다. 전쟁이 터지기 전, 신안주는 록히드사에서 제작한 맵시 있는 최신형 컨스털레이션(Constellation)기가 착륙할 정도의 길이를 가진 활주로가 있는 몇 안 되는 도시 가운데 하나였다. 프랭크 밀번(Frank Milburn) 소장이 지휘하는 제1군단이 활주로에 인접해 있었지만, 맥아더는 총사령부 명의의 성명을 직접 발표했다. 그가 동경에서 출발할 때, 다이이치 사령부는 한국전쟁의 미래에 관해 마지막에서 두 번째가 될 것으로 예상한 포고령을 발표했다. 나중에 발표된 마지막 포고령은 한국전쟁의 종식을 확인하는 것이었다.

맥아더는 마오쩌둥이나 스탈린이 한국전쟁에 실질적으로 개입한 사실을 부인했으나, 새로운 코뮈니케의 전반적인 내용은 전 세계 공산주의를 광범위하게 공격하는 것이었다.

북한지역에서 서로 협력하는 새로운 공산군대를 섬멸하기 위한 유엔군의 압박식 포위작전은 이제 결정적인 국면에 진입하고 있다. 지난 3주 동안 협공작전에서 적군을 고립시키는 임무를 담당한 우리 공군은 모범적인 협조와 협력을 바탕으로 공격을 지속하여 북쪽으로부터 연결되는 적의 보급로를 성공적으로 차단했다. 이로 인해 공산군의 추가적 증원이 대폭 축소되고 필수 보급품이 현저하게 감소되었다. 협공작전의 오른쪽 날개를 담당한 제10군단은 획기적이고 효과적인 해군의 지원을 받아 눈부신 작전적 기동을 통해 착실하게 전진하여 이제 북한 일대에 대한 적군의 지리적 잠재력을 양분함으로써 포위망 형성을 위한 진지 구축을 명령하는 단계에 이르렀다. 오늘 아침 협공작전의 왼쪽 날개인 서부전선은 압박을 완료하고 적의 숨통을 끊어놓기 위해 대대적인 공세를 벌이면서 전진하고 있다. 만일 이러한 작전이 성공한다면 사실상 전쟁은 종결되고, 한반도의 평화와 통일이 회복되며, 유엔군의 신속한 철수가 이루어질 수 있을 것이다.

제8군사령관 월턴 워커(Walton Walker)는 프랭크 밀번과 함께 맥아더 일행을 맞이하는 행사에 참석하기 위해 선두에서 후방지역으로 향하는 길고 긴 지프차의 종대를 이끌고 청천강 바로 남쪽에 위치한 활주로로 향했다. 맥아더는 영하 10도의 어둠 속에서 파카를 착용하고 체크무늬 스카프를 목에 두르고 있었는데, 자신의 트레이드마크 같은 선글라스만큼은 절대로 벗지 않았다. 이미 그가 하달한 공격명령을 받아 부대를 이끌고 북쪽으로 전진하기 위한 준비를 갖추고 있었으므로 참석자 중에서 고위급 장교들은 거의 없었다. 프랭크 처치

(Frank Church) 소장과 존 쿨터(John Coulter) 소장이 맥아더의 지프 주변에 있었지만, 기자들은 맥아더의 브리핑과 그의 고위급 참모들의 후속 발언을 듣기 위해 몰려들었다. 신중한 밀번은 한반도의 동·서 양쪽 축선에서 어려움을 겪을 것을 예상하면서 초계비행에 의하면 쿨터의 제9군단이 적의 공격으로 "극도의 수세"에 몰린 것으로 보인다고 보고한 반면, 충성스러운 처치는 자신이 지휘하는 제24사단은 거의 아무런 저항도 받지 않고 있어 아마도 압록강까지 곧장 진격할 수 있을 것 같다고 말했다. 그러자 맥아더는 이렇게 비꼬았다. "흠, 빨리 전진하는 부대는 크리스마스 전까지 집에 갈 수 있겠구먼."

제1군단 참모이던 존 오스틴(John Austin) 대령은 전선을 순찰하고 있던 맥아더 사령관이 "꼿꼿하고, 자신감에 충만하고, 두말할 나위도 없이 생애의 최고봉에 올라 있는" 모습을 보였다고 회상했다. 군단사령부에 모인 장교들에게 맥아더는 이런 말로 연설을 시작했다. "귀관들, 전쟁은 끝났다. 중공은 이 전쟁에 개입하지 않을 것이다. 앞으로 2주 이내에 제8군은 모든 전선에 걸쳐 압록강에 도착할 것이다. 제3사단은 포트베닝(Fort Benning)에서 크리스마스 만찬을 즐기게 될 것이다." 오스틴은 그로부터 10년 후 한국전쟁에서 맥아더의 활약상을 묘사하는 책을 쓰고 있던 역사학자인 로버트 스미스에게 그 누구도 군수적(logistical) 관점에서 이런 작전이 불가능하다는 점에 대해 질문하지 않았다면서 "이는 마치 신이 발표한 것에 의문을 나타내는 것 같았다."고 말했다. 그러나 제8군과는 달리 한반도 반대편의 북동부에 주둔하고 있던 제3사단은 설령 전쟁에서 승리를 거두더라도 앞으로 2주 만에 사단을 해체하여 9천 마일(약 14,000킬로미터) 떨어진 조지아 주 포트베닝에서 크리스마스를 보내기에는 시간이 턱없이 부족했다.

스트레이트마이어 장군은 맥아더가 "자신을 수행한 총사령부 참모들과 마찬가지로 전반적인 작전에 흥분했으며, 크리스마스까지 완벽한 승리가 가능할 것으로 간주했다."고 회고했다. 또한 맥아더가 10월 중순 웨이크 섬에서 트루먼 대통령에게 크리스마스까지 전쟁을 끝낼 것이라고 약속한 사실을 상기하면서 처치 장군에게 "나를 거짓말쟁이로 만들지 마시오."라고 덧붙였다. 미국의 합동통신사(United Press: UP)는 맥아더가 존 쿨터 장군에게 다음과 같이 말하는 것을 UP사의 어니스트 홀브레흐트(Ernst Holbrecht) 기자가 우연히 듣고 신문에 발언을 인용하여 보도했다. "잭, 귀관은 부대원들에게 이렇게 말해도 좋아요. 압록강에 도착하면 집으로 돌아갈 수 있다고 말이죠." AP통신은 그가 말한 것을 "나는 미국 병사들에게 크리스마스까지 귀국시키겠다는 약속을 지키기를 희망한다."라고 보도했다.

필리핀의 마닐라에서 복무하던 시절 이래로 못하는 것이 없는 만능참모로서 맥아더를 보좌한 코트니 휘트니(Courtney Whitney) 준장은 몇 년 후 맥아더의 연설 내용에 대해 조심스럽게 "절반은 농담이고 절반은 의미와 목적이 분명한 진담"이라고 표현했다. 훗날 맥아더는 크리스마스에 대한 자신의 모든 발언을 언론사의 "잘못된 인용(misquotes)"이라고 불평했다. 개인적으로 의구심을 보이던 어느 펜타곤 장교는 미군 부대들을 크리스마스 만찬으로 데려오겠다는 약속에 대해 맥아더가 "번지수를 잘못 짚은 것"이라고 말했다. 그에 따르면, 맥아더 장군은 1937년 이래로 미국 땅을 밟은 적이 없었고, "극동지

11월 24일, 한국전쟁 종결을 목표로 한 공세작전을 발표하기 위해 한국을 방문한 맥아더 장군이 뒷자리에 월턴 워커 제8군 사령관을 태우고 지프차에 앉아 있는 모습

방에 오래 머물다 보니 일본을 자기 집으로 생각했다."

맥아더 사령관을 1918년부터 알고 지낸 베테랑 뉴스 프로그램 진행자인 로웰 토머스(Lowell Thomas)는 그런 이야기를 신문에서 발견하고는 라디오 방송에서 "나는 머리를 흔들면서 내 조수에게 맥아더가 그런 발표를 절대로 할 리가 없다고 자신 있게 말했다. (그런데) 오늘 정정기사가 보도되었다. 자신의 발언이 잘못 인용되었다는 것이다." 맥아더는 몇 년 후 "크리스마스까지 귀국"을 떠벌인 것에 대해 "언론이 나를 공격할 속셈으로 (내 발언을 마치) 예측인 것처럼 왜곡하여 보도"했지만, 본래 의도는 "중공에게 우리가 만주 국경에 도착하는 즉시 한국을 떠날 것임을 안심시켜주려는 것이었다."고 불편한 심경을 토로했다.

5시간 동안 지프차를 타고 전선을 돌아본 맥아더는 공세작전을 앞두고 미8군 전선 시찰이 시작된 신안주 활주로로 다시 돌아가는 것으로 일정을 마무리했다. 워커 장군과 참모들은 전용기 램프에 줄지어 서서 작별인사로 거수경례를 했다. 워커는 엄습하는 혹한과 눈에 보이지 않는 무수한 중공군을 눈앞에 둔 상태에서 맥아더의 낙관주의를 공유할 수 없었지만, 맥아더 앞에서 주눅이 들어 있었다. 불과 열흘도 지나지 않아 워커의 제8군은 중공군의 기습으로 패퇴하여 120마일(약 193킬로미터)에 걸쳐 후방으로 물러서야 할 운명이었다.

극동공군(Far East Air Force)은 압록강 교량의 남쪽 진입로를 폭격할 목적으로 항공모함 레이테(Leyte)로 공습을 퍼부은 다음, 이어서 맥아더의 서부전선 시찰 기간 중 신변안전을 제고하기 위해 전선의 아래 지역에 대한 활동을 증가시켰다. (이러한 공습은 맥아더의 존재에 대한 관심을 분산시키기 위한 보호조치이자, 공세를 앞둔 전투력 증강의 일환이었다.)

공중공격은 예기치 못한 결과를 초래할 수 있고, 실제로 초래한다. 일본 다이이치 사령부는 여전히 중공인민의용군 사령부가 배치된 지역을 탐지하지 못하고 있었다. 조종사들은 단지 사령부가 존재할 것으로 추정할 뿐이었다. 마오쩌둥의 장남인 28세의 마오안잉(毛岸英)은 아버지의 허락을 받고 의용군에 징집되었다. 정치적으로 출세하려는 야심을 품고 있던 그는 연대장이 되고 싶어 했으나, 소련에서 교육을 받은 마오안잉의 경험이라고는 고작 북경기계공장의 당비서뿐였음을 알고 있던 펑더화이는 자신의 군사보좌관 겸 러시아어 통역에 임명했다.

중공이 무시하던 추수감사절 다음날 아침 새벽, 압록강 서쪽의 대유동(大楡洞)에 요란한 공습 사이렌이 울렸다. 펑더화이의 부사령관인 홍쉐지(洪學智)는 그에게 탄광갱도에 있는 방공호로 빨리 피하라고 했다. 그러자 펑더화이가 말했다. "빅 홍(Big Hong), 왜 내가 피해야 해? 겁나면 당신이나 도망가!"

그러자 홍쉐지가 말했다. "우린 아무래도 상관없어요. 하지만 당신은 사령관이십니다. 그러니 당연히 피하셔야죠. 만일 무슨 일이라도 생기면 큰일입니다. 가세요, 어서, 어서!"

펑더화이가 반쯤 끌려가다시피 방공호에 피신하자, 폭탄이 투하되어 그중에서 한 발이 그가 방금 뛰쳐나온 판잣집을 폭파시켰다. 펑더화이가 사령부로 사용하던 농가건물에 남아 있던 마오안잉과 다른 젊은 장교 가오뤼신(Gao Rui Xin)은 도망칠 틈도 없이 그 자리에서 폭사했다. 마오안잉의 시체는 그가 옆구리에 차고 있던 독일제 권총을 확인하고 나서야 식별할 수 있었다.

자신의 상관인 마오쩌둥에게는 당혹스러운 비보였지만, 펑더화이는 마오쩌둥에게 이 소식을 숨길 수 없다는 것을 깨달았다. 펑더화이는 부주석인 저우언라이에게 무전으로 마오안잉의 시체가 여타의 사상자들과 다른 특별 대우를 받을 수 없음을 알렸다. 마오안잉은 북한 땅에 묻힐 것이다. "나는 중공인민의용군 사령부를 대표하여 그가 의용군에 자발적으로 참여했고, 전쟁터에서 사망했으며, 마오쩌둥의 자랑스러운 아들이었음을 알리는 구절을 묘비에 새겨 넣을 것이다."

저우언라이는 훗날 마오쩌둥의 후계자가 된 덩샤오핑(鄧小平) 같은 원로들과 협의한 끝에 마오안잉을 북한 땅에 매장하는 데 동의했지만, 마오쩌둥은 아들의 사망 소식을 직접 듣지 못했다. 몇 개월이 지난 다음 펑더화이가 개인적으로 아들을 잘 보호하지 못한 것에 대해 사과하자, 마오쩌둥은 슬픈 기색을 보이면서도 "마오안잉은 자신의 의무를 다했다."고 인정했다. 그것이 "기쁠 때나 슬플 때나 생사고락을 같이하는 혁명정신의 특징"이라는 것이다. 마오안잉은 목재로 만든 붉은 별 아래 지금도 북한 땅에 묻혀 있다.

제10군단 전방의 스미스 사단장과 마찬가지로 워커 장군은 감히 맥아더 사령관의 명령에 불복종하지 않는 한도 내에서 공격개시 시각을 가장 늦은 시점으로 미뤘다. 스미스 장군은 맥아더의 대리인에 해당하는 네드 아몬드 장군 휘하에서 작전을 수행하고 있었는데, 아몬드 군단장은 스스로 중공군 의용군이라고 자백하는 몇몇 중공인이 있다는 점을 인정했다. 워커가 할 수 있는 일이라고는 처치 장군을 통해 제24사단의 선두에서 전진하게 될 제21보병연대를 담당하는 리처드 스티븐스(Richard W. Stephens)* 대령에게 불안한 명령을 하달하는 것뿐이었다. "귀관(처치)은 스티븐스에게 중국 음식 냄새를 맡는 즉시 후퇴하라고 명령할 것." 그러나 워커의 부사령관인 레븐 앨런(Leven Allen) 소장은 신안주에서 제8군 사령부로 복귀하여 참모장교들에게 이렇게 말했다. "내 생각에는 공격을 개시해야 한다. 만일 그렇게 생각하지 않았다면 맥아더 사령관은 여기 오지 않았을 것이다."

일단 자신의 전용기가 공중에 날아오르자 맥아더는 동경까지 3시간이 소요되는 귀로에 오르기 전 조종사인 앤서니 스토리(Anthony F.

* 역주: 'Stephens'는 '스테판스'가 아닌 '스티븐스'로 발음하는 것에 주의할 것

Story) 중령에게 이렇게 지시했다. "서쪽 해안으로 기수를 돌려 압록강까지 올라가게." 맥아더는 압록강 입구에 도착한 다음 만주 국경까지 강을 따라 동쪽으로 이동할 셈이었다.

스토리 중령은 이렇게 말했다. "사령관님, 그렇게 하시면 안 된다고 생각합니다."*

맥아더가 대꾸했다. "상관없네. 일본으로 바로 돌아가고 싶지 않아. 압록강을 따라 동쪽 해안으로 가보고 싶어." 그는 춥지만 맑은 날씨였기 때문에 어둠이 깔리기 전에 약 5천 피트(1,524미터) 상공에서 한반도 북부에 중공군이 집결하지 않고 있다는 사실을 확인하고 싶었던 것이다. 그는 파이프를 피워 물고 조용히 뒤로 기대 앉았다. 한 장교가 그에게 지형도를 건네주었다. 눈과 얼음에 덮인 아래를 노려보았지만 비행기에 탑승하고 있던 그 누구도 움직이는 물체를 감지하지 못했다. 압록강 북쪽에서 비행기를 겨냥하여 사격하거나, 전에 국경지대를 비행하던 항공기가 러시아 말을 구사하는 조종사의 목소리를 우연히 들은 적이 있다고 하지만, 이번에는 적의 항공기도 나타나지 않았다.

맥아더의 다이이치 참모들이 아닌 다른 탑승객들은 맥아더 같은 자신감을 갖고 있지 않다는 점을 공공연히 드러냈다. 어느 기자는 걱정스런 표정으로 맥아더가 필리핀 마닐라 시절부터 데리고 다니던 수행부관 시드 허프(Sid Huff) 중령에게 "시드, 이번 여행이 반드시 필

---

* 충직하게도 스토리 중령은 나중에 말을 바꿨다. "맥아더는 내게 이틀 전에 마음속에 갖고 있던 생각을 털어놓았다. 그는 내 상관이다. 그리고 나는 그가 원하는 곳이라면 어디든 모시고 갈 것이다." 만일 그 말이 맞다면, 김포에서 출발한 제트기가 상공에서 빙글빙글 돌고 있었다는 것이다.

요했던 겁니까?"라고 물었다. 다른 탑승객들은 낙하산을 메고 있었지만, 맥아더는 그렇게 하지 않았다. 그는 이렇게 말했다. "귀관들이 원하면 낙하산을 메시오. 난 비행기에 남아 있을 테니까."

조종사인 토니 스토리 중령이 긴급히 전투기 엄호를 요청하자, 서울 부근의 김포기지에서 발진한 제트기가 신속하게 9천 미터 상공을 비행하던 전용기를 따라잡았다. 나중에 맥아더는 이렇게 주장했다. "이 높이에서 우리는 국제 무인지대(international No-Man's Land) 전체를 시베리아 국경 저 멀리까지 살펴보았다. 우리 눈앞에 펼쳐진 장면은 완전히 황폐한 시골지역, 뾰족한 경사지대, 깊은 골짜기 그리고 눈과 얼음에 뒤덮인 시커먼 압록강 물뿐이었다. 그것은 가혹한 불모지였다. 만일 대부대나 수송열차가 국경지역을 통과하더라도 그 흔적은 압록강 골짜기에 몰아치는 눈보라에 지워졌을 것이다." 그런데도 맥아더는 혹독한 추위 속에서 어떤 위험을 무릅쓰고라도 그처럼 험준한 지형을 점령하라는 명령을 하달한 것이다.

오후 3시 10분, 이륙한 지 1시간이 지났을 무렵 스토리 중령은 기수를 남쪽으로 돌려 장진호 일대로 향했다. 한반도의 척추인 백두대간이 눈에 덮여 있는 것 외에는 아무것도 볼 수 없었다. 동경에 곧 도착할 것을 알고 그제야 안심하게 된 동경 총사령부 출입기자들은 맥아더를 따라 한국을 방문한 경험을 드라마틱한 기사로 작성하여 본국에 보낼 준비에 분주했다. AP통신은 "두려움을 모르는 맥아더"라는 기사 제목을 뽑았다. 렐먼 모린(Relman Morin)은 코트니 휘트니 소장이 자랑삼아 언급한 내용을 인용하여 "이걸 가리켜 중공의 콧대를 눌러주는 것이라고 하는 거다."*라고 보도했다.

중국인들은 펑더화이와 그의 참모들이 압록강 밑의 농가에 숨어 있는 동안 맥아더 일행이 자랑삼아 비행기를 타고 돌아다녔다는 사실을 알고, 펑더화이 일행이 보였을 것으로 짐작되는 드라마틱한 반응을 이렇게 상상하여 묘사했다.

> 시아웬(Xia Wen)은 다른 사람들과 함께 커다란 호두나무 아래 서 있었다. 그들은 미국 비행기 편대가 마치 유성처럼 북쪽으로 날아가는 것을 보았다. 그러더니 비행기들이 더 많이 나타나고, 그 숫자가 점점 늘어났다. 펑더화이의 부사령관은 "적들의 공격이 시작되었다."고 보고했다.
>
> 제2부사령관인 텐윤한(Ten Yun Han)은 "이미 공격이 시작된 것은 아닐까 걱정된다."라고 말했다. 그가 이렇게 말하고 있을 때, 거대한 비행기가 남쪽에서 날아왔다. 그것은 천천히, 유유히, 조용히, 서두르지 않고 날아왔다. 영어를 알고 있던 시아웬은 조심스럽게 귀를 기울였다. 그것은 맥아더 사령관이 지상의 미군부대들에게 전달하는 방송이었다. 군중 사이에서 누군가가 "진짜 맥아더야!"라고 말했다.
>
> 시아웬은 다른 사람들에게 통역해주었다. "맥아더는 이번 전쟁을 추수감사절까지 끝낼 수 있다고 말했다. 그러나 알 수 없는 외국인 부대의 출현으로 상황이 복잡해졌다. 그러나 그는 천하무적의 유엔군 앞에는 어떤 장애물도 없다고 믿는다. 오늘 총공격이 시작된다.

---

* 역주: 중공이 모르는 사이에 맥아더가 압록강을 따라 모든 전선을 다 돌아보았으므로 이것이 중공에 대한 모욕이라는 의미

이것은 한국전쟁을 크리스마스까지 끝내기 위한 전쟁이다. 만일 전쟁이 크리스마스까지 끝나면 모든 병사들은 미국으로 돌아가 가족들과 함께 크리스마스를 보낼 것이다."

그러자 펑더화이가 웃으면서 말했다. "자, 이 사람들이 천국에서 크리스마스를 보낼 수 있도록 (죽음으로) 초대합시다."

맥아더가 비행기에서 방송했다는 대목은 중국인들이 지어낸 이야기이다. 호위비행을 하는 F-80 전투기가 굉음을 울리는 와중에 비행기로부터 2마일(약 3.2킬로미터) 떨어진 지상에서 그의 목소리를 청취했다는 주장은 우스꽝스럽다. 펑더화이가 숨어 있는 은신처만큼 북쪽에 위치하고 있던 미군부대도 없었다. 사실 펑더화이는 나중에 맥아더의 동정을 보도한 라디오 방송을 듣고서야 그가 공격계획을 공표하기 위해 비행기로 한국을 방문했다는 사실을 알게 되었다. 펑더화이는 이렇게 조소했던 것으로 전해진다. "거짓말쟁이! 12월 25일까지 우리를 압록강으로 몰아붙일 계획을 세웠다니! 그건 말도 안 되는 소리야. 내가 보기에 맥아더는 너무 낙천적인 사람 같아."

맥아더 전용기가 전쟁이 벌어지기 전에는 한때 일본에서 가장 중요한 공항이었던 동경 부근의 하네다(羽田) 공항에 착륙할 무렵, 제5공군 사령관 스트레이트마이어는 맥아더에게 공군수훈 십자훈장(Distinguished Flying Cross)을 수여하기 위해 활주로에서 기다리고 있었다. 한때 「타임(Time)」 지는 "참모장교들이 게슴츠레한 눈으로 산더미 같은 서류뭉치 너머를 바라보며 '와, 저분은 정말 대단하셔.'라고 속삭이던" 다이이치 사령부의 모습을 보도한 적이 있다. 활주로에 서 있던 스트레이트마이어는 맥아더를 칭송하는 찬양대열에서 뒤처지지 않으려고 기자들에게 이렇게 말했다. "저분은 인류 역사에서 가장 위대한 분이십니다."

압록강 밑에 펼쳐진 광활한 평야는 맥아더가 묘사한 것처럼 그렇게 드라마틱한 곳이 아니었다. 다이이치 사령부가 북한지역 내에서 김일성의 전시 사령부가 위치한 것으로 파악하고 있던 강계(江界)는 극동군 공군기들의 저공비행 공격을 받고 아직도 포연을 내뿜고 있었다. 거대한 물줄기를 내뿜고 있는 압록강 댐과 발전소들은 아무런 피해도 입지 않은 듯 고요한 모습이었다. 거대한 철제 압록강 다리의 남쪽 진입로가 폭격으로 부서진 자리에는 저무는 햇살 속에서 아무것도 움직이지 않는 것처럼 보였다. 그러나 어둠이 내리자, 화물을 가득 적재한 트럭과 농촌에서 징발한 짐꾼들이 등에 지게를 메고 매일같이 얼어붙은 강을 건넜다. 그리고 동이 트기가 무섭게 마을에서 수많은 사람들이 빗자루를 들고 나와 자동차의 흔적과 사람들의 발자국 등을 말끔히 지웠다. 누군가가 비행기에서 맥아더에게 미군들이 새로 도착한, 저 멀리 흐릿하게 보이는 작은 도시인 혜산진(惠山鎭)을 가리켰다. 바(Barr)의 부대가 그 후에 철수한 것을 모르고 있던 맥아더는 조종사인 토니 스토리에게 농담을 건넸다. "어이, 비행기 날개를 흔들어서 (아래 있는 미군들에게) 인사하자고."

맥아더가 비행했던 고도보다 더 높이 올라가 한반도를 내려다보면, 북한은 마치 거대한 부츠를 뒤집어놓은 모양으로 서쪽이 발뒤꿈치, 동쪽이 발 그리고 장진호는 부츠의 버클에 해당한다. 뒤꿈치 끝에 달린 것이 신의주이다. 뒤꿈치 반대편을 보면, 발 모양이 혜산진에서 출발하여 엄지발가락에 해당하는 두만강을 거쳐 시베리아 남동부로 흘러간다. 미그기의 출현을 우려한 스토리 중령은 소련 공역으로부터 멀찌감치 거리를 두었다. 신의주 국경에서 시베리아까지는 약 570마일(약 917킬로미터)로서, 한반도의 좁은 허리보다 다섯 배 더 길고, 압록강과 두만강 제방이 점령당하는 경우에는 (신의주) 방어가 불가능하며, 스탈린이 러시아 영토를 손에 잡힐 만큼 (신의주처럼 가까운) 거리에 미군의 존재를 허용한다는 것은 거의 생각도 할 수 없는 일이었다. 사정이 이러했음에도 불구하고 맥아더는 호위하던 전투기들이 물러갈 무렵, 만족스럽다는 듯이 지도를 들여다보고 있었다. 그는 스토리 중령 편으로 호위 전투기들에게 "멋진 비행에 감사합니다."라는 무전을 보냈다. 눈 덮인 고원의 구릉지대를 지나 일본 해안선을 따라 남쪽으로 날아가는 동안 점심식사가 제공되었다. 이런 비행은 자극적인 경험이었을 것이나, 맥아더는 그 밑에 무엇이 있는지 발견하지 못했다.

심지어 아첨꾼으로 소문난 윌러비(Willoughby) 소장마저 중공이 "(미군에 대한) 역습을 준비"하기 위해 야음을 틈타 국경 너머 대규모 병력을 침투시킬 가능성을 염려하고 있었음에도 불구하고 복귀하는 비행기에서 맥아더는 워싱턴의 합참의장에게 보낼 자신에 찬 메시지의 초안을 잡기 시작했다. "어제 압록강을 따라 직접 정찰비행을 실시한 결과, 합참이 제시하는 것과 같이 압록강 남쪽의 감제지형(瞰制地形, commanding terrain)에서 진격을 중단시키는 것은 전적으로 불가능하다." 덧붙여서 그는 "압록강 자체의 흐름으로 형성된 자연적 지형" 이외의 대안은 없다고 주장했다. 아울러 맥아더는 정치적 이유를 들었다.

한반도 통일에 실패하는 것은 한국 국민에 대한 '배신'이며, 한반도 통일은 "그들을 위해 완수해야 할 엄숙한 과업(solemn undertaking)"이라고 역설했다. 그는 중공과 소련의 대대적인 개입 가능성이 낮다고 주장했다. "우리는 주도권을 쥐고, 그들의 적대적 움직임을 차단할 수 있는 보다 협소한 지역을 장악해야 한다. 우리 군대는 결단코 국경지역 전체를 점령할 것이며, 동부전선에서는 실제로 소련이나 중공의 두드러진 정치적 반발이 초래하지 않을, 압록강 제방의 일부분을 이미 점령했다."

9천 피트(약 2,740미터) 상공에서 눈과 얼음으로 뒤덮인 지상을 내려다보던 맥아더에게는 (소련이나 중공의) '뚜렷한(noticeable)' 군사적 대응이 이루어지지 않았으나, 저 멀리 지상에서의 대응은 분명한 것이었다. 영국군 옵서버가 보기에 미군 병사들의 우려는 딱 한 가지로, 그것은 "승리하지 못하는 것"이었다. "우리는 얼마나 빨리 이 나라에서 벗어날 수 있을까?" 맥아더는 아무도 귀 기울이지 않는 이런 질문의 해답을 갖고 있었다. 일단 압록강을 따라 진지를 구축한 다음에는 '가급적 신속하게' 미군들을 철수시키고, 그 자리를 한국군으로 교대시킬 것을 예상했다. 그는 완벽한 승리를 거둔 다음 일본을 경유하여 미군부대를 미 본토로 돌려보낼 계획이었다.

맥아더에게 있어 때때로 궤변은 현실이었다. 다이이치 사령부를 취재하는 언론을 위해 그는 "오늘 거대한 유엔의 협공작전이 계획대로 진행되고 있다."고 알리는 코뮈니케의 초안을 작성했다. 그리고 맥아더는 이렇게 덧붙였다. "모든 공군 전투력을 동원하여 후방지역을 완벽하게 차단한 상태에서 본인이 적의 대열 후방과 압록강 국경지대 전체에 대해 공중정찰을 실시한 결과, 적대적 군사행동에 대한 어떠한 징후도 발견하지 못했다."

3

협공작전의 도박

"여기부터 몽골까지는 온통 중공군뿐일세."

신중하게 전진하라는 해병대의 명령을 기다리던 벤저민 리드(Benjamin Read) 대위의 105밀리 곡사포 포대는 추운 날씨에 하갈우리 북단에 진지를 구축하고 있었다. 11월 25일에서 일요일인 26일로 날짜가 바뀐 새벽 1시 45분, 엘머 월링(Elmer Walling) 병장은 리드 대위를 깨워 마을 부근의 포대원들 사이를 연결하는 야전선에 귀를 기울여보라고 말했다. 그들이 새로 설치한 장비는 작동 상태가 양호했다. 에드 미프수드(Ed Mifsud) 상병은 제2차 세계대전 이후에 '판매용 잉여물자'라는 도장이 찍힌 장비와 무전기 같은 구식장비들도 있었다고 회고했다. 한국전쟁이라는 비상사태가 발생하자 이들 물자를 다시 구입하여 군대에 다시 납품한 것이다.

스탠리 로코위츠(Stanley Lockowitz) 일병이 휴대용 발전기를 돌리자, 리드 대위는 헤드세트를 조정하고는 동경에서 발신되는 미군 라디오 방송을 흉내 내며 이렇게 말했다. "여기는 추운 한국의 벌판 깊은 곳에 위치한 HOW 방송국입니다. 미스터리 보이스(Mystery Voice) 프로그램은 월버 헌든(Wilbur Herndon) 중위가 근무하던 테네시 트위스트(Tennessee Twist) 담배회사의 후원으로 지금부터 방송을 시작합니다. …… 그러나 미스터리 보이스를 듣기 전에 먼저 베리만 일병이 크리스마스 캐럴을 불러주시겠습니다."

신호에 따라 미시간 출신의 스웨덴 병사인 시에르트 베리만(Siert Bergman)이 「고요한 밤」 노래를 불렀다. 이어서 로코위츠는 야전 전화 송신기를 솜씨 있게 손으로 가린 다음 엄숙한 목소리로 '미스터리 보이스'를 소개하고는 포대 참호에서 근무하는 인원에게 근무상태 확인을 위해 수하(challenge, 誰何)를 하고, 밤새도록 근무자를 교대시키고, 퀴즈를 내고는 전화로 정답을 물었다. 첫 번째 청취자가 정답을 맞히지 못하자, 그는 다른 목소리로 주문을 외우듯 "크리스마스까지 당신도 귀국할 거고, 저도 귀국할 겁니다."라고 말했다.

로코위츠는 첫 번째 해병대원이 전화로 맥아더의 이름을 대자 "귀하는 방금 최고상을 수상했습니다."라고 말했다. 상품으로 "105밀리 백린탄 두 발과 귀하가 고르는 어떤 표적에 대해서건 두 발을 사격할 수 있는 기회를 드립니다. 굿바이, 그리고 행운을 빌어요." 리드 대위는 부대원들의 사기가 여전히 높다는 것을 알게 되었다. 또다시 눈이 약간 내리더니 기운이 급강하하여 다음날인 11월 27일 월요일 아침에는 혹독한 추위로 수은주가 최저 영하 30도 밑으로 내려갔다.

맥아더의 명령으로 제10군단은 동이 트기 직전에 다면공격(multipronged attack)을 개시할 예정이었다. 스미스 사단장은 자신의 우려를 숨기려 들지 않았지만, 아몬드 군단장은 거의 통과가 불가능한 장진호 지역 북쪽으로 진출하는 데 최적의 전투력을 보유한 부대는 해병대라는 고집을 굽히지 않았다. 저 멀리 북쪽 마을에서 입수한 첩보

하갈우리에서 105밀리 곡사포를 사격하는 벤저민 리드 대위의 포대

와 포로 심문 결과를 종합해볼 때 이미 적어도 제10군단의 병력과 맞먹는 어마어마한 규모의 중공군 대부대가 유입되었다는 놀라운 정보가 도출되었다. 11월 중순 펑더화이의 참모장 셰팡(解方)은 이렇게 자랑 삼아 떠들어댔다. "우리 부대는 동부전선에 15만 명 이상 배치되어 있고, 적의 규모는 9만 명에 불과하므로 병력 면에서 우리는 적보다 1.66배 유리하다. 우리는 서부전선에 25만 명이고 적들은 13만 명으로, 우리가 1.75배 유리하다." 이런 수적(數的) 우세는 더 많은 '의용군'들이 압록강을 넘어옴에 따라 지속적으로 증가했다.

북쪽을 순찰하던 한국군 백선엽 장군의 병사들은 중공군으로 식별된 포로들을 생포했다. 이 소식을 믿지 못한 백선엽은 직접 포로들을 심문했다. 그는 짧은 중국어 솜씨로 이렇게 질문했다. "여기 몇 명이 들어와 있는가?" 그러자 그들은 이렇게 대답했다. "아주아주

많다."

중공의 역사학자 후하이보에 의하면, 자칭 의용군들은 처음에는 중공 남동부 지역에서 "대만을 해방시킬 준비를 위해 온갖 훈련을 마쳤다. 지금은 눈보라가 몰아치는 추운 고원지대에 배치되어 있다. …… 그들은 거의 아무런 준비도 되어 있지 않았다. 한국의 상황은 매우 긴박하다. 의용군들은 북동쪽으로 향하는 기차에 올랐을 때에야 비로소 자신들이 한국으로 간다는 것을 알게 되었다. 처음에는 약 10만 명 이상의 병력이 동계 전투복으로 갈아입을 계획이었다. …… 그러나 지금 그들은 압록강을 빨리 건너가야 했다." 동북부 국경지대에서 국경수비대가 의용대원들이 '얇은 복장'을 착용한 것을 발견하고는 마을 사람들을 설득하여 모자와 누비옷을 벗어 동계전투에 투입되는 부대에 전달해주었으나, "이러한 일시적 효과밖에 없는 의복들은 10만 명 이상의 병력들에게는 새 발의 피였다." 국경을 넘은 지 이틀 만에 수천 명이 저체온증에 시달렸다. 그러나 계속해서 더 많은 병력이 앞으로 전진했다.

장진호 방면으로 진격하라는 명령을 받은 중공군 제9집단군 소속의 '후(Hu)'에 의하면, "10명 이상의 병력에게 오직 한두 장의 누빈 모포가 지급되었다. 병사들은 눈 덮인 땅바닥에 한두 장의 누빈 모포만 깔고 자야 했으며, 영하 30도의 날씨 속에서 10명 이상의 병사들이 이불 속에서 서로를 부둥켜안고 잤다." 혹한의 날씨에서 "박격포탄의 2/3가 먹통이 되었고", 수류탄은 "중화기(heavy weapons)"가 되었다. "목화송이처럼 큼직한" 눈발이 바람에 날렸다. 더욱 절망적인 것은 길을 떠나는 각개병사가 배낭에 넣어 가져갈 며칠 분의 쌀과 귀리를 재보급해줄 식량이 고갈되었다는 사실이다. "그들을 먹일 콩이나 볶은 국수가 없었다." 시골에서 자란 강인한 중공군은 말린 옥수수나 다른 먹을 것을 찾아 들판을 헤매 다니거나 부상자나 전사자로부터 식량을 약탈했다.

일본 철도 엔지니어는 극동공군(Far East Air Force)의 정보장교에게 겨울철의 압록강 얼음은 상당한 하중도 견딜 수 있다는 점을 알려주었다. 지난번 전쟁에서 적어도 한 차례 일본군은 압록강 얼음바닥에 철로를 부설하여 그 위로 기차를 이동시킨 적이 있었다는 것이다.

아몬드 군단장은 한물갔거나 고의적인 역정보로 의심되는 첩보는 무시했다. 중화기도 휴대하지 않고 얇은 의복만 걸친 중공군이 줄지어 압록강을 건넜다는 부락주민들은 적들이 심어놓은 첩자로 의심했다. 그는 일본의 다이이치 사령부에서 내린 명령을 이행해야 했다. 제10군단의 임무는 워커 장군이 지휘하는 제8군의 허약한 우익(右翼) — 즉, 태백산맥의 서쪽 경사면에 배치된, 한국군으로 구성되어 상대적으로 전투력이 약한 오른쪽 측면 — 을 보호하기 위해 그곳을 노리는 적들을 10군단 방향으로 유도하는 한편, 압록강까지 진격하여 한반도 북동부의 영토를 점령하는 것이다.

스미스 장군은 혹한의 추위 속에서도 상륙작전 능력이 탁월한 해병대를 흥남에서 원산에 이르는 장거리 교두보의 방어에 투입함으로써 산간벽지에서 동상에 걸려 사상자가 속출하는 중공군 같은 손실을 피하기를 바랐지만, 그에게 하달된 명령은 내륙에서 전선이 서로 연결되어 있지도 않은 제8군과 함께 공격에 동참하여 크리스마스까지 전승을 거두라는 것이었다.

심지어 스미스 사단장은 소집된 예비군과 주방위군(National Guard)들이 한국전에서 어떻게 하고 있는지를 대통령에게 보고하라는 지시를 받은 해리 트루먼(Harry Truman) 대통령의 친구인 프랭크 로(Frank Lowe) 소장이 흥남에 나타나기 전까지 제8군 예하 부대들이 어디에 위치하고 있는지조차 모르고 있었다. 로 소장이 총공세가 시작되기 이전에 배치된 제8군 부대들의 위치를 지도에 표시한 투명도(overlay)를 갖고 있었던 덕분에 스미스 사단장이 지휘하는 해병대는 처음으로 한국군 사령부에 속한 2/3 이상의 부대들이 어디에 배치되어 있는지를 실제로 알 수 있게 되었다. 그러나 로 소장은 임박한 중공군의 대대적인 공격에 대해 전혀 알지 못하고 있었는데, 그 이유는 일본의 다이이치 사령부가 그 가능성을 일축하고 있었기 때문이다.

스미스 사단장은 설령 중공군이 우려하는 것만큼 숫자가 많고 근접해왔다고 하더라도 혹한의 날씨와 장비 부족 때문에 기껏해야 규모가 큰 게릴라부대 정도에 불과할 것으로 판단했다. 포로 심문으로 입수한 증거에 따르면, 중공군은 한쪽은 흰색, 다른 쪽은 겨자색으로 된 양면 누비 파카를 입고, 붉은 별이 새겨진 귀마개 방한모를 착용한 상태였지만, 장갑도 지급되지 않아 소매 깃에 손을 넣어 맨손을 녹인다고 했다. 또한 이들은 눈 속에서는 매우 취약한 신발 밑창이 고무로 된 농구화를 신고 있었다. 중공군의 무기라고 해야 구경이 큰 야포가 아니라 등짐을 지고 날라온 박격포 정도가 고작이었다. 무엇보다 이제 압록강 이남으로 내려왔으니 공중엄호도 불가능할 터였다. (그러나 이들은 야간공격을 감행하여 적의 공군력을 무력화시켰다.) 오직 사령부의 고위급만이 무선으로 통신을 할 수 있었다. 중공은 한국전에 투입된 대부분의 부대들이 "번쩍거리는 화염 신호탄"을 보유하고 있다거나 "사기를 충천시키는 나팔소리" 같은 전법을 구사했다고 큰소리를 땅땅 쳤지만, 사실은 중공군이 실제로 할 수 있었던 것이라고는 그 정도가 고작이었다. 사실 이것은 전쟁터에서 기술이 거꾸로 간 형국이었다.

바야흐로 소위 '2차 공세'가 시작되어 척후병들이 활동을 개시할 무렵, 소련식 모델을 본떠 만든 중공군 정치위원들(commissars)은 적을 비하하면서 부대원들을 독려했다. "곧 동무들은 전쟁터에서 미 해병대를 만나게 될 것이다. 우리는 놈들을 박살낼 것이다. 해병대가 패배하면 적들은 무너질 것이고, 이 나라는 침략의 위협에서 해방될 것이다. 해병대는 모조리 죽여라. 집안에 기어 들어온 뱀을 밟아죽이듯이 말이다."

해병대가 전방을 공격하기 하루 전인 11월 26일 일요일, 제66집단군 소속이라고 신분을 밝힌 중공군이 생포되었다. 그의 휴대품 속에는 11월 20일자로 작성된 '군사교훈(Military Lessons)'이란 것이 있었는데, 이는 미군 병사들을 두려워할 것이 하나도 없다며 중공군의 사기를 앙양시킬 목적으로 만든 것이었다. 이 문서를 번역한 제10군단 정보참모부는 중공군의 생포와 그가 휴대한 문서와 관련하여 중공군의 존재에 대한 그릇된 정보를 흘리고, 한 번도 중공군과 대결한 적이 없는 적(미군)을 겁주려는 의도로 만든 것이라고 해석할 수도 있었다. 그러나 포로가 휴대한 서류는 사실에 가까운 것, 즉 중공군의 사기를 높이려고 작성된 것이다. 그리고 문서에는 더 많은 진실이 담겨 있었다.

생포된 중공군 병사들은 누비 파카를 착용했지만, 손이나 발을 보호할 만한 것은 거의 없었다.

마오쩌둥의 판단에 의하면 미군 보병은 다음과 같은 존재였다.

> (이들은) 허약하고, 죽음을 두려워하고, 공격하거나 방어하려는 용기도 없는 자들이다. 그들은 비행기, 탱크 그리고 야포에 의존한다. …… 그들이 보유한 엄청난 장비들을 운반하려면 양호한 지형과 맑은 날씨가 필요하다. …… 그들은 주간전투에는 능숙하지만 야간의 공포나 백병전에 익숙하지 않다. 그들은 우리의 장검이나 수류탄을 겁낸다. 또한 우리의 용맹스런 돌격과 정규전, 침투전술을 두려워한다.
>
> 이들은 전투에서 패배하면 대형을 갖추지도 못하고 무질서하게 달아난다. …… 패배한 적들은 망연자실하여 완전히 사기가 땅에 떨어질 것이다. …… 이들은 후방이 차단되는 것을 무서워한다. 보급품 수송이 중단되면 미군들은 전투의지를 상실한다.

다이이치 사령부의 정보참모 찰스 윌러비(Charles Willoughby)의 조언에 따라 맥아더는 제10군단이 보고한 첩보를 적들이 고의로 퍼뜨린 역정보라며 무시했다. 훗날 제10군단에서 부(副)작전참모로 근무했던 존 차일스(John H. Chiles) 중령이 회고한 바에 의하면, "윌러비는 맥아더 사령관이 원하는 어떠한 정보라도 제공해주었다."고 한다. 아울러 중공군 포로에 대한 일상적인 심문 결과, 이들이 곧장 남쪽으로 부산까지 밀고 내려가 이승만 대통령의 '꼭두각시(puppet)' 정권을 제거하라는 명령을 받았다는 진술도 평가절하의 대상이 되었다. 아몬드 군단장은 마지못해 동경 사령부에 "포로들을 직접 심문했고, 이들은 중공군 정규군(regular troops) 소속이라고 진술했다."라고 보고하면서 윌러비 장군이 한국으로 날아와서 포로들을 만나본다면 대환영이라고 전했다. 그러나 아마도 윌러비는 중공군 포로가 몇 명밖에 없고, 바로 그렇게 진술하라는 지령을 받고 사로잡힌 놈들이 분명할 것이므로 굳이 한국에 갈 이유가 없다고 대꾸했을 것이다. 윌러비가 보기에 엄청난 규모의 중공군이 숨어 있다는 정보는 "해병대가 꾸며낸 거짓말"이었던 것이다.

중공군의 규모가 나날이 증가한다는 사실 그리고 그런 주장에 대해 잘 알고 있던 몇 안 되는 미군 장교와 몇몇 고위직 장교들조차 미군의 전투능력을 조소하는 문서가 중공군의 대공세를 앞둔 선전선동 전술의 일환이라는 사실을 눈치 채지 못했다. 당혹스러운 일이기는 하지만, 이런 무능함은 비단 그때뿐만 아니라 북한군이 남한을 침략했을 때 일본에서 허겁지겁 날아온 미군들 그리고 북아프리카와 서유럽에 배치되었던 보병들 — 즉, 발로 걷지 않고 차량에 탑승하여 군대에서의 우스갯소리로 '차량 행군(motor march)'의 호사를 누렸던 미군들 — 이 전쟁 초기에 노출했던 무능함과 일맥상통하는 것이었다.

아몬드 군단장은 여전히 중공군이 개미떼처럼 몰려드는 모습이 목격된다는 보고를 믿지 않았다. 그러나 장진호 북쪽으로 비행한 해병대 소속 조종사들은 압록강 남쪽에서는 적들이 보이지 않지만, 이상하게도 중공의 국경 너머에서 남쪽을 향하여 이동한 것이 틀림없는 "무겁고, 대단히 무겁고, 거대하고 엄청난" 흔적이 형성되어 있는 것을 발견했다. 말하자면 이것은 중공 땅 어디에선가부터 누군가가 압록강을 넘어 병력과 물자를 보내고 있다는 증거였다. 유담리, 터키힐(Turkey Hill), 폭스힐(Fox Hill) 등지에서 막대한 피해를 입은 장진호 서

편의 제5해병 및 제7해병연대는 이 사실을 제10군단에 보고했다.

맥아더가 수여하는 훈장을 전달하기 위해 경비행기로 장진호 동편에 도착한 아몬드 군단장은 이동 준비를 마친 부대원들에게 이렇게 큰소리를 쳤다. "북한지방에 있는 중공군을 다 합쳐봐야 2개 사단도 안 된다! 지금 귀관들의 전진을 지연시키는 적들은 북한군 패잔병들에 불과하다. 우리는 아직도 공격 중이며, 압록강까지 밀고 올라갈 것이다. 세탁소 종업원만도 못한 중공군 조무래기들 때문에 전진이 중단되어서는 안 된다." 일장연설을 마친 아몬드는 다시 L-5 경비행기를 타고 떠났다. 도저히 견딜 수 없는 어마어마한 현실이 그를 덮칠 때까지 아몬드는 여전히 강인하고 규율이 엄격한 중공군을 세탁소 종업원 같은 무식한 놈들이라고 깔보았던 것이다. '경적필패(輕敵必敗)'라고 하지 않았던가?

스미스 사단장은 장진호 서쪽 능선을 따라 조심조심 부대를 전진시켰다. 해병대는 너무 빨리 앞으로 전진해 적들의 매복에 걸리거나, 하갈우리에서 시작되는 보급선에서 멀어지거나, 공중엄호의 범위에서 벗어나는 상황을 피하려 애썼다. 태백산맥의 협곡은 3,500피트(1,066미터), 정상은 6,500피트(1,981미터)에 달해 장정이라도 고산지대의 혹한에 노출되는 순간부터 헉헉거릴 지경이었다. 스노체인(snow chain)을 장착하지 않은 트럭들은 간신히 눈과 얼음 사이를 비집고 다녀야 했다. 궤도차량들도 바퀴에 해당하는 궤도가 얼어붙어 주저앉기 일쑤였다. 연료를 아끼기 위해 모터와 발전기 등은 반드시 필요할 때만 가동되었다.

제7해병 연대장 호머 리첸버그(Homer Litzenberg) 대령은 장진호를 피해 북동쪽으로 방향을 돌려, 외딴 곳에 있는 부전호(赴戰湖, 역주: 장진호에서 북동쪽으로 20킬로미터 지점)를 넘어 압록강 상류에 이르는 개활지로 이동할 예정이었다. 한편 아몬드 군단장이 장담했음에도 불구하고 불안감을 떨치지 못한 스미스 장군은 해병대의 진격을 앞두고 워싱턴에 있는 해병대 사령관 클리프턴 케이트(Clifton Cates)에게 걱정스러운 메시지를 보내면서 이렇게 경고했다. "저는 하나밖에 없는 산길을 따라 해병사단을 함흥에서 만주 국경까지 장장 120마일(약 193킬로미터)을 전진시키는 것은 뭔가 잘못되었다고 생각합니다." 중공군은 고산지대 정상을 따라 유일하게 나 있는 산길을 '자갈도로(rubble highway)'라고 불렀다. 가장 가까운 제8군 예하의 부대라고 해도 험준하여 통과가 거의 불가능한 태백산맥을 따라 남서쪽으로 무려 80마일(약 129킬로미터)을 이동해야 접촉할 수 있었다.* (홍남 일대의 해안에서 내륙으로 들어간) 함흥에서 시작하여 북동쪽으로 저 멀리 압록강에 이르는 유일한 산악도로는 위험천만한 지그재그 모양의 경사투성이에 얼음으로 뒤덮여 있었다.

스미스는 케이트 사령관에게 아몬드 군단장의 명령을 따르는 것은 "더 큰 위험을 자초하는 짓"이라고 주장하면서 한국으로부터의 급박한 목소리가 펜타곤에 제대로 전달되어 "북한 같은 산악지역에서의 동계작전은 미군 병사나 해병대에게 지나치게 큰 희생을 강요하는 것이며, 동계기간 동안 이 지역에 배치된 부대에 대한 물자보급

* 역주: 말하자면 서부전선을 맡은 제8군과 동부전선 사이에 80마일가량의 위험천만한 공백이 발생했다는 의미다. 전쟁에서는 이처럼 형성된 공간을 적군이 돌파할 경우 후방이 차단되어 아군이 양분될 우려가 있다.

또는 부상자·환자의 후송이 가능한지 의심스럽다."고 판단하기를 고대했다. 그는 군대외교(service diplomacy)의 중요성에는 일말의 관심도 보이지 않은 채 "저는 제10군단의 전술적 판단 또는 군단계획의 실현 가능성에 아무런 신뢰도 갖고 있지 않습니다."라고 메시지를 마무리했다.

스미스는 케이트 사령관을 움직여 합참에 압력을 넣으려 노력했지만, 맥아더라는 한 개인이 뿜어내는 압도적 아우라(dominating aura) 그리고 추수감사절과 크리스마스 사이의 기간 중에 한국전쟁을 종결시킬 수 있다는 고집스러운 확신으로 인해 자신의 부대들이 해군에 배속되어 있는 해병대 사령관으로서 워싱턴에서 발휘할 수 있는 영향력이라고는 보잘것없었다. 그러면서도 케이트 사령관은 리첸버그의 파트너인 제1해병 연대장 체스티 풀러 대령이 해병대 창설기념일을 축하한다면서 함흥 부근 교두보로부터 100파운드(약 45킬로그램)가 넘는 냉동 케이크를 운반하여 북한군에게서 노획한 칼로 자르며 신바람을 내고 있다는 사실은 모르고 있었다. 해병대의 전통을 따라 풀러는 장병들에게 이렇게 훈시했다. "누더기 차림의 너절한 북한군 부대 때문에 우리처럼 선량한 미군들이 이곳에 오게 되었는데, 다음에 또다시 와야 할지도 모른다 이 말이야." 그가 장병들에게 훈시하면서 빠뜨린 것은 셀 수도 없이 많은 중공군의 공격이 아직 시작되지도 않았다는 경고였다.

1944년 프랑스에서 부참모장 겸 공군사령관을 역임한 펜타곤의 매튜 리지웨이(Matthew Ridgway) 중장은 맥아더가 동·서 양축선이 분리된 채 중공과의 국경지대로 진격하도록 명령한 것을 불안한 모습으로 지켜보고 있었다. 훗날 리지웨이는 이렇게 기록했다. "적의 위치가 어디인지 모르고, 적의 존재조차 직접 확인해보지 않은 상태에서 적을 향해 공격하는 것은 불가능한 일이다." 기회주의적인 성향을 가진 중공군은 자신들이 택한 시간과 장소를 기다리면서 '어딘가'에 숨어 있었다.

제8군 소속 한국군 부대들은 11월 24일 아침 맥아더가 동경으로부터 펜타곤으로 발송한 코뮈니케에서 장담한 대로 적으로부터 거의 아무런 저항도 받지 않고 공격을 개시했다. 숨어 있던 중공군은 마오쩌둥이 『지구전(Protracted War)』에 기록한 가르침을 철저히 준수하여 함정에 빠져드는 제8군 예하 한국군 부대의 전진을 허용했다. 『지구전』의 가르침은 다음과 같다. "제1단계는 적들의 전략적 공세다. …… 제2단계는 전략적 교착상태라는 것이다. …… 우리가 이동하는 적을 공격하는 것이 쉽다고 말하는 이유는 강한 군대에 맞서 전략적 수세에 처한 약한 군대가 택할 수 있는 가장 강력한 군사정책(military policy)이기 때문이다."

다음 단계는 기습적 역공격(counteroffensive)이다. 국내 전선에서 펼친 '미국 혐오(Hate America)' 선전 캠페인은 중공군의 막대한 인력손실이 발생할 것을 미리 내다보고 준비한 조치였다. 20년에 걸쳐 목숨을 초개같이 여기며 규율에 단련된 군대는 전쟁의 결과가 "한두 개의 신무기가 아니라 인민들에 의해 결정된다."는 마오쩌둥의 교리를 신봉했다. (이런 교리를 내세운 목적은 미국의 핵무기 위협을 무시하는 데 있다.)

마오쩌둥주의자들은 한때 중국에서 널리 상영된 할리우드 영화의 사주를 받아 미국은 "깡패, 사기꾼, 간첩, 파시스트 병균, 도박

꾼, 호색한, 기타 온갖 인간 말종들의 천국"이라고 주장했다. "월스트리트의 충견인 맥아더"가 이끄는 미군 병사들은 자신들이 퍼뜨린 '타락한(depraved)' 문화보다 하등 나을 것이 없다.

한밤중에 제31야전포병의 포대장인 해럴드 딜(Harold Dill) 중위는 제7사단 사령부로부터 실성한 듯 고함을 지르는 듯한 목소리로 야포들을 가능한 한 빨리 남쪽 방향으로 옮기거나 여의치 않으면 부대가 철수하기 전에 못쓰게 부수라는 명령을 받았다. 그가 전해들은 이야기는 이렇다. "한국군 전령이 전방에 배치된 우리 전초부대에 메시지를 전해주었다. 한국말로 혜산진 하류지역의 마을에 거주하는 이장이라는 사람이 작성한 메시지에 의하면 …… 수십만 명의 중공군이 마을 부근의 압록강을 건너 남쪽으로 이동했다는 것이다." 딜 중위는 시계를 보았다. 새벽 4시 30분이었고, 기온은 영하 37.8도였다. 지난번 전쟁에서 중국 본토에 근무한 적이 있는 데이비드 바(David Barr) 사단장은 "어떤 날씨건 상관없이 중공군 부대가 건널 수 없는 지형이란 존재하지 않는다."는 사실을 잘 알고 있었다.

딜 중위는 부대원들을 기상시켜 전방이 아닌 후방으로 출발할 준비를 명령했다. 11월 27일 어두워질 무렵, 아몬드가 지휘하는 제10군단은 공격을 개시한 지 이틀도 되지 않아 각종 보급물자가 떨어졌다. 앨런 매클린 대령이 지휘하는 제31보병연대는 일본 열도에서 가장 북쪽에 위치한 홋카이도의 혹한 속에서 훈련을 받았으며, 안감을 누빈 파카와 1944~45년간 프랑스와 독일 북부에서 사용하던 사냥용 가죽/고무로 만든 방한화를 착용했지만, 이런 복장들도 영하의 기온을 견디도록 제작된 것은 아니었다.

당시 현장에 없었던 「시카고 데일리 뉴스(Chicago Daily News)」의 키스 비치(Keys Beech) 기자는 나중에 생존자들로부터 "날씨가 너무 추워서 양말 바닥까지 완전히 얼어붙은 나머지 양말을 벗을 때 피부가 벗겨져 나갈 정도"였다는 이야기를 들었다.

중공군은 이보다 보온력이 떨어지는 겨울복장으로도 충분했는데, 이들은 주로 사로잡힌 포로나 적군의 시체에서 벗겨낸 의복과 신발에 의존했다. 미군부대들은 야포와 항공기 공격으로 떼죽음을 당한 중공군 시체더미 속에서 미 해군에서 사용하는 쌍안경과 육군의 스프링필드 장총, 톰슨 기관총 및 기타 무기들을 발견했는데, 일본군과 싸우던 장제스 군대에게 지급되었던 무기며 장비들이 일본군들에게는 거의 사용되지 않고 중공군의 손에 들어가 여기까지 오게 된 것이다. 또 그들은 중공군 배낭 속에서 카멜(Camel)과 럭키스트라이크(Lucky Strike) 같은 담배, 팜올리브(Palmolive) 비누, 콜게이트(Colgate) 치약 그리고 얼어붙은 지표면을 부수는 데 유용한 야전삽 등을 발견했다. 또한 중공군이 소지한 무기 속에서 러시아제 경기관총(burp guns), 일제 권총, 영국제 리엔필드(Lee-Enfield) 소총 등을 찾아냈다. 이에 대해 중공은 "일제 무기로 싸움을 시작한 무수한 의용군들이 미제 무기를 들고 전투를 끝냈다."면서 자랑스레 떠들었다. 곧바로 미군 장교들은 자신들의 부대를 보호하기 위한 조치로서 혐오스럽기는 하지만 적들의 수중에 들어가지 않도록 전사자들로부터 총기, 수류탄,

탄약 등을 회수하라는 명령을 하달했다.

매클린 연대는 추수감사절을 앞두고 외딴 부락에 진흙과 초가지붕으로 지은 몇 채의 가옥들만 있는 고산지대의 황무지를 향하여 이동하기 시작했다. 해안선 방향으로는 대부분 푸에르토리코인들로 구성된 제3사단 65보병연대가 배치되었고, 해안에 상륙한 바(Barr)의 제7사단이 그 뒤를 따랐다. 제65연대 후방으로 제15연대와 제7연대가 도착했는데, 이들의 임무는 만일 그때까지 해병이 그곳에 도착할 경우에는 해병의 북진을 지원해주는 것이었다. 화창하고 포근한 날씨에 익숙해 있던 푸에르토리코인들은 상륙과 동시에 충격에 빠졌다. 이들 중대에는 이따금 잡음 섞인 무전기 소리밖에 들리지 않는 첩첩산중 험악한 태백산맥의 지형을 넘어 제8군과 연결하라는 임무가 부여되었기 때문이다. 아몬드는 제65연대가 별로 '혈기왕성(energetic)'하지 않다고 불평했다. 동·서 양축선 간의 간격은 좁은 곳이라고 해도 50마일(약 80킬로미터) 정도인데, 바퀴 달린 운송수단은 아예 다닐 수도 없고, 곳곳에 웅덩이가 파이고 사방에 돌부리가 흩어져 있어 겨우 도보로 통과할 수 있는 지형이었다. 오직 북한군 게릴라들이나 그 같은 태백산맥 줄기에 몸을 숨길 수 있었다.

다른 누구보다 아몬드 군단장은 "일부 명령에 대한 수행을 지연시키는" 해병대의 느려터진 북진 속도에 자주 신경질을 부렸다. 스미스 사단장은 휘하 부대들이 지원사격의 엄호를 받을 수 있는 거리를 벗어날 위험을 무릅쓰는 '무모한(senseless)' 전진을 거부하는가 하면, 그나마 조심스럽게 앞으로 전진할 때에도 꼼꼼하게 보급품과 탄약을 비축해두어야 한다는 고집을 굽히지 않았다. 그는 훗날 이렇게 회고했다. "나는 추수감사절 후에 제7해병과 함께 유담리의 차단진지(blocking position)를 점령하고, 제5해병을 장진호 동쪽으로 올려 보내 압록강에 도착할 때까지 계속 전진하라는 명령을 받았다. 나는 리첸버그에게 너무 빨리 가지 말라고 타일러두었다." 유담리는 독동(禿洞) 협곡 훨씬 위쪽에 위치하고 있어 장진호 위에서 내려다보면 "서쪽의 측방이 끔찍하게 노출"될 위험이 있었다.

30년이 지나 조셉 오웬(Joseph Owen) 중위는 다음과 같이 기록했다. 해병대의 전진은 "무색의 새벽 그리고 …… 혹한의 어둠 속에서 추위에 얼얼해진 손을 양쪽 겨드랑이에 낀 채로 시작되었다. …… 헬멧을 착용한 장병들은 사나운 북풍을 피하려 눈만 빠끔하게 내놓은 채, 털모자가 달린 기다란 파카에 몸을 묻은 사나운 몰골을 하고 있었다." 살점이 떨어질 것 같은 삭풍을 피하려 몸을 반대로 돌린 채 뒷걸음을 치던 어느 소총수는 최악의 사태를 예상하듯 오웬에게 이렇게 중얼거렸다. "여기서부터 몽골까지는 중공 사람들밖에 없을 거야." 당시 일병이던 유진 팀세스(Eugene Timseth)는 2012년 이렇게 회고했다. "나는 추운 노스다코타(North Dakota) 주의 농가에서 자랐다. 날씨가 추우면 농가에는 가축들이 따스하게 몸을 녹일 수 있는 외양간처럼 대피할 곳이 있다. 그러나 장진호에는 대피소(shelter) 같은 것이라고는 전혀 없었다. 우리는 낮이고 밤이고 폭설과 혹한 속에서 숨 쉬고 잠자면서 살아남아야 했다."

아몬드 군단장과 맥아더 사령관은 압록강변을 따라 미군의 존재를 상징적으로 과시하면 중공이 겁을 먹고 물러설 것으로 짐작했다. 지난 11월 초부터 펑더화이의 계략으로 시작된 전선에서의 휴지

해병대의 동계 의류는 방한화를 제외하고는 움직이는 데는 불편하지만 방한 효과가 탁월하다.

전투진지 후방의 어디든 가능한 곳에는 취침용 땅굴을 파고, 추위를 피하기 위해 종종 그 위에 판초우의를 씌웠다.

기는 일본 다이이치 사령부의 판단이 옳았음을 입증해주는 것처럼 보였다. 그러나 마오쩌둥의 전략은 유엔군을 전방진지로 끌어들인 다음 측방을 기습하여 포위망에 가둔다는 것이다. 자화자찬에 정신이 팔린 정보참모 윌러비의 예측에 힘입어, 맥아더 사령관은 11월 초 중공군의 기만적 철수를 기계화된 포병부대의 막강한 화력에 맞서기를 두려워하는 신호로 잘못 해석했다. 그러나 엄동설한 속에서는 이런 기계화 부대들을 이동시키는 것조차 위험한 행동이었다.

여전히 사태의 심각성을 전혀 인식하지 못한 동경의 다이이치 사령부는 얼마나 많은 중공군이 국경을 넘어왔는지 몰라도 기껏해야 도수(徒手)로 운반할 수 있는 정도의 무기만을 휴대한 경보병 부대 정도일 것으로 판단했다. 낮에는 장진호 주변에 흩어진 중공군의 존재가 관측되지 않았다. 아울러 식민지 시대 용어로 '쿨리(coolies)'라고 불리던 수천 명의 짐꾼들도 눈에 띄지 않았는데, 이들은 A자 형태의 나무지게를 등에 지거나 어깨 위에 대나무 막대기를 올려 균형을 잡으면서 짐을 옮겼다. 또한 7개 중공군 집단군이라는 천문학적 규모의 대부대를 지탱하기 위해 어둠 속에서 구덩이를 파고 그 속에 무기며 전투식량을 숨겨 은폐시키는 장면들도 전혀 눈에 띄지 않았다. 마오쩌둥은 미군들의 단점을 효과적으로 이용했다. 인간의 두 발이 자동차의 네 바퀴보다 낫다는 것이 그의 지론이었다.

그릇된 정보에 기초하여 맥아더는 워싱턴의 합참에 극동공군의 공습으로 압록강을 도하하는 중공군의 증원부대가 차단되었다고 보고했다. 그러나 극동공군이 출격한 시간은 오직 주간뿐이었다. 워커가 지휘하는 제8군 소속 한국군 사령부의 전방부대는 잠시나마 중공과의 국경에 근접했다. 다이이치 사령부가 겨울이 되기 전에 전쟁이 끝날 것으로 예상하는 바람에 워커의 부대들 중 상당수가 여전히 하계 복장으로 미처 영하의 날씨에 대비하지 못한 상태에 있었으므로 일본으로부터 비행기로 부리나케 3만 3,000벌의 동계용 외투, 4만 벌의 벙어리장갑 그리고 3만 3,000개의 머플러가 공수되었다. 그러나 이러한 공수작전으로도 전방으로 진격하는 모든 부대에 동계피복과 장비들을 지급할 수 없었다.

동·서 양쪽 전선에서 무선 침묵을 지키고, 불빛 하나 새나가지 않게 하며, 낮에는 몸을 숨겨 매복하고 있던 중공군은 엄격한 규율 속에서 움직였다. 하지만 사방에서 동상환자가 속출했다. 엄동설한의 추위 속에서 동사한 시체들은 깊은 눈을 파내고 그 밑에 매장했다. 불빛과 연기가 적의 눈에 띄지 않도록 새벽 5시 이전에 방수포를 뒤집어쓰고 식사를 준비하느라 먹을 것이라고는 얼어붙은 식량뿐이었다. 동이 튼 후에는 쥐죽은 듯 아무도 움직이지 않았다. 혹한의 날씨에 기이하면서도 간담을 서늘케 하는 호루라기와 나팔, 양치기 목동이 사용하는 피리 소리 그리고 하늘 위로 날아오르는 조명탄은 중공군의 야간공격을 알리는 신호였다. 현대식 통신장비가 없던 중공군이 자신들의 단점을 극복하기 위해 궁여지책으로 사용한 대체수단들은 예상치 못한 자산이 되었다. 영악한 중공군은 자신들의 위치가 노출되는 것을 방지하기 위해 적군의 전방진지로부터 약 10~20마일(약 15-30킬로미터)가량의 거리를 유지했는데, 강인하고 노련한 중공군 보병들에게 이 정도의 거리를 한걸음에 달려가는 것은 식은 죽 먹기였다.

공격 개시 2일차인 오전 8시 15분부터 장진호 양쪽 제방으로부터 제10군단 사령부로 보고된 짤막한 무전은 바야흐로 시작된 미군들의 악전고투를 예고하는 것이었다. "동이 트는 시각부터 시작하여 가용한 모든 공습을 요청함. 야포와 소화기의 공중투하를 요청함." 또한 오전 9시 50분에 수신된 무전은 이러했다. "적이 포병부대를 돌파했음. …… 의무열차(medical train)가 매복에 걸렸음. …… 부상자에 대한 앰뷸런스를 요청함." 11시 30분에는 "예하 모든 부대가 공격을 받고 있음. 탄약과 의무지원이 필요함." 13시 45분, "해병대 트럭이 매복공격을 당해 고지로부터 사격을 받고 있음. 적들은 남북을 연결하는 보급로를 차단할 수 있는 최적의 진지를 점령하고 있음." 16시 정각, "상황이 더욱 악화됨. 도움이 절실히 요청됨. …… 부상자가 너무 많아 우리가 가진 능력으로는 후송이 불가능함." 17시 30분, "적의 사격이 빗발칠 것이나, 즉시 제31연대 2대대를 보내주기 바람." 중공군의 대공세가 시작된 당일, 위기에 처한 부대들에게 보낸 기록에 남아 있는 아몬드 군단장의 유일한 메시지는 "제10군단은 …… 각 부대 지휘관들에게 예하 부대가 무차별하게 사격할 경우 이에 대해 (전적인) 책임을 져야 한다는 점을 상기시키는 바이다."

맥아더 사령관은 한국전쟁 종결을 위한 대공세를 약속하면서 헨리 루스(Henry Luce)가 보유한 주력 언론사인 「라이프(Life)」 지 동경 특파원의 인터뷰를 수락했는데, 그는 「라이프」 지가 맥아더의 개인적 영광을 드러내는 사진을 전면에 게재하여 대량으로 잡지를 유통시킬 당시만 해도 한국에서의 사태가 얼마나 빠르게 위급해지고 있는지 모르고 있었다. 매파 성향의 루스는 장제스의 열렬한 추종자이면서도 철두철미한 반공주의자였다. 원래 인터뷰의 초점은 비록 북한이나 중공이 한반도로부터 서방측 군대의 철수가 아니면 절대로 받아들이지 않을 것이 예상되기는 했지만, 한국에 모든 당사국들의 동의를 받아 군사적 완충지대(military buffer zone)를 설치하자는 영국의 제안을 논의하는 것이었는데, 당시 영국의 제안은 유엔 회원국들의 지지를 받고 있었다.

다이이치 사령부에서 열린 인터뷰에 대해 맥아더는 신중한 입장을 보였다. 어떤 발언이든 직접적 인용은 허용되지 않았다. 대신 이따금 신문지상에 맥아더 대신 견해를 표명한 코트니 휘트니(Courtney Whitney)가 발언 내용을 직접 준비하거나 내용 전체를 검토하는 간접적인 방식으로 '모의 인터뷰(pseudo-interview)'를 갖기로 했다. 인터뷰 준비와 실제 잡지 발행 사이에 발생하는 시차는 불가피한 것으로, 「라이프」 지의 발간은 실제 우편으로 발송되는 시간보다 훨씬 먼저 이루어졌다. 인터뷰 결과는 루스가 작성한 "동경으로부터의 기준(Yardstick from Tokyo)"이라는 논설 형태로 위장하여 게재되었는데, 발행일자가 12월 4일자로 찍힌 잡지가 가판대와 구독자들에게 도착했을 즈음, 이미 사태는 악화일로를 걷고 있었다. (제8군 예하 한국군들은 11월 24일 공격을 개시했는데, 공격 개시 후 이틀 만에 중공군의 대공세를 당했다.)

서명이 없는 기사는 이렇게 시작되었다. "맥아더 장군은 아무런 실수도 하지 않는 무오류(infallible)의 인물이 결코 아니다. 그러나 한국전의 실상에 대한 그의 평가와 공산 침략에 대한 태도는 런던, 워싱턴 그리고 유엔이 두려움에 떨고 있는 한심한 분위기와는 건강한 대조를 이룬다." 그 뒤에 질의 · 응답 형식으로 게재된 기사는 압록강 남쪽에서 악화되고 있는 상황과는 아무런 관련이 없는 것처럼 보였다. 그러나 「라이프」 지가 독자들에게 배달될 무렵, 이미 그 기사는 실제 상황과 전혀 맞지 않게 되었다.

질문: 한국에서의 상황은 얼마나 나쁜가요? 워싱턴이 생각하는 것처럼 '가망 없는' 건가요?

답변: 맥아더 장군은 …… 우리가 북한지역에서 열악한 환경에 놓여 있다는 견해에 동의하지 않을 것입니다.

질문: 만일 맥아더 장군이 군사력 운용에 대한 전권을 갖고 있다면, 그는 한국 · 만주 국경에서의 군사 상황을 어떻게 해결하려 했을까요?

답변: 정확하게 그가 지금 하고 있는 대로입니다. 말하자면 북한군이든 중공군이든 또는 두 개의 군대가 합쳐진 것이든 간에 적군을 격멸시킴으로써 군사적 해결을 모색할 것입니다.

질문: 대전쟁(major war)을 피하기 위해서는 어떤 양보가 필요합니까?

답변: 역사에 의하면 부당한 국제적 압력에 굴복하는 것은 의심할 바 없이 불가피하게 전쟁을 초래합니다.

질문: 유엔군이 반드시 압록강 국경까지 진출해야 합니까? 중공군에게 '완충지대'를 제공하는 아이디어에 어떤 장점이 있나요?

답변: 맥아더 장군은 북한지역 중 일부를 중공에게 포기하는 것은 현대사에서 자유세계에 대한 가장 심대한 패배로 믿고 있습니다. 그처럼 부도덕한 제안에 굴복하는 것은 아시아에서 미국

의 리더십과 영향력의 파탄을 초래할 것입니다.

질문: 만일 중공이 맥아더 사령관에게 전화를 건다면, 그는 이 전화를 어떻게 받고 어떻게 대할까요?

답변: 그의 답변은 특유의 짤막한 것이 될 것입니다. "한국 땅에서 꺼져. 그리고 한국 땅에 얼씬거리지도 마. 국제 강도질을 일삼는 놈들은 …… 박살내버릴 거야."

4

불가능한 임무: 공격의 좌절

"맥아더의 희망에 대한 일대 타격"

11월 26일 일요일 아침, 스미스 장군은 해병대가 도착한 유담리를 방문했는데, 유담리는 장진호에서 가장 북단에 위치한 마을이다. 그의 불길한 예감은 언제나 현실로 나타났다. 11월 24일, 그는 사단 지휘소가 하갈우리로 전진 배치되어야 했으므로 헬기를 타고 함흥을 출발했다. 하갈우리 활주로는 완공되지 않았지만 이미 중요한 기능을 수행하고 있었다. 그의 참모들과 장비를 적재한 차량 호송대가 북쪽의 고토리로 향하는 도중에 공격을 받아 사방에서 튀어나온 중공군에게 퇴로를 차단당했다. 해병대원들은 치열한 전투 끝에 하갈우리로 빠져나왔으나, 이미 하갈우리도 사방이 중공군에게 둘러싸인 상태였다.

제8군 한국군 부대 전방의 사정은 더욱 나빴다. 야간에 스미스 장군은 제8군의 우익으로서, 태백산맥을 가로질러 동쪽의 제10군단과 연결되어 있던 한국군 제2군단이 적의 매복에 걸려 유담리 남서쪽 약 70마일(약 112킬로미터) 떨어진 덕천(德川) 지역에서 후방으로 밀리고 있다는 사실을 알게 되었다. 혹한의 날씨 탓에 한국군 부대가 지시를 무시한 채 몸을 덥힐 요량으로 모닥불을 피웠다가 적들에게 발각되어 위기에 빠진 것이다. 동계 피복을 착용하고도 추위에 몸을 떨고 있던 해병과는 달리 제8군 병력 대부분은 동계 외투가 공수되었음에도 불구하고 강추위에 전혀 대비되어 있지 않았다. 주한 병참감실 소속 민간인 직원인 윌리엄 파운더(William Pounder)의 임무는 초겨울 남한의 날씨가 워싱턴이나 볼티모어의 날씨와 비슷하고, 200마일(약 320킬로미터) 정도 산악지역으로 올라가면 메인(Maine) 주와 비슷한 점을 고려하여 제8군 사령부에 방한건조·방한방수 피복 같은 계절복의 적절한 불출(issue), 재단(fitting) 및 유지를 위한 준비를 갖추는 것이었다. 아울러 그가 들은 이야기에 의하면, "지금쯤이면 탄약, 유류 및 전투식량이 최우선적 과제이고, 날씨가 추워지면 얼마 후 동계 외투가 지급될 것이다. 동계 피복이 불출되면서 동계 외투의 보급은 전혀 문제가 되지 않았다." 게다가 전쟁이 크리스마스가 되기도 전에 끝난다지 않는가!

크리스마스 전까지 귀향하기 위해 서부전선에서 대공세가 시작된 지 이틀째 아침이 될 무렵, 제8군 예하 한국군은 적으로부터 거의 아무런 저항도 받지 않고 공격개시선에서 약 8마일(약 13킬로미터) 북쪽으로 전진했다. 마오쩌둥의 포위전략은 여전히 함정으로 남아 있었다. 동이 트기도 전에 나타난 중공군은 수류탄을 투척하고 소총을 갈겨댔다. 길이 나 있지 않은 구릉이나 산등성이와 계곡에는 차량과 도보 이동이 곤란했으나, 중공군이 믿는 것은 오직 두 다리뿐이었다. 무전과 전화에 의존하던 아군 부대는 혹한에 장비가 얼어붙어 먹통이 되자 패닉상태에 빠졌다. 야간에 중공군은 적의 박격포 진지를 노출시키기 위해 조명탄을 쏘았다. 서부전선에서 쏟아져 나온 중공군 6개 집단군만 해도 미군 18개 사단 규모로서, 한국과 일본에 있는 부대를 다 합친 것과 맞먹었다. 양분된 맥아더의 예하 사령부는 다시 언어별로 한국군, 터키군, 태국군, 에티오피아군, 영연방군, 필리핀 여단 등으로 갈라졌다.

제8군 예하 미군 제2사단, 24사단 및 25사단의 우측에서 전진하던 한국군 2군단 소속 3개 사단은 적의 공격으로 붕괴되자 트럭, 탱크, 지프차를 챙길 틈도 없이 후퇴해야 했다. 뒤로 밀리는 한국군을 지원하기 위해 이동하던 터키군 여단은 중간에 중공군의 매복에 걸리고 말았다. 2사단 우측으로 방향을 돌리던 터키군은 남쪽으로 후퇴하던 한국군 부대와 맞닥뜨리자 실수로 약 200명의 한국군을 오인 사살 또는 생포했다. 한국어나 중국어도 모르고, 겨우 알아들은 영어로 명령을 받은 터키군은 모든 차량과 대부분의 무기를 버리고 달아났다. 터키군 전방에 있던 300명 가운데 255명이 전사 또는 부상을 입었다. 도합 770명의 터키군이 한국 땅에 묻혔다. 터키군은 제2차 세계대전에 참전하지 않는 등 오랜 고립상태를 유지하던 끝에 한국전에 참여했지만, 자신들의 과오가 아니라 동경 사령부 리더십의 실패, 그리고 한국군과의 협조 실패로 막대한 타격을 입고 말았다.

한국전쟁에서 멀찌감치 떨어진 동경의 다이이치 사령부로부터 반대편 전선에 대한 조작된 소식을 받고 있던 터인지라 전선이 어느 정도로 심각하게 무너지는지 모르고 있던 아몬드 군단장은 뒤늦게 스미스(O. P. Smith) 사단장을 불러 최근 현황을 알려주었지만, 맥아더 사령관은 이미 무용지물이 된 제10군단의 공격계획을 승인했다.

일본인들의 창고를 뒤져 1916년에 만든 지도를 찾아낸 동경 사령부는 복사본을 만들어 한국에 보내느라 부산을 떨었다. 지형은 변하지 않았지만, 인구가 증가하고, 새로운 마을들이 생겨나고, 지도상에 사람이 살고 있는 지역이 사라지기도 했다. 수력발전과 탄광 채굴로 산업이 성장하고 새로 철도도 부설되었다. 한국어와 일본어, 중국어로 된 지명은 미국인들에게는 더욱 헷갈리는 것이었다. 예컨대 하갈우리는 영어로 'Hagaru-ri(하가루리)', 중국어로 'Xia Ye Yu Li(시아예유리)' 그리고 고토리는 영어로 'Koto-ri(코토리)', 중국어로 'Gu Tao Li(구타오리)' 등 뒤죽박죽이었다.

맥아더가 발표한 총사령부 명의의 포고령이 도착하기도 전에 서부전선에서 동부전선으로 무전을 통해 나쁜 소식이 전해졌다. 멀리 부산에 소재한 캐나다 군사임무단 소속의 리스 크루(Leith Crue) 중령은 그날 저녁 동료들과 카드놀이를 하던 있었는데, 8시가 되기 직전 동경에서 방송되던 미군 라디오 네트워크(Armed Forces Radio Network)가 갑자기 중단되었다. 아나운서의 말로는 맥아더 사령관이 곧 중대 발표를 할 예정이라고 했다. 어느 장교는 볼륨을 올리면서 "아마 틀림없이 크리스마스까지 귀국할 수 있을 거라고 말하려는 거겠지." 하고 말했다. 8시 정각이 되자, 라디오를 통해 맥아더는 가라앉은 목소리로 중공군의 공격을 받아 제8군이 궤멸될 지경에 빠져 있다고 말했다. 맥아더는 목청을 높여 "한국에 배치된 모든 유엔군들은 전멸될 위기에 처해 있습니다."라고 말했다. 숙소에 있던 두 명의 공병장교는 조용히 재킷을 꺼내 입고 명령이 떨어질 것에 대비하여 항구의 보급창에 폭발물을 장치하기 위해 바깥으로 나갔다.

뉴욕의 유명한 라디오 토크쇼 호스트인 월터 윈첼(Walter Winchell)은 속사포 같이 빠른 말투로 진행하는 일요일 방송을 풀죽은 목소리로 끝을 맺었다. "만일 당신의 아들이 해외에 있거든 그에게 편지를 보내세요. 만일 당신의 아들이 2사단에 배치되어 있다면, 그를 위해 기도하세요."

아몬드와 그의 참모들은 동경 사령부로부터 제8군 예하 한국군들이 궤멸될 지경에 처했다는 소식을 전해들은 후에도 10군단이 여전히 공격 중이었으므로 스미스 소장에게 이를 알리지 않고 지연시켰다. 리지웨이 장군은 아몬드가 "맥아더의 희망사항을 거슬렀다가는 그가 휘두른 회초리에 얻어맞을 것을 두려워하는 형국이었다."고 주장했다.

해병대를 선두로 한 제10군단의 공격이 개시된 날 정오, 제8군 사령부의 유진 랜드럼(Eugene M. Landrum) 대령은 다이이치 사령부의 부사령관인 도일 히키(Doyle Hickey) 소장에게 전화를 걸어 월튼 워커 사령관의 긴급한 메시지를 전했다. 워커 사령관이 전화 메시지를 전한 목적은 남쪽으로의 철수를 승인해달라는 요청이 아니라, 이미 부대가 철수 중이라고 고백하기 위해서였다. "모든 정황으로 미루어 판단하건대 적군은 더 이상 방어태세에 있지 않고 무력을 휘두르기 시작했다. 현 시점에서 중공군 주공(主功) 방향은 중앙의 제9군단과 우익의 한국군 2군단이다. …… 우리는 상황이 명료해질 때까지 1군단의 진지를 통합할 예정이다." 히키가 맥아더에게 보고하기 위해 짤막하게 메모한 내용은 거의 필사적인 어투로 작성되어 있었다. '진지 통합'이란 후방으로의 후퇴를 말한다. 제8군 예하 한국군 부대는 중공군의 기습 공격으로 풍전등화 신세였다.

이러한 사태가 벌어진 것은 전쟁의 실상을 모른 채 한국에서 멀찌감치 떨어져 있던 일본의 다이이치 사령부에 그 원인이 있지만, 전방부대가 무너지는 참담한 상황이었으므로 누군가의 목이 달아나야 할 판이었다. 첫 번째로 목이 날아가야 할 장본인은 제2사단장 로렌스 카이저(Laurence Keiser)였다. 제8군 사령부를 경유하여 전달된 메시지에 의하면, 그는 폐렴에 걸려 생명이 위독했으므로 즉시 동경의 육군병원으로 후송되어야 한다는 것이었다. 돌아가는 사정을 모르는 카이저 사단장은 워커 사령관 참모장인 레븐 앨런(Leven Allen)에게 전화를 걸어 울화통을 터뜨렸다. "난 폐렴에 안 걸렸어요. 그러니 이런 헛소리 집어치우세요." 그러자 앨런은 이렇게 말했다. "흠, 어쩌지? 그 진단은 위에서 내려온 명령이에요." 사려 깊게도 카이저에게는 어딘가에서 내근 업무를 하도록 임무가 부여될 예정이었다. 분을 참지 못한 카이저는 이렇게 소리 질렀다. "워커에게 전하세요. 그딴 일은 그대나 하시라고요." 그러나 결국 카이저는 한국을 떠나 펜실베이니아 주 인디언타운 갭(Indiantown Gap)에 위치한 보병 보충대에 배속되었다. 후임은 로버트 매클루어(Robert McClure) 소장이었는데, 유달리 그는 강인해 보이게 할 요량으로 사기가 침체된 장병들에게 턱수염을 기르도록 종용하는 데 집착했다. 그는 고작 37일 후에 교체되었고, 매클루어의 이임과 함께 장병들의 턱수염도 사라졌다.

이론상 제10군단의 작전은 추수감사절 이전에 개시되었어도 말 그대로 '미션 임파서블(mission impossible)'이 되었겠지만, 해병대는 얼어붙은 장진호를 넘어 결빙된 압록강으로 전진하라는 명령을 받았다. 바(Barr)의 제7사단이 해병대 뒤를 따랐고, 로버트 소울(Robert Soule)의 지휘를 받는 제3사단은 북서쪽으로 이동하여 실제로는 제8군 예하 한국군 사단이 붕괴하여 남쪽으로 후퇴하는 중이었지만, 어쨌거나 제8군과 접촉을 유지하라는 임무가 부여되었다. 김백일(金白一) 장군이 지휘하는 1군단은 북동쪽으로 전진하여 두만강에 도착할 예정이었는데, 일단 만주와의 국경에 해당하는 기나긴 두만강에 도착한 다음에는 강을 건너 북쪽으로 갈 수 없었다. 리지웨이 장군은 이 같은 실패한 전략을 가리켜 "이론상으로는 그럴듯하지만 측방통신도 불가능한 험준한 산악지형의 현실을 전적으로 무시한 아마추어에 의한 순수한 도상연습(圖上演習)으로서, 그것도 북극지방에서 빠른 속도로 닥쳐오는 혹한의 날씨 속에서 명령을 수행하라는 것은 무모한 처사였다."고 한탄했다.

아몬드 군단장은 맥아더 사령관이 하달한 명령을 변호하면서 이는 "적들이 …… 제10군단의 전방 또는 제9군단의 전방과 우익을 위협하는지 여부를 판단하기 위한 수색정찰 명령이며, 스미스 장군이 실제로 불평했던 것은 어쩌다 보니 자신의 사단이 그때까지 알려지지 않은 중공군의 세력을 측정하는 결과를 빚었다."는 것이다. 위험을 감지한 스미스 사단장은 장진호 서쪽에 위치한 예하 연대들의 긴밀한 협조를 강조하고, 제1연대를 해병대 집결지이자 활주로가 있는 하갈우리 아래쪽에 배치했다. 그는 부대를 분리하는 것이 위험을 자초한다는 점을 잘 알고 있었던 것이다.

마지못해 아몬드 군단장은 부대 경계선을 이동시켰다. 매클린 대령과 페이스 중령이 각각 지휘하는 제7사단 예하 31연대 및 32

연대에 소속된 대대들에게 장진호 동쪽 지역을 점령하라는 명령을 내렸다. 두 명의 연대장은 참모 경험이 있기는 했지만, 한 번도 직접 부대를 이끌고 전투에 참여한 적이 없었다. 연대에 공중지원 협조를 조율하라는 임무를 받고 해병대 항공통제관 에드 스탬퍼드(Ed Stamford) 대위가 배속되었다. 대부분 제8군 예하 한국군 지역에 투입된 극동공군은 F-84 선더제트기(Thunderjets)와 곧 퇴역할 F-80 슈팅스타(Shooting Stars)를 보유하고 있었다. 주로 연안에 정박한 항공모함에서 작전을 수행하는 해병과 해군 소속 공군은 1943년 과달카날 해전에 최초로 투입되었던 F4U-5 코르세어(Corsairs) 프로펠러 전투기를 보유하고 있었다. 최신예 코르세어 전투기에는 20밀리 기관포가 장착되었고, 4천 파운드(약 1.8톤)의 폭탄 또는 네이팜탄과 로켓이 적재되어 있었다. 코르세어는 한국전쟁에서 혁혁한 공을 세웠다.

겨울하늘에 어둠이 깔릴 무렵, 해병대 부대들은 예정대로 공격을 개시했다. 장진호 부근 고원지대는 제8군 예하 한국군 부대들이 배치된 서부전선보다 날씨가 더 춥고 지형이 험준했다. 이론상 태백산맥 너머 제10군단과 연결되어야 할 워커의 제8군 예하 부대들은 압록강 남쪽으로 후퇴했는데, 이들은 이미 장진호 일대에 위치한 제10군단의 간격을 이용하여 후방으로 침투하고 있던 중공군과는 한 번도 교전을 벌이지 않았다. 해병대가 기온이 영하 27도를 기록한 장진호 서쪽의 유담리에 도착하여 진흙과 초가지붕 가옥들로 이루어진 마을을 점령했을 때, 근처에 중공군이 숨어 있는 것을 눈치 채지 못했다. 헬기를 타고 내려다보던 스미스 소장도 아무런 증거를 발견하지 못했으나, 그는 그곳에 이미 중공군이 내려와 있다는 사실을 알고 있었다.

네드 아몬드 군단장은 부대 배치 상태를 자기 눈으로 직접 점검해보리라 마음먹고, 위험을 피하려는 생각은 조금도 하지 않은 채 유담리에 위치한 호머 리첸버그의 제7해병대 지휘소로 날아가 연대 정보장교를 호출했다. 그는 달려나온 도널드 프랜스(Donald France) 대위에게 물었다. "최신 첩보는 뭔가?"

프랜스 대위는 아몬드 군단장에 대한 해병대원들의 경멸감을 숨기지 않고 이렇게 대답했다. "장군님, 이 근처 산 속에 중공군 놈들이 더럽게 많습니다." 훗날 아몬드는 해병들이 북쪽지역에 중공군 숫자가 그렇게 많다고 자기에게 보고한 적이 없다고 잡아뗐다. 아몬드는 해병대가 50명의 중공군 포로를 잡아오자 어쩔 수 없이 이 사실을 동경에 보고했지만, 이 보고를 받은 다이이치 정보참모 찰스 윌러비(Charles Willoughby) 소장은 여전히 예상했던 대로 근처에서 붙잡히는 중공군을 '의용군'이라고 말했다. 아몬드는 무전기로 이렇게 대꾸했다. "내가 이놈들을 직접 심문해보았는데, 놈들 말이 정규군(regular troops)이라고 하던데요." 화가 난 아몬드 군단장은 윌러비 장군에게 한국에 와서 직접 살펴보라고 말했다. 그러자 다이이치 맥아더 사령부 정보참모가 쏘아붙였다. "그거 해병대가 꾸며낸 거짓말이랬잖아요!"

1943년 마킨 환초(Makin Atoll) 전투*에 참전한 바 있는 존 얀시(John Yancey) 중위는 11월 초부터 중공군에게 시달리고 있었다. 유담리

---

* 마킨 환초 전투는 태평양전쟁 당시인 1943년 11월 미군의 공격으로 시작되었으며, 1,200명의 한국인 노무자들을 포함한 약 4,700여 명의 일본군이 주둔하고 있던 환초 전투에서 한국인과 일본인을 합쳐 사상자가 총 4,713명을 기록한 것으로 알려졌다. 이 중에서 105명의 한국인이 포로로 잡혔다.

에서 해병대는 샌드백 대신 얼어붙은 중공군 시체 위에 기관총을 거치하고 사격을 했다. 얀시 중위는 부하들에게 중공군의 공격에 철저히 대비하라고 분발을 촉구했다. "틀림없이 놈들이 다시 쳐들어올 거야." 그러나 그는 원거리에서 저격병이 노릴 것이라고는 미처 예상치 못했다. 중공군 저격병이 발사한 총알이 뺨을 스쳐 코에 박혔다. 그가 딱딱하게 얼어붙은 장갑을 벗어 총알을 빼내자, 극한의 추위 속에서 흘러나오던 피도 멈추어버렸다.

11월 28일 밤이 되어 눈발이 날리기 시작할 무렵, 중공군은 유담리로부터 14마일(약 22킬로미터) 떨어진 하갈우리를 향하여 사방에서 공격을 퍼부었다. 해병대는 다이너마이트 장약을 레이션 깡통에 채워 만든 급조 폭발물을 방어지대 외곽 경계선 주변에 파놓은 참호의 꽁꽁 얼어붙은 땅 밑에 묻어두었다가 중공군이 접근하면 폭파시켰다. 중공군의 공격에도 아랑곳하지 않고 휘황한 투광등(floodlights) 아래서 눈발을 맞으며 활주로 연장공사에 여념이 없던 공병대는 적들의 사격이 너무 가까이 근접하면 공사도구를 내려놓고 총을 집어 들었다. 날이 밝아 살아남은 중공군이 흔적도 없이 사라지기까지 밤새 해병대는 500명의 피해를 입었는데, 대부분은 따뜻한 텐트 속에서 몸을 녹이면 나을 수 있는 동상환자들이었다. 중공군은 수백 명의 사망자와 부상자들을 버리고 달아났고, 하갈우리는 간신히 중공군의 공격을 버텨냈다. 자신이 보낸 편지를 아내 에스더(Esther)가 몇 달 이내, 아니 어쩌면 영원히 읽지 못할지도 몰랐지만, 스미스 사단장은 아내에게 보낸 편지에 "우리 행정병들도 몽땅 총을 들고 나가 싸웠다오. 모두가 너무나 잘 싸워주었고, 앞으로도 그렇게 할 것이라오."라고 적었다.

훗날 스미스는 「뉴욕타임스」 기자에게 이렇게 말했다. "맞아요. 그들은 우리가 어디 있는지, 무얼 갖고 있는지 속속들이 알고 있었어요. 그런데 전 그놈들의 전술은 도대체 모르겠더라고요. 그들은 역량을 총동원해서 한 곳을 공격하는 것이 아니라 여러 장소를 여기저기 집적대며 공격하지 뭡니까."

해병들은 유담리에서 남쪽으로 가파른 황초령 협곡 위쪽의 고토리까지 길게 배치되어 있었다. 그들은 북쪽 전선에서 벌어지고 있는 상황이 무전으로 연락받은 것보다 얼마나 나쁜지 전혀 모르고 있었다. 중공군은 유담리를 향해 바구니에 담아온 방망이 수류탄들을 밤새도록 집어던졌다. 수류탄 파편 조각 하나가 얀시 중위의 입천장을 관통하는 바람에 앞니 한 개가 날아갔다. 기관총 총구에서 뿜어 나오는 화염을 보고 달려온 중공군이 던진 수류탄이 로버트 켄모어(Robert Kennmore) 부사수 앞의 눈더미 위에 '퍽' 소리를 내며 떨어졌다. 켄모어는 잽싸게 수류탄을 집어 들어 폭발하기 전에 뒤로 내던졌다. 근처에 두 발이 더 떨어졌다. 켄모어는 부하들을 살리기 위해 한 발을 눈 속에 밀어 넣고, 다른 한 발은 무릎으로 눌렀다. 그는 양쪽 다리의 무릎 아래가 절단되는 심한 부상을 입었으나, 혹한으로 출혈이 멈춘 덕분에 간신히 목숨을 건졌다. 격전이 벌어지는 와중에 응급텐트로 옮겨졌는데, 아직도 정신이 초롱초롱했던 켄모어는 해군 군의관 로버트 웨드마이어(Robert Wedemeyer)에게 자신의 생식기에 아무 이상이 없는지 물었다. 웨드마이어 중위는 입 속에 넣어 녹인 모르핀 주사액을 놓아주면서 이렇게 말했다. "불알 한쪽이 떨어져 나가도 걱

대형을 지어 사격하는 해병들

정 없겠지? 안 그래?" 중대가 혈로(血路)를 뚫고 하갈우리에 도착한 후 일본을 거쳐 본토로 후송된 켄모어는 크리스마스가 한참 지날 무렵 완쾌되었고, 생식기 사정은 아버지가 되는 데 아무런 문제가 없었다.

펑더화이는 저 멀리 중국에 남아 압록강을 넘어 한국 땅에 한 번도 온 적이 없는 마오쩌둥 주석에게 부대가 너무도 열악한 조건에서 싸우고 있다고 불평했다. 변변한 의복이나 신발도 착용하지 못한 수천 명의 중공군이 폭설이 쏟아지는 장진호의 혹독한 기후조건 속에서 죽어가고 있었다. 끊임없이 퍼붓는 공중공격으로 밤에만 이동이 가능했으며, 참호 속에 숨어 있던 중공군은 혹한의 날씨 속에 얼어죽었다. 펑더화이는 이렇게 설명했다. "우리는 주간에 행동의 자유가 없습니다. 비록 우리 숫자가 적보다 몇 배가 더 많아 사방에서 포위하고 있지만, 전투를 야간에 끝낼 수가 없습니다."

길고 좁은 호수인 장진호는 꽁꽁 얼어붙어 있었는데, 훨씬 북쪽으로 두 가닥의 얼어붙은 물줄기가 나 있었다. 장진호 서쪽에 배치된 리첸버그의 제7해병은 적의 공격을 받아 참호를 구축하고 있었다. 돈 페이스(Don C. Faith) 중령이 지휘하는 호수 반대편의 제32사단 1대대는 북쪽으로 나 있던 장진호 물줄기 중에서 동쪽 줄기의 약 2/3 지점에 있었는데, 그곳은 장진호로 흘러들어가는 시냇물의 발원지인 평유리였다. 페이스가 이끄는 대대가 장진호의 가장 북쪽에 위치하고 있었으므로 바(Barr) 장군은 협조된 전투력을 발휘하기 위해 페이스 중령의 대대를 앨런 매클린 대령이 지휘하는 제31연대에 배속시키고, 매클린에게 연대본부를 페이스의 대대에서 가까운 1221고지로 이동시키라는 명령을 하달했다. 1221고지는 장진호 우하단에 자리 잡고 있는 'Twiggae'*라는 마을의 바로 위쪽에 위치하고 있었다. 매클린과 페이스는 곧 영하의 날씨를 뚫고 한 지붕 밑에서 지내게 되었다.

준장의 아들인 32세의 페이스 중령은 리지웨이 장군의 참모로 유럽에서 제82공수사단에 배치되었으며, 그 후 마오쩌둥이 중국 본토를 점령하기 전에는 바(Barr)와 함께 중국에서도 복무했다. 레이 머리(Ray Murray)가 지휘하는 제5해병 예하 3개 대대는 중공군의 침투부대와 맞닥뜨렸을 무렵 장진호 서쪽 제방으로 조심스럽게 물러나 있었다. 페이스는 715명의 미군 그리고 300명의 한국군을 이끌고 동쪽으로 이동하기로 결심했다. 당시 대부분의 미 육군부대에는 카투사(KATUSA: Korean Army Troops with the US Army, 한국군지원단)가 배치되었다.

* 역주: 한국어 명칭을 발견할 수 없음

페이스의 대대는 트럭을 갖고 있었지만, 도로가 결빙되어 야포를 이동시키기 어려웠다. 모든 육군부대들은 재주껏 '차량 행군(motor march)'으로 이동했다. 유럽 전쟁에서 노르망디 상륙작전 이후 도로를 따라 차량으로 프랑스 내륙을 향해 이동하던 미 육군은 연료 부족, 정비 문제, 진흙이나 강설 같은 악천후 등으로 차량 행렬이 주저앉는 비효율적인 사례가 다반사였지만, 보병이 걷지 않고 차량을 타고 이동하는 것은 미국식이었다. 이따금 아몬드 군단장은 경비행기를 몰고 격전지에 나타나 적의 사격으로 격추될 위험을 겪기도 했다.

맥아더 스타일을 흉내 내던 아몬드는 평상시처럼 경비행기가 착륙할 수 있는 곳이라면 어디서건 주머니에 잔뜩 넣어 갖고 다니던 훈장을 꺼내 달아주기 위한 수상자를 발견하곤 했는데, 그 무렵에도 하갈우리에서 초급장교 한 명과 사병 두 명에게 훈장을 수여했다. 새로 대위로 진급한 26세의 부관 알렉산더 헤이그(Alexander Haig)*는 훈장 수상자들을 노트에 기록했고, 두 사람은 악전고투 끝에 함흥으로 복귀할 수 있었다. 다이이치 사령부 시절 이후 아몬드를 따라다니던 야심만만한 헤이그 대위는 동경의 총사령부 내에서 '커피와 홍차 장교'**로 알려져 있었다. 헤이그에 의하면, 1950년 6월 말 한국전쟁이 시작되었을 때 "나는 맥아더 사령관(다이이치 사령부)이 해리 트루먼 대통령(워싱턴)과 텔레컴으로 통화를 하는 옆자리에 있었다." 당시 중령

* 역주: 훗날 4성 장군이 되어 NATO군 사령관을 역임하고 레이건 행정부에서 초대 국무장관을 지냈다.

** 역주: 아마도 알렉산더 헤이그 중위가 사령부 접견실에 찾아오는 군 고위인사들에게 "커피 드시겠습니까? 아니면 홍차를 드시겠습니까?" 하고 빠짐없이 물었을 것이고, 이런 것이 사람들의 기억에 남아 헤이그에게 그런 별명이 생긴 것으로 보인다.

이자 총사령부 기획장교이던 에드 로니(Ed Rowny)는 헤이그가 그 같은 최고위급 회담에 배석하기에는 계급이 낮았지만, 아몬드 장군의 '빽(coattails)'으로 중위에서 대위로 진급하여 제10군단의 참모가 되었고, 그 후에도 승승장구했다.

아몬드 군단장은 사방에서 곤욕을 치르고 있던 장병들에게 자신이 심리적으로 얼마나 불안한 상태에 있는지에 대해서는 발설하지 않았다. 그는 맥아더 사령관에게 무전으로 야전 상황을 보고하면서 근처에 출몰하는 중공군의 숫자가 나날이 늘고 있다고 말했다. 그는 다이이치 사령부가 전방에 배치된 부대들의 위치를 재검토해볼 것을 촉구했는데, 이는 이들 부대가 위험할 정도로 지나치게 전진 배치되어 있음을 조심스럽게 지적하는 아몬드의 속내를 보인 것이다. 훗날 스미스 사단장의 회고에 따르면, 이러한 사정에도 불구하고 아몬드가 비행기를 타고 나타난 곳의 제10군단 예하 부대들은 여전히 낙관적인 기분 속에서 '원기왕성'했다.

제5해병과 제7해병이 새로운 지점들을 점령해나감에 따라 서로 부대가 뒤섞이면서 과도하게 신장된 상태가 되었다. 이제 겨우 활주로가 제 구실을 하기 시작한 하갈우리에서 북쪽으로 전진하던 차량 행군 대열이 혹한의 기상에 차량이 주저앉는 통에 장병들은 하차하여 도보로 이동한 적이 여러 번 있었다. 대구경 야포들이 이동할 수 있는 곳에서도 추운 날씨로 인해 105밀리 야포의 주퇴장치(駐退裝置, recoil system) 결함으로 포탄의 사정거리가 줄어들었다. 심지어 어깨 위에 올려 수동식으로 사격하는 바주카포조차 혹독한 추위 속에서 총열과 탄약에 발생한 균열로 인해 무용지물이 되었다.

어느 조용한 한밤중, 페이스 대대의 구역에서 근무하던 스탬퍼드(Stamford) 대위는 영어같이 들리지 않는 언어로 지껄이는 소리와 총소리에 잠을 깼다. 그가 놀라서 벌떡 일어나 벙커 입구를 가리고 있던 판초우의를 열어젖히는 순간, 방한복으로 칭칭 감싼 중공군 병사의 얼굴이 눈앞에 나타났다. 중공군 병사는 막 수류탄을 던져 넣을 참이었다. 스탬퍼드는 수류탄이 터지기 전에 옆으로 몸을 날렸다. 하지만 근처의 벙커에 있던 동료들은 운이 없었다. 그런 다음 중공군은 흔적도 없이 사라졌다. 이들은 스탬퍼드의 부대가 남쪽지역과 연결되지 못하도록 고립시키는 도로 장애물 같은 존재였다.

다음날 오후 아몬드 군단장은 마치 아무 일도 벌어지지 않았다는 듯 장진호 지역에 다시 나타났다. 매클린 대령은 1221고지에 자리 잡은 페이스의 지휘소 아래에 있는 버려진 학교 건물에 제31보병의 지휘소를 설치했다. 11월 28일 새벽, 페이스의 전방추진 부대들이 중공군의 사격을 받아 중대장이 전사했다. 장진호 아래에서 북쪽의 전황이 악화되는 것을 모르고 있던 아몬드 군단장은 헤이그 대위와 함께 L-17 프로펠러 경비행기를 타고 하갈우리로 날아와 스미스 사단장을 만났다. 하갈우리 북쪽에는 경비행기가 착륙할 수 있는 활주로가 없었으므로 스미스 장군의 전용 헬기를 타고 북쪽으로 가서 매클린과 페이스를 만날 참이었다. 그 무렵 매클린은 자신과 페이스가 합동으로 사용하는 지휘소가 위태롭다는 소식을 듣고 그곳으로 떠났다. 군대에서 지급되는 표준적인 방한화가 오히려 물기를 잔뜩 빨아들이는 통에 동상을 촉진시킨다는 사실을 알게 된 페이스는 방한화 대신 덧신 위에 전투화를 착용하고 있었다. 헬기가 눈 위에 내려앉자 페이스는 장군을 맞이하기 위해 달려왔고, 군단장은 페이스에게 이 지역에는 중공군이 드문드문 흩어져 있을 뿐이므로 페이스 부대가 곧 적들에게 빼앗긴 고지를 다시 점령할 수 있을 것이라고 안심시켜주었다. 하지만 이것은 페이스 중령에게는 말도 안 되는 헛소리였다. 중공군은 낮에는 숨어 있다가 밤에만 공격을 개시하고, 생포된 자들의 진술에 의하면 자신들은 '의용군'이 아니라 제80사단 소속 '정규군'이라지 않는가. 제31사단 의무대는 적의 매복에 걸려 생존자가 거의 없었는데, 그나마 생존자들도 페이스 중령의 생각에는 이미 남쪽으로 달아난 것 같았다.

군단장은 부관이 들고 온 가죽가방에서 지도를 꺼내 지프차의 후드에 올려놓았다. 만주 국경은 거기서 북쪽으로 불과 75마일(약 120킬로미터) 떨어져 있었다. 아몬드는 평소처럼 주문을 외우듯 이렇게 주장했다. 적들은 "고작 북쪽으로 도망치는 중공군 사단의 잔당들이다. 우리는 여전히 공격 중이며, 압록강까지 곧장 밀고 올라갈 것이다." 그는 큼지막한 주머니에서 은성무공훈장 3개를 꺼내 페이스에게 하나를 주고, 페이스에게 다른 두 명의 수상자를 찾아보라고 말했다. 느닷없이 훈장을 받은 한 명은 수통 옆에 앉아 이 장면을 지켜보던 부상당한 소대장 에버렛 스몰리(Everett Smalley) 중위였고, 다른 한 명은 "스탠리, 잠시 이리 와 봐."라는 페이스 중령의 지시를 받고 영문도 모르고 달려온 취사반장 조지 스탠리(George Stanley) 병장이었다. 스탠리는 주변의 행정병이며 운전병 그리고 걸어다닐 수 있는 부상병들을 모아 훈장 수상식의 증인들로 세웠다. 아몬드가 메달을 군복에 꽂아줄 때마다 헤이그는 부지런히 수상자 명단을 수첩에 적었다.

아몬드는 다음으로 헬기가 착륙한 곳에서 대기하는 매클린 대령에게 줄 훈장이 남아 있지 않았으나, 중공군의 공세로 공격이 이미 좌절된 상태에 있었음에도 불구하고 그에게 제31보병 2대대와 제57야전포병 C포대가 매클린 부대를 따라잡는 대로 '전진'을 계속하라는 명령을 내렸다. 하지만 얼음과 눈 그리고 도로 상에 주저앉은 차량들로 인해 약속된 증원부대는 끝내 도착하지 못했다.

제7해병의 폭스(Fox) 중대는 유담리 방향으로 이동하면서 하갈우리와 그 밑의 활주로 쪽을 향하여 남서쪽으로 커브를 그리는, 얼음에 뒤덮인 주 보급로(main supply route: MSR)를 엄호하라는 임무를 받고 있었다. (중공군이 후방에 침투하여 저격수의 총알이 날아들었지만, 여전히 24시간 가동 중인 제재소는 쉴 새 없이 야전용 화로의 땔감과 보호용 방어 자재를 만들어내고 있었다.) 휘영청 밝은 대보름 달 아래서 혹한의 27일 밤부터 시작된 장진호 동쪽을 겨냥한 중공군의 공격은 28일 새벽이 될 무렵까지 계속되었다. 바버(Barber) 대위 부대원들은 탄약이 떨어지자 중공군이 버린 탄약을 수거하여 미군 총기에 사용할 수 있는지 시험 발사해보았다. 또한 부상당하거나 전사한 미군 병사들로부터 회수한 무기들도 다시 사용되었다. 바버 대위가 지휘한 3소대원 56명 중에서 6명이 전사하고 9명이 부상 그리고 3명이 실종되었는데, 실종자는 중공군에게 포로로 붙잡혀 간 것 같았다.

3명의 포로는 시계를 모두 빼앗겼다. 부상을 입지 않고 멀쩡한 2명은 고도 5,454피트(1,662미터)의 덕동산에 위치한 중공군 지휘소까지 부상자인 다니엘 예스코(Daniel Yesko) 일병을 데리고 가라는 명령을 받았다. 해가 뜨자 중공군은 용변을 보도록 미군 포로들을 개인용 참호에 남겨두었는데, 바로 그때 제2차 세계대전 당시 맹위를 떨친 바 있는 호주산 P-51 머스탱(Mustang) 전투기들이 날아와 적진에 로켓공격을 퍼부었다. 폭격으로 엉성한 건물들이 형체도 없이 사라졌지만, 때마침 참호 속에서 용변을 보던 해병들은 목숨을 건질 수 있었다.

살아남은 중공군은 미군 포로들에게 예스코 일병을 북쪽으로 4마일(약 6킬로미터) 떨어진 다른 농가로 데려가라고 명령했다. 그 농가에는 포로가 된 해병대원들이 한데 모여 있었다. 그중에서 1947년 18세의 나이로 상하이 전투에 참전한 적이 있던 웨인 피켓(Wayne Pickett) 상병은 북한에 있는 중공군 포로수용소에서 굶주림(때때로 주먹밥 하나로 하루를 버텼다), 구타와 가혹행위, 이질과 설사 그리고 많은 동료들을 매장하는 일을 거들면서 장장 999일간 끈질기게 살아남았다.

공격이 중단된 며칠 동안 유엔군 중에서 '숫자 미상'의 인원들이 포로로 잡혀갔다. '숫자 미상'이란 의미는 포로수용소로 이동하는 동안 포로들 중 상당수가 굶어죽거나 얼어죽었고, 나머지 확인되지 않은 숫자의 포로들도 북한 땅에 억류되어 있는 동안 서서히 굶어죽었다는 말이다. 그런데 장진호 바로 북쪽의 강계에 위치한 제10호 수용소에 수감된 포로들은 다른 대우를 받았다. 그 이유는 중공이 미군 포로들에게 심리적 압박을 가하는 소련식 시스템에 기초하여 행동을 개조시키는 '세뇌(brainwashing)'를 실험하고 있었기 때문이다. 이곳에서 중공군은 '학생(students)'으로 부르는 한 무리의 미군 포로들에게 미국 정부의 감언이설에 속았다느니, 자본주의가 온갖 병폐를 안고 있다느니 등에 대해 순순히 글을 쓰는 데 대한 보상으로 얼마간 좀 더 나은 음식과 편의를 제공했다. 포로들에게는 이런 명령에 따르는 것이

죽는 것보다 나아 보였다.

나머지 폭스(Fox) 중대원들은 여전히 중공군에게 포위되어 있었다. 그중에서 찰스 파커(Charles Parker) 일병은 독감이 걸렸지만 부상자 명단에 포함되기를 거부하며 하갈우리에 위치한 의무대에 남아 있었다. 그는 한국에 있던 폭스 중대원들이 전쟁을 마치고 크리스마스에 고국으로 곧장 돌아가는 동안 자신만 일본에 후송된 후 그곳에 남게 될 것이 염려되었다. 하지만 바위투성이의 언덕에 위치한 폭스 중대로 돌아온 파커 일병은 복부에 저격병이 발사한 총탄을 맞아 일본으로도, 그렇다고 본국으로도 돌아가지 못한 채 전사하고 말았다. 한편, 기관총 분대 탄약수였던 17세의 제리 트릭스(Jerry Triggs) 일병은 밥 에젤(Bob Ezell) 일병이 "사단에 있는 영리한 놈들"은 중공군이 압록강을 건넜다는 것도 모른다고 빈정거리는 소리를 들었다.

트릭스는 "'크리스마스까지 귀국'이라니 무슨 헛소리냐?"며 투덜거렸다. 그의 친구 에젤 일병은 극심한 동상에 걸려 왼쪽 발가락을 모조리 절단했지만, 결국 무사히 고국으로 돌아갈 수 있었다. 중공군 수류탄에 맞은 트릭스는 얕게 판 무덤에서 생애를 마감했다. 헥터 카페라타(Hector Cafferata) 일병이 바람결에 실려온 마늘 냄새를 맡는 순간, 그와 옆에서 졸고 있던 켄 벤슨(Ken Benson) 일병 앞으로 흰색 옷을 입은 중공군이 참호 옆을 빠르게 지나가는 것을 목격했다. 중공군이 던진 방망이 수류탄이 날아왔지만, 여전히 벤슨은 잠이 덜 깨어 있었다. 그 와중에도 벤슨은 수류탄이 터지기 전에 바깥으로 집어 내던졌다. 벤슨은 "'크리스마스까지 고국'이 다 뭐냐!"라고 소리를 지르며 BAR(Browning Automatic Rifle, 브라우닝 기관총)을 집어 들고는 도망치는 흰색 복장의 중공군을 향해 탄창이 바닥날 때까지 총알세례를 퍼부었다. 여전히 중공군은 구두 공격 명령 대신 나팔소리나 귀청이 찢어질 듯한 호각소리를 신호 삼아 떼거리로 몰려들었다. 기관총소대 분대장이던 메러디스 케이른(Meredith Keirn) 병장은 호바트 래드너(Hobart Ladner) 병장과 함께 맹렬한 기관총 사격을 퍼붓고 있었는데, 래드너 병장 가까이에 중공군 시체가 너무 많이 쌓여 있어 래드너 분대의 사계(射界)가 막힐 지경이 되었다. 그 바람에 분대원 3명과 래드너가 전사했고, 중공군은 공격하던 병력의 1/3이 총에 맞아 시체가 사방에 나뒹굴었지만, 미군이 내버린 기관총을 질질 끌면서 계곡 아래로 도망쳤다. 그날은 해병대가 혁혁한 전공을 세운 자랑스러운 밤이 아니라, 유엔군의 장진호 작전이 붕괴되는 전형적인 밤이었다.

항공기에서 투하되는 물자는 해병대가 식량과 탄약을 보급 받을 수 있는 유일한 원천이었다. 그러나 대부분의 낙하산은 해병대가 접근할 수 있는 거리를 벗어난 곳에 떨어졌다. 다른 화물들도 얼어붙은 지형에 떨어져 박살이 났다. 고전을 면치 못하고 있던 제32보병의 돈 맥앨리스터(Don McAlister) 일병은 이렇게 회고했다. "중공군도 우리 못지않게 물자보급을 필사적으로 바라고 있었기 때문에 낙하산을 회수하기가 어려웠다." 장진호 부근에서 벌어진 대격전으로 맥앨리스터는 브라우닝 기관총 다음으로 소중한 장비인 침낭과 배낭을 잃어버렸다. 침낭은 단지 취침만을 위한 도구가 아니었다. 그것은 참호에서 있을 때에도 체온을 유지하는 데 유용했다.

'하늘을 나는 유개차(Flying Boxcars)'로 불리던 거대한 C-119 수송기가 투하하는 화물 속에는 탄약, 모포, 의료품과 식량이 가득했다. C-119의 비행임무에 탑승한 적이 있는 아이오와 주 워털루 출신의 로버트 포엘스크(Robert A. Foelske) 일병은 해치가 개방된 비행기 후미의 롤러를 따라 밑으로 굴러 내려가던 1만 1,000파운드(약 5,000킬로그램)의 화물박스에 달린 두 개의 유도 로프(guidance rope)를 무엇인가가 낚아채 차가운 바람 속에서 낙하산을 펴주는 모습을 지켜보고 있었다. 갑자기 포엘스크는 바람에 빨려 비행기 밖으로 튕겨져 나왔다. 그는 낙하산과 안전벨트를 착용한 상태였지만, 비행기 밖으로 빨려나간 충격으로 정신을 잃고 말았다. 그러나 떨어지면서 찬바람에 정신을 차린 포엘스크는 낙하산을 펼치는 줄을 잡아당겼다. 그는 이렇게 회고했다. "비행기에서 떨어져 나가면서 엄청난 충격을 받았다. 나무 위로 떨어지지 않으려 애썼지만 소용이 없었다. 그곳에서는 나무밖에 떨어질 곳이 없었다."

아군이나 적군도 그를 발견하지 못했다. C-119가 장진호 주변을 선회했다는 것을 알고 있기는 했으나, 그는 자신의 위치가 어딘지 알 수 없었다. 포엘스크는 자신과 함께 땅 위로 떨어진 화물을 발견할 수 없었다. 밤이 되자 포엘스크는 어둠 속에서 더듬거리며 후방으로 향하는 길을 찾아 나섰다. 그는 중공군 2명을 피해가며 계속 걸어간 끝에 마침내 길을 발견하고는 다음날 아침까지 남쪽으로 계속 걸었다. 다행히 그는 육군 트럭을 발견하여 지프차를 얻어 타게 되었다. 그는 비행기에서 떨어진 지 이틀 만에 공군기지로 돌아갈 수 있었다. 그는 프로펠러를 돌리며 또다시 장진호 주변으로 출발하려고 활주로에서 이륙 준비를 하고 있던 C-119에 다시 올라탔다. 대경실색한 승무원들은 마치 유령이 돌아오기라도 한 듯 넋을 잃고 그를 바라보았다. 그는 바로 그 비행기에서 떨어졌던 것이다. 이렇게 하여 포엘스크는 또 한 차례의 화물 투하 임무를 위해 출발하는 C-119 승무원에 합류했고, 이번에는 무사히 기지로 다시 돌아올 수 있었다.

제5해병 소속 체스터 레슨던(Chester M. Lessenden) 해군 소령은 훗날 「시카고 데일리 뉴스(Chicago Daily News)」 기자 키스 비치(Keys Beech)에게 그 당시를 떠올리며 "모든 것이 얼어붙었다."고 말했다. 레슨던 소령은 유담리에서 천막이 온통 총탄구멍으로 엉망이 된 야전병원을 담당하고 있었는데, 비행기로 후송된 부상자들은 방수포를 뒤집어쓰고 대기 중이었다. 혹한 속에서 "혈장(plasma)이 얼고 온갖 병들도 다 깨졌다. 우리는 혈장을 투입할 수 없었다. 왜냐하면 결빙된 입자로 인해 튜브가 막혀 혈장이 용액 속으로 흘러가지 않았기 때문이다. 우리는 손이 얼지 않게 하려고 장갑을 끼고 작업해야 했기 때문에 부상자들의 상처를 감싼 붕대를 교체해줄 수도 없었다. 상처 치료를 해야 하는데도 추위에 얼어 죽을까 봐 부상자들의 의복을 찢을 수도 없었다. 실제로 사람들은 가만히 그대로 두는 것이 더 나았다. 기자 양반, 한 번이라도 부상자를 침낭 속에 넣으려 해본 적이 있소?"

태평양전쟁 당시에 50도가 넘는 무더운 과달카날(Guadalcanal) 섬에서 벌어진 전투에 참전한 적이 있는 해병 병장 앨런 헤링턴(Alan Herrington)은 장진호 전투에 대해 "지금도 혈액이 고드름처럼 얼어붙은 모습이 눈에 선하다."라고 회상했다. 영하 31도의 혹한 속에서 부상자들의 혈액이 응고되기도 전에 상처가 얼어버렸으므로 부상자들의 상처는 갈색으로 변색되지 않고 여전히 선홍색을 유지했다. 헤링턴이 잊을 수 없는 전쟁의 기억 중 하나는 정상 온도에서 아직 매장되지 않은 시체가 부패하면서 내뿜는 극심한 악취였다. 하지만 강추위 속에서 야외에 방치된 시체는 단지 뻣뻣하게 굳을 뿐이었다. 그러나 이러한 의학적 사실조차 행복한 결말을 가져다주지는 못했다. 부대가 후퇴하는 경우에는 더욱 그러했다.

5

완전히 새로운 전쟁

"돌아갈 후방이 없으면 후퇴도 불가능하다."

11월 28일 아침 일찍부터 제8군 한국군 전선으로부터 다이이치 사령부에 보고된 메시지는 '크리스마스까지 한국전쟁 종결'을 위한 유엔군의 공격이 첫날부터 실패했음을 보여주었다. 마오쩌둥의 거대한 기만전술을 전혀 눈치 채지 못한 제8군이 아무런 저항도 받지 않고 8마일(약 13킬로미터)을 북진할 때까지만 해도 맥아더의 예언이 들어맞는 것처럼 보였다. 그러나 훗날 맥아더 사령관의 공군참모인 조지 스트레이트마이어(George Stratemeyer)가 의회 소위원회에서 "하느님 맙소사, 산맥 전체가 중공군으로 뒤덮이는 것 같이 보였다."고 증언했다. 현장에 있던 잭 라이트(Jack Wright) 일병은 '불침번'이 소대를 깨우자, "와, 사방의 언덕이 마치 크리스마스트리처럼 밝게 빛난다."고 소리쳤다. 제8군 한국군 전선을 담당하던 로렌스 '더치' 카이저(Laurence 'Dutch' Keiser) 소장이 내린 "무조건 도망치라(How Able = Haul Ass)"는 명령은 너무 늦게 도착했다. 양 측면이 포위될 위기에 처한 예하 부대들은 한 번도 사용한 적이 없는 무기와 장비들을 내던지고 후퇴하기 시작했다. 이러한 졸전으로 결국 카이저의 목도 날아가 보직해임되었다.

맥아더는 이러한 암울한 전황을 펜타곤에 보고하면서, 이는 자신의 오산으로 발생한 결과가 아니라 적의 의도를 노출시키기 위한 계략이라고 둘러댔다. 맥아더가 발신한 무전은 "우리의 공격작전으로 전개되기 시작한 사태"를 좀 더 분명하게 드러냈다. "(우리는) 한국전쟁을 …… 상징적인 외국 군대와 북한군에 국한시키려던 모든 계획을 완전히 포기했다. 중공은 한국전에 대규모 군사력을 투입했고, 갈수록 그 세력이 증가하고 있다." 맥아더는 예상치 못한 중공군 대공세를 진주만 기습과 비슷한 것으로 묘사했지만, 이미 한 달 전부터 중공군이 개입할 것이라는 경고를 받고 있었다. 심지어 맥아더의 충복이던 아몬드마저 중공군 포로를 심문하여 임박한 재앙을 경고하지 않았던가.

워싱턴 시각으로 아직 동이 트기 전, 펜타곤에서 당직을 서던 육군 장교는 존 바이시라인(John Beishline) 대령이었다. 바이시라인 대령이 리지웨이 장군을 깨우자, 그는 중공군의 기습공격에 극도로 흥분한 맥아더가 보낸 메시지를 포트마이어(Fort Meyer)의 자기 숙소로 가져오도록 당직 장교에게 부탁했다. 그는 메시지가 도착하기를 기다리면서 참모장 로턴 콜린스(Lawton Collins) 장군에게 전화를 걸었다. 맥아더가 보낸 장문의 보고서를 살펴보고 난 리지웨이는 콜린스에게 다시 전화를 걸어, 즉시 대통령과 합참에 이 사실을 알려야 할 것 같다고 말했다. 오마 브래들리(Omar Bradley) 합참의장은 해리 트루먼 대통령에게 이러한 비극적인 사태를 보고했다. 브래들리는 대통령에게 보고하면서 맥아더가 "약간 히스테리컬한 상태"에 있다고 표현했다.

이미 한국으로부터 아무런 검열도 거치지 않은 뉴스 기사가 조간신문에 등장했다. 그러나 브래들리는 대통령에게 "이것은 군사적 비극이 아니라 언론이 우리에게 믿도록 오도하는 잘못된 상황"이라고 침착하게 보고했다. 덧붙여 브래들리는 대통령에게 중공군이 "맨손으로 한국전쟁에 참전"했다는 사실을 확인시켜주었다.

하지만 임박한 재난을 과소평가하는 것으로는 대통령을 설득할 수 없었다. 분명한 것은 중공군이 땅에서 솟은 듯 홀연히 나타나 중(重)야포나 기갑부대 또는 공군력도 없이 강대국인 미국을 기습적으로 공격했고, 한국에서 유엔의 전반적 입지를 위협했으며, 전 세계 최강의 군대를 보유한 미국의 위신을 위협하고 있다는 사실이었다. 서둘러 소집된 펜타곤 회의에서 리지웨이는 웨이드 헤이슬립(Wade H. Haislip) 육군 참모차장에게 미군의 철수계획 수립에 착수하고, 맥아더에게 긴급명령을 하달할 것을 촉구했다. 최악의 사태를 예견한 터너 조이(C. Turner Joy) 해군 중장은 조용히 제10군단을 흥남에서 원산으로 철수시키기 위한 선박을 집결시키는 작업을 개시했다. 이제 다른 어떤 대안도 불가능했다. 아몬드 군단장 예하의 사단들과는 달리 서부 전선의 제8군은 육로를 통해 철수할 수 있었다.

맥아더와 동경에서 회견을 마친 조이 제독은 흥남으로 날아가 아몬드 군단장에게 "해군이 부대의 철수를 위한 수송수단을 보낼 수는 있으나 — 그나마 선박들이 해안에 도착할 수 있다면 — 모든 보급품과 장비들을 수송하는 데 필요한 선박을 모으기 위해서는 몇 주가 소요될 것"이라고 말했다.

아몬드 군단장은 "비록 아직 저 북쪽에 위치한 탱크와 야포를 얼음에 덮인 도로를 따라 탄약도 없이, 그리고 사정이 더욱 나쁘면 연료도 없이 이동시켜야 할 형편이지만, 인원, 무기, 장비, 보급품 할 것 없이 보유한 모든 것을 가져가기 원한다."고 말했다. 아몬드의 확신에 찬 발언에 깜짝 놀란 조이 제독은 "만일 당신이 장비들을 운반하는 동안에 적이 방어망을 돌파한다면, 미국 국민은 미군의 인명손실에 대해 결코 당신을 용서하지 않을 것"이라고 경고했다.

맥아더는 일본의 다이이치 사령부에서 가까스로 정신을 수습하고, 이미 전 세계 언론이 한국전쟁에서 참사가 벌어지고 있음을 대서특필하고 있는 와중에 코뮈니케의 초안을 작성하기 시작했다. 그는 언론을 상대로 중공의 지상군이 선전포고도 없이 한국전쟁에 끼어들었다는 사실을 확인해주었다. "이는 지금까지 공개적으로 발표된 것처럼 중공군의 개입이 자발적이고 개인적 차원에서 이루어진 상징적 성격의 참전이라고 우리 스스로를 위안했던 높은 기대감을 산산이 깨뜨려놓았다."

평소 아시아 사람들의 심리에 정통하다고 주장한 맥아더는 마침내 마오쩌둥이 오래전 출간한 전략 서적을 뒤늦게 이해했노라고 실토했다.

> 적들은 나중에 압도적 군사력으로 우리의 전열을 기습적으로 강타하기 위해 얼어붙은 모든 강과 도로를 이용하여 은밀히 전력을 증강시키는 데 필요한 시간을 확보할 속셈으로 약 2주 전부터 유엔군과의 접촉을 회피하려는 의도를 가졌던 것으로 보이는 바, 이처럼 은밀한 이동으로 인해 유엔군의 공중공격 효과가 현저히 감소되었고, 적의

병력과 보급품이 전방지역으로 신속하게 이동하도록 허용하는 과오를 범하고 말았다.

그런 다음 맥아더는 비록 중공군이 자신보다 한 발 앞서 나갔음을 인정하면서도 오랫동안 계획된 중공군의 공격은 "유엔군의 공세적 행동으로 인해 부득이 예상보다 조기 접전에 나설 수밖에 없게 됨으로써 와해되었다."고 강조했다. 또한 자신에게 항상 호감을 보였던 「뉴욕타임스」의 아서 크록(Arthur Krock) 기자에게 보낸 전보에서는 한국전쟁에서 벌어지는 "모든 중요한 조치"들은 사전에 워싱턴의 승인을 받은 사항이라고 말했다. 그는 오랜 친구인 합동통신사(United Press: UP)의 휴즈 발리(Huge Ballie)에게도 전보를 보내 "중공군의 공격과 관련하여 …… 전역(戰役) 그 자체가 전개되는 전략적 과정에 대해 책임을 추궁하는 것은 역사적 과오를 범하는 행위"라고 해명했다. 한편 자신의 견해를 지지하던 「유에스 뉴스 앤드 월드 리포트(US News and World Report)」 지와의 인터뷰에서는 "내가 취한 전술적 방책은 당시 상황에서 허용된 유일한 방책"이라고 말했다. 덧붙여 "만주 일대 중공군 표적에 대한 폭격의 승인 거부와 같이 워싱턴이 자신에게 부과한 제한사항들은 군대 역사상 일찍이 유례가 없는 엄청난 결함"이라고 말했다. 그는 또 다른 언론 발표문을 통해 극동군 최고사령관으로서 중공군에 대한 정보의 실패를 펜타곤, 국무부 및 CIA의 책임으로 돌렸다. 그에게는 항상 무불통지(無不通知)의 정보참모 찰스 윌러비가 보고한 정보뿐이었다.

사태의 심각성을 인식한 후 맥아더는 동경 사령부에서 비밀리에 긴급회의를 소집했는데, 사실 맥아더는 이런 회의나 하고 있을 것이 아니라 무너져 내리는 한국의 동부전선과 서부전선 현장에 직접 달려가는 것이 더 옳았을 것이다. 그가 한국전쟁이 발발한 이후 한국 땅을 밟은 것은 고작 여섯 차례에 불과했고, 그중에서 다섯 차례는 당일치기로 비행기를 타고 와 몇 시간 정도 둘러보았을 뿐이다.

휘하의 육군 및 해병 지휘관들과 하루 종일 긴급회의를 마친 후 복귀한 아몬드 군단장은 맥아더가 자신을 호출했다는 사실을 알게 되었다. 11월 28일 오후, 그는 막대한 타격을 입은 제31 및 제32 보병연대에 소속된 장교들과 데이비드 바(David Barr)가 지휘하는 제7사단을 만났고, 때마침 영연방 소속 부대를 순시하고 있던 호주의 호레이스 로버트슨 경(Sir Horace Robertson)을 방문했다. 아몬드 군단장은 위험한 상황을 무릅쓰고 장진호 동쪽에 위치한 전방 지휘소를 찾아 매클린(MacLean) 대령과 페이스(Faith) 중령을 만난 다음, 헬기에 올라 함흥에 소재한 지휘소로 향했다. 지휘소에 도착한 아몬드는 그날 밤 동경으로 긴급히 출두하라는 메시지를 받았다.

아몬드는 참모 몇 명을 데리고 함흥 남쪽의 동해안 항구인 연포에서 사발엔진(four engine)이 장착된 C-54기를 타고 밤 9시경 하네다 공항에 도착했다. 극동군사령부 소속 대령 한 명이 활주로에서 기다리고 있다가 제10군단장 일행을 미국 대사관저 대지에 자리한 맥아더 관저로 안내했다. 다이이치 사령부에서 이처럼 밤늦은 시각에 소집된 회의는 극비리에 진행되었다.

회의는 밤 9시 30분부터 시작되었다. 월턴 워커 제8군 사령관은 이미 도착해 있었다. 참사가 벌이진 곳은 제8군 책임지역으로서,

공포에 질린 유엔군들이 도주하는 바람에 엄청난 장비와 보급품이 유기되고 막대한 인명피해가 발생했다. 이 자리에서 워커 제8군 사령관은 약 20만 명의 중공군이 8군을 덮쳤다면서, 중공군의 기습으로 한국군 제2군단이 궤멸되어 8군의 우익(右翼)이 노출되었고, 제9군단이 그 간격을 메우느라 사투를 벌이고 있다고 전했다. 워커는 장담할 수 없지만, 한반도의 '좁은 허리(the narrow waist, 역주: 대략 함흥을 따라 좌우로 이어지는 선)' 일대에서 한국군 제2군단을 포함한 유엔군의 후퇴를 진정시키고, 평양 북쪽 및 동쪽에서 방어선을 구축할 수 있을 것이라고 말했다. 그는 무너지는 제8군의 모습을 가리켜 유엔군의 공세를 재개하기 전의 '종심(縱深) 깊은 철수(deep withdrawal)'라고 표현했다. 한편 아몬드 군단장도 제10군단 예하 부대들을 흥남으로 철수시킨 다음, 해상을 통해 북한지역에서 최초로 상륙했던 원산으로 이동시키겠다는 계획을 설명했다. 그러나 원산은 자체적인 방어능력이 의문시되는 도시였다. 게다가 원산에서는 육로를 통해 남쪽으로 이동할 수 있는 변변한 도로도 없는 형편이었다.

얼마 전 수도인 평양에서 도망쳐 압록강변 모처에 은거하고 있던 김일성은 새로운 사태 반전에 한껏 고무되어 마오쩌둥에게 호소하는 전보를 보냈다. "우리는 적들에게 숨 쉴 여유를 주면 안 됩니다. 우리는 승리의 고지를 향한 전진으로 평양과 서울을 탈환하고, 한국 땅에서 적들이 모조리 물러나도록 압박해야 합니다." 12월 4일 마오쩌둥은 예하 지휘관들에게 다음과 같은 내용의 전보를 보냈다. "전쟁을 조속히 종결지을 가능성이 있지만, 동시에 전쟁이 지구전의 양상을 보일 가능성도 있다. 우리는 최소한 1년간 싸울 준비를 해야 한다. …… 평양뿐 아니라 서울을 되찾는 것이 우리에게 유리하다. …… 만일 우리가 한국군을 모조리 전멸시킨다면, 우리는 미 제국주의자들을 한국에서 몰아낼 수 있는 보다 강력한 입지에 올라서게 될 것이다."

마오쩌둥은 구태여 장진호 지역을 언급하지 않았는데, 이는 제8군의 궤멸로 서쪽 측면이 노출된 제10군단이 진지를 지탱할 수 없게 될 것임을 암시하는 것이었다. 그는 김일성에게 "미군이 막강한 무기를 갖고 있지만, 전투의지는 희박하다."면서 중공군의 전투의지는 충만해 있다고 말했다. "우리 군대는 무기와 공군력이 제 아무리 우세하더라도 기필코 미군을 격파할 것이다." 마오쩌둥은 맥아더의 과실과 중공군의 초기 승리가 겹친 탓에 지리멸렬하게 항거 중인 북한군 잔당을 구출하는 것이 미군을 한반도로부터 축출하고 제국주의를 상대로 승리를 거둘 수 있는 전환점에 들어서는 초기 단계라고 간주했다.

휘하 사령관들은 여전히 호언장담하고 있었지만, 맥아더는 자신이 구상한 한반도 통일의 꿈이 파탄지경에 처했음을 깨달았다. 아울러 동경 사령부에 구체적으로 경고하지는 않았으면서도 워싱턴은 중공군을 단칼에 처치하겠다던 맥아더의 원대한 포부가 태평양 지역 전체를 위기에 빠뜨리고 있다는 사실을 직감했다. 동경 사령부에서 열린 심야회의의 공식적인 기록은 남아있지 않다. 맥아더 사령관은 워커에게 평양에서 중공군의 진격을 저지하도록 격려했지만, 만일 적이 평양도 위협하면 더 남쪽으로 내려가 방어선을 구축하라고 말했다. 이미 유엔군은 모든 전선에 걸쳐 후퇴하고 있었다. 아몬드 군단의 사정도 나을 것이 없었다. 할 수만 있다면 철수하는 것이 상책이었다.

맥아더는 펜타곤을 설득하여 증원군을 얻어볼 생각도 했으나, 증원군이란 것이 존재하지도 않는다는 것을 알고 있었다. 부랴부랴 증원을 위해 사단을 편성해본들 일본을 거쳐 한국에 도착하려면 몇 달이 걸려야 할 것이고, 그러면 38선 이북에 남아 있는 제8군 예하 한국군의 목숨을 건지기에는 너무 늦을 것이다. 유엔군의 크리스마스 대공세가 좌절되자, 제10군단을 후방으로 이동시키고, 아예 한반도에서 철수시키기 위한 비상계획이 일본 다이이치 사령부를 넘어선 차원에서 수립되기 시작했다. 규슈 남쪽의 번화한 사세보(佐世保) 해군기지에 일본인들도 포함된 승무원과 더불어 온갖 종류의 함정과 선박이 집결되었다.

어떤 사태가 닥칠지 미리 직감이라도 한 듯, 맥아더는 아몬드 군단장에게 공격작전을 중단하고 장진호 아래 지역에 모든 부대를 모아 함흥을 거쳐 흥남으로 집결시키라는 명령을 내렸다. 우표딱지만큼이나 협소하고 비행기들이 급격한 유턴을 해야 가까스로 착륙할 수 있는 하갈우리 — 흥남에서 약 70마일(약 113킬로미터)이나 되는 험로로 이동해야 하는 — 활주로는 장진호 일대로부터 사상자를 철수시키고 물자를 재보급하기 위해 계속 유지되어야 할 필요가 있었다. 11월 18일, 제1공병대대 D중대에서 차출된 4대의 불도저는 전차부대의 엄호를 받으면서 마을 끄트머리의 딱딱하게 얼어붙은 땅을 폭파시켜 평평하게 만든 다음 원시적 형태의 활주로를 구축하는 데 성공했다. 육군 공병단의 선발대 지휘관이었던 에드 로니(Ed Rowny) 중령은 다음과 같이 회고했다.

> 처음에는 지면이 너무도 딱딱하게 얼어붙어 불도저를 사용할 수 없었다. …… 그래서 다이너마이트를 터뜨린 구덩이 위에 텐트를 설치하여 지면을 따뜻하게 덥힌 다음 불도저로 지면을 평평하게 고르고, 또다시 구덩이를 만들어 그 속에 텐트를 치고 들어가 따스해진 땅을 불도저로 미는 방식이 반복되었다. 문제는 따스한 불도저의 삽날이 차가운 지면에 접촉하는 순간, 얼어붙은 지면이 삽날에 달라붙어 불도저가 제대로 작동되지 않는다는 사실이었다. 공병대의 어느 장교가 함흥으로 가서 스키의 날에 바르는 왁스를 구해 사용해보자는 기발한 아이디어를 냈다. …… 공중 투하된 100파운드(약 45킬로그램)의 스키 왁스(ski wax)를 받아 불도저 날에 발랐더니 마술을 부린 듯 효과가 나타났다. 스키 왁스가 흙이 엉겨 붙는 것을 막아주었기 때문이다. 함흥에 주재하고 있던 「스타스앤드스트라이프스(Stars and Stripes)」지 기자는 사정도 모르고 "전쟁의 와중에 어떤 미친 공병장교가 오락용으로 사용되는 스키 왁스를 공수해달라고 요청했다."고 보도했다.

연대 병력이 유담리 북서쪽으로 이동했을 때 제7해병의 F중대는 여전히 비행장을 경비하고 있었다. F중대의 뒤를 이어 I중대와 H중대 그리고 2개 중화기 소대와 105밀리 2개 포대도 합류했다. 목표는 경(輕)정찰기는 물론이고 수송기의 이·착륙도 가능할 만큼의 길이를 가진 활주로를 닦는 것이었다. 11월 27일경, 중공군이 하갈우리에 대대적인 공격을 퍼부을 당시, 3,400피트(1,036미터) 길이로 계획했던 활주로 중에서 불과 1/4만 완료된 상태였다. 장진호로부터의 공격 위협, 그리고 사방에서 중공군이 침투해왔음에도 불구하고 투광등과 트랙터 헤드라이트 조명을 받으며 영하의 삭풍 속에서도 밤낮으로 활주로 공사가 계속되었다.

맥아더 주관으로 열린 동경 사령부 회의에서 극동군사령부 작전참모이던 에드윈 '핑키' 라이트(Edwin 'Pinky' Wright) 준장은 제3사단을 덕천 서쪽으로 이동시켜 붕괴되고 있는 제8군의 우익을 보호하자는 의견를 제시했다. 라이트가 갖고 있던 한국전쟁 이전에 일본이 작성한 지도에는 도로가 존재하고 있었으나, 실제로 이것은 군용도로로 사용될 수 없는 비포장길에다가 지금은 그마저 얼어붙어 있었다. 제8군과 제10군단은 38선 이남으로 한참 후퇴한 다음에야 연결될 수 있었다.

오전 12시 40분, 아몬드가 자신이 맡은 작전지역 내 부대들 — 이미 이들은 그 시각에 철수하고 있었다 — 을 후방으로 철수시키는 데 합의하고 나서야 회의가 끝났다. 11월 29일 정오, 아몬드는 즉시 부대들을 흥남 주변으로 철수시키라는 명령을 내리기 위해 하네다 공항을 출발하여 연포로 향했다. 그러나 '즉시(immediate)'는 쉽지 않은 일이었다. 유담리 서쪽에 고립되어 있던 일부 해병대는 중공군의 포위망을 가까스로 뚫고 나왔다. 이들은 얼어붙은 장진호 동쪽 제방을 따라 육군 대대의 잔여병력을 수습하여 남쪽으로 이동했다. 주보급로가 하나뿐이었으므로 보급로를 차단하려는 중공군의 침투와 교란작전이 극성을 부렸다.

장진호 부근에서 벌어진 영웅적 행위들은 유엔군에만 국한된 것이 아니었다. 유담리 부근 제20집단군 소속의 어느 중공군 장교가 "다이너마이트 배낭을 짊어지고 미군들 속으로 돌진하여 10명의 미군들과 함께 장렬히 전사"했다는 주장 등 날조된 이야기가 나돌고 있었다.

미군은 사상자와 도로 장애물을 설치해둔 중공군과의 치열한 교전으로 나날이 그 숫자가 감소했지만, 날씨가 갤 때면 어김없이 저공비행 항공기들이 날아와 중공군의 총부리에서 위협받고 있던, 철수 중인 미군 부대를 엄호했다. 또한 당시 약관 44세의 윌리엄 터너(William H. Tunner) 소장이 지휘하던 극동공군 전투수송단이 철수작전의 지원에 나섰다. 터너 소장은 태평양전쟁에서 인도・중국 간의 위험했던 '험프(Hump)' 작전을 성공적으로 수행했고, 1948~49년에는 한 치의 착오도 없이 베를린 공수작전을 완벽하게 해낸 것으로 정평이 나 있었다. 그는 일본의 아시야(芦屋)에 화물담당 병참장교들을 집결시켜 장진호 일대가 고립될 경우 C-119 수송기로 보급품을 공중 투하하기 위한 준비에 착수했다. 곧 그는 C-46 수송기와 C-47 쌍발엔진 수송기도 합류시켰다. 부하들에게 힘든 일을 마구 시키는 터너는 함께 근무하기에 결코 녹록치 않은 장교였지만, "주요 격전지의 진지에서 싸우는 전투의식이 투철한 보병이라면 쌍수를 들고 환영했을 위대한 인물"이라는 평가를 받았다.

아몬드의 군단사령부에서 터너 장군과 함께 낙하지점을 선정하는 작업을 진행한 장교는 군수참모 오브리 스미스(Aubrey Smith) 대령이었다. 수송기들은 565톤의 물자와 탄약을 낙하산으로 투하하고,

202톤은 대부분 하갈우리에 위치한 활주로에 하역했다.

함흥에 위치한 제10군단 사령부의 참모장인 클라크 러프너(Clark L. Ruffner) 소장은 서울과 부산의 시가지에서 모집한 징병들로 구성된, 카투사의 지원을 받던 제3사단의 사단장 로버트 소울(Robert Soule) 소장에게 "난 우리가 늙은이들의 군단(Old Man's corps)을 구할 수 있을지 어떨지 모르겠어."라고 털어놓았다. 그러자 충직한 소울 소장은 이렇게 대답했다. "물론이죠. 우리는 할 수 있어요." 그러나 실제로는 북쪽에 배치된 대대들부터 자신들의 힘만으로 중공군을 무찌르며 혈로를 돌파해야 했다.

워싱턴에서 합참 회의가 소집되었다. 지난번 회의에서는 압록강까지 곧장 밀고 나가는 전략을 주장한 맥아더에게 설복된 육군 작전참모 찰스 볼테(Charles Bolté) 소장의 강경론이 수용되었다. 당시 맥아더는 "힘의 과시는 적의 추가적인 진격을 좌절시키지만, 나약함의 과시는 적의 공격을 초래할 것"이라고 주장했다. 다이이치 사령부에서 어떤 정책적 반전이 이루어졌는지에 대해서는 알려지지 않았으나, 해병을 담당하던 포레스트 셔먼(Forrest Sherman) 제독만이 맥아더에게 전술명령을 하달할 것을 제안했다. 셔먼 제독은 동·서부전선의 사령부가 한반도의 허리 부근으로 철수하여 가장 짧은 방어선을 구축하기를 원했다. 오마 브래들리 장군은 전임과 후임 사령관이 스스로 자신의 방책을 선택해야 한다고 생각했고, 이에 따라 합참은 어쩔 수 없이 맥아더 사령관에게 다음과 같은 무전을 발송했다. "제8군과 제10군단의 협조, 그리고 과도하게 신장된 것으로 보이는 제10군단의 위치와 관련된 귀관의 계획은 무엇인가?"

맥아더 사령관이 신중한 용어를 선택하여 상황을 '유동적(fluid)'이라고 표현하자, 트루먼 대통령은 국가안보회의(National Security Council)에서 "그건 지금 무슨 일이 벌어지고 있는지 모르겠다는 맥아더 특유의 공보방식"이라고 불평했다. 당시 국방장관이던 조지 마셜(George C. Marshall)은 은퇴했다가 현역으로 다시 소집되었는데, 중공군이 화력보다 병력 수 측면에서 더 강하다는 것을 알고, 어떤 전략적 선택에 대해서도 언급을 회피했다. 전시 육군참모총장이었다가 훗날 국무장관과 국방장관을 역임한 마셜은 조지 워싱턴 이후 군인이자 정치인으로 대성한 최초의 인물이었다. 그러나 그는 한국전쟁에서의 실상에 대해 정확하게 모른다는 점을 인정했다. 마셜의 후임으로 국무장관이 된 딘 애치슨(Dean Acheson)은 당시 마셜의 입장을 이렇게 회고했다. "내게 군사적 판단을 묻지 말라. 우리가 무엇을 할 수 있겠는가? 우리는 전쟁터에서 8천 마일(약 12,800킬로미터)이나 떨어진 곳에 있다. 우리는 험준하다는 것 외에는 그곳의 지형을 모른다. 우리가 할 수 있는 것은 오직 두 가지뿐이다. 하나는 우리가 스페인・미국전쟁 이후로 그래왔듯이 현지 지휘관을 믿고, 그에게 '이봐, 잘해보게.'라고 말해주는 것이다. 그러고는 '이 사단을 이리 보내라거나, 이 물자를 저리로 옮기라'는 등 참견하지 말아야 한다. 처칠 수상도 한때 그렇게 참견하다가 일을 그르치고 말았다. 두 번째 방법은 그의 목을 자른 다음, '누가 이 일을 대신하겠소?'라고 묻는 것이다."

마셜 장관은 미국 정부가 유엔을 통해 중공에게 외교적으로 대응할 것을 촉구하는 각 군 총장들의 청원서를 낭독했다. 그는 한국에서 중공에 의해 미국의 입장이 좌지우지되는 일이 없어야 하며, 만일 완전한 철수가 필요하다면 체면을 잃지 않으면서 그렇게 하는 방안을 모색해야 한다고 덧붙였다. 콜린스(Collins) 장군은 "맥아더 사령관이 무너진 전선을 38선 이북지역에서 복구할 수 있을 것으로 믿는다."는, 한편으로는 희망적이고 다른 편으로는 가망 없는 발언을 했다. 브래들리 장군은 별로 큰 기대를 걸지 않으면서도 그것이 가능할 것이라고 말했다. 애치슨 장관은 만주 국경에 걸쳐 있는 중공군이라는 목표물을 공격한다면 소련의 개입을 자극하여 세계대전을 촉발할 것이 우려되었다. 맥아더는 워싱턴의 그러한 제약들을 "역사상 전례가 없는 엄청난 단점"이라고 비판한 바 있다. 셔먼 제독은 중공이 만주로부터 공중공격을 감행할 경우 "우리가 반드시 반격해야 하며, 그렇지 않으면 미군은 한국에 머물지 못할 것"이라고 말했다. 아울러 토머스 핀레터(Thomas Finletter) 공군장관은 중공과 소련의 공개적 개입을 경고하면서도 중공의 공중 자산은 빈약하며, 이미 소련군은 스탈린이 부과한 신중한 범위 내에서 압록강 너머 북한과 중공을 지원하기 위해 은밀한 비행을 실시하고 있다고 말했다.

스탈린과 추가로 전략적 대결을 벌여야 하는 상황을 우려한 마셜 장관은 NATO가 유럽에 대해 이제 막 시작하려는 것처럼 트루먼 대통령에게 의회와 미국 국민을 대상으로 전 세계 공산주의자들의 모험주의에 경각심을 나타내기 위해 군사동원(military mobilization)을 제의하도록 건의했다. 하지만 고통스럽게도 그러한 조치는 수십억 달러의 예산을 필요로 하는 것이었다. 중공군의 한국전 개입이라는 국가적 비상사태 하에서 트루먼 대통령은 매파 성향의 보수진영과 언론들로부터 미온적인 협조만 기대할 뿐이었다.

맥아더로부터 날아온 추가적인 전문은 중공의 목표가 "유엔군의 완벽한 격멸과 한반도 전역을 확보하는 것"이라고 경고했다. 그는 대만의 장제스 군대를 참전시킬 것을 제의했다. 이런 아이디어는 언론의 지원을 받았지만, 합참은 전적으로 수용 불가능하다는 입장을 보였다. 트루먼 대통령은 한국전쟁을 국소화 및 제한시킬 의도를 가졌을 뿐 아니라, 이미 자타의 신임을 상실한 장제스 군대의 한국전쟁 개입으로 유엔 참전국들의 협조가 와해될 것을 우려했다. 나아가 장제스의 늙은 국민군들은 중공 본토에서 모집한 마오쩌둥 군대와는 비교가 되지 않을 정도로 형편없었다.

모든 사람들은 맥아더가 수세적 입장을 취하기를 바랐지만, 비록 맥아더가 원하지는 않았을지라도 이미 그 반대 현상이 벌어지고 있었다. 트루먼은 콜린스(Collins) 장군에게 한국으로 날아가 맥아더, 그리고 가능하다면 현지의 사령관들을 만나 협의할 것을 지시했다. 협의하는 데는 별다른 비용이 들지 않았으며, 어려운 결정을 뒤로 미루는 효과도 있었다.

「뉴욕타임스」의 제임스 레스턴(James Reston) 기자는 그때의 일을 이렇게 기록했다. "지난 며칠 사이에 발생한 사건으로 인해 심지어 의회에서도 맥아더 사령관에 대한 신뢰가 흔들리고 있다. 이와 유사하게, 의심할 바 없이 서방세계에 대한 미국의 리더십은 대담한 맥아더의 공세를 트루먼 대통령이 소극적으로 인정한 결과로 인해 큰 타격을 입었다." 인천상륙작전의 성공 이후, 맥아더는 대마불사(大馬不死) 같은 전설적 인물이 되었다. 중공의 반발을 피하기 위해 북한 깊숙한 지역에 한국군만 투입하도록 명령한 맥아더는 자신에게 부과된 모든 제한사항들을 무시했다. 실제로 북서쪽에 투입된 한국군은 전선의 약 1/3을 차지하고 있었는데, 「뉴욕타임스」의 리처드 존스턴(Richard J. B. Johnston) 기자에 의하면 이들의 사기는 '빈약'했고, "대체로 중공군과 싸우려는 의지가 결여"되어 있었다. 한국군의 후퇴로 측면이 노출되자 제8군 전체가 위기에 처했다.

맥아더 장군이 "크리스마스까지 귀국(home for Christmas)!"이라는 구호를 내걸었을 때 '과감'이라는 표현이 사용되었을지 모르나, 그 후의 결과를 보면 '무모'라는 표현이 더 어울린다. 「뉴욕 헤럴드 트리뷴(The New York Herald Tribune)」의 호머 비가트(Homer Bigart) 기자는 한국 전쟁 상황을 이렇게 보도했다. 맥아더의 군대는 "한반도의 좁은 목(narrow neck) 북쪽에 공격을 개시하기로 한 건전하지 못한 결정을 내린 데 대한 대가를 치르고 있다. …… 한국에서 기나긴 전선을 확보하기에는 병력 수가 너무도 적었다. …… 중공군의 공개적 개입이 이루어지지 않았더라도 말이다."

트루먼은 훗날 회고록에 이렇게 기록했다. "나는 맥아더 사령관을 그 당시 그 지점에서 해임시켜야 했다." 그는 "공격에 실패했다는 이유로" 맥아더가 파직되는 모습을 보이고 싶지 않았다. "나는 어떤 사람의 운이 다했다는 이유로 보직을 해임해야 한다고 믿지 않았다." 그러나 트루먼 대통령은 암울한 전망에 따라 국내의 정치적 보수파와의 대결을 피하려면, 맥아더가 식민지 시대의 유산을 털고 일어서는 아시아에서 체면을 유지할 수 있도록 사령관 직을 유지시키는 것 외에 달리 방도가 없다는 사실을 이해했다.

비록 주요 신문의 사설에서 맥아더의 "크리스마스까지 귀국"

이라는 구호가 풍자의 대상이 되기는 했지만, 책임을 져야 할 당사자가 맥아더 사령관이라면서도 전국적으로 그의 이름이 언론에 직접 거론된 적은 거의 없었다. 맥아더는 공개적으로 재앙의 책임을 멀리 떨어진 트루먼 행정부, 즉 압록강까지 진격하겠다는 자신의 제안을 승인해준 워싱턴 지도부에 돌렸다. 의회와 언론의 맥아더 지지 세력은 애치슨 국무장관의 사임을 요구했다. 애치슨이 한때 한국을 포함한 아시아 대륙을 미국의 방어책임에 속하지 않는다고 판단했던 인물이라는 것이다. (반면, 맥아더는 전쟁 전에 한국을 방문했을 당시, 한국인들에게 자신이 캘리포니아를 수호하듯 한국을 수호할 것이라고 약속했다.) 또한 애치슨은 특히 소련과 그 위성국들을 비롯한 공산주의 세계와의 일사불란한 대결에서 나약한 모습을 보였다는 비난을 받았다. 훗날 전적으로 불신을 받게 되었지만, 한때 대중선동가로 이름을 날리던 위스콘신 출신의 조셉 매카시(Joseph McCarthy) 상원의원은 스탈린과 애치슨 모두 "한국이라는 죽음의 함정"에 빠뜨렸다고 비난했고, 또 다른 선동가인 인디애나 주의 윌리엄 제너(William Jenner) 상원의원은 조지 마셜 국방장관을 "반역자들의 선봉"이라고 매도했다. 트루먼 행정부는 이처럼 갈수록 가열되는 냉전의 열기 속에 휩쓸려 들어가기에는 타이밍이 좋지 않았다.

특히 공산주의에 관한 한 국무부가 가장 믿을 만한 보좌관은 조지 케넌(George Kennan)이었다. 애치슨 장관과 협의를 마친 케넌은 하나의 정책으로서 그리고 암시적으로는 맥아더에 대해 확고한 태도를 촉구하는 후속 메모를 작성했다. "개인적뿐만 아니라 국제적으로도 삶이 가장 중요한 가치를 갖는 것은 그에게 실제로 벌어진 일 때문이 아니고, 그가 자신에게 벌어진 일을 감당한 방식 때문이다. 이런 이유로 미국에서 거의 모든 것은 의심할 바 없이 우리의 국운에 닥친 심대한 실패와 재앙에 대처하는 방식에 따라 좌우될 것이다. 만일 우리가 그러한 실패와 재앙을 솔직하게, 위엄 있게 그리고 교훈을 잊지 않겠다는 결의를 가지고 받아들인다면, 그리고 필요한 경우 진주만 기습을 당했을 때와 유사한 방식으로 처음부터 다시 시작하는 비장한 배전의 노력을 기울인다면, 우리는 자신감을 잃거나 궁극적으로는 소련과의 대결에서 협상력을 상실할 필요가 없을 것이다."

아울러 이는 당시 미국에서 또 한 차례의 재난을 극복하는 의미도 있었다. 11월 30일, 한국전쟁의 충격에서 벗어나지 못한 미국 전역에 방송 및 보도된 기자회견에서, 당혹스럽게도 트루먼 대통령은 "우리가 항상 그러했듯이 군사적 상황에 따라 필요한 모든 조치를 다할 것"이라고 실언했다. 그 모든 조치 안에 '원자탄'이 포함되었는지를 묻는 기자의 질문에 대통령은 너무 성급하게, "그 안에는 우리가 갖고 있는 모든 무기가 포함된다."고 답변했다. 트루먼 대통령은 알고 있었지만 기자가 몰랐던 사실은 그해 9월부터 제임스 개빈(James Gavin) 중장에게 "원자탄의 가용 가능성"을 검토하고, 한국으로 복귀하는 즉시 전술 핵로켓(tactical nuclear rockets)을 운용할 가능성을 점검하는 스터디그룹을 조직하라는 임무가 부여되었다는 점이다. 미군을 방사능 낙진에 노출시킬 가능성 그리고 핵무기 사용의 정당성과 윤리에 대한 의문으로 핵무기 문제는 종결되었지만, 비록 비밀리에서나마 핵무기 운용 문제가 현안으로 남게 되었다.

기자들로부터 원자탄 사용을 둘러싼 질문이 계속되자 당황한 트루먼 대통령은 법적으로 대통령만이 핵무기 사용권을 갖고 있다는 사실을 깜빡 잊고는 "항상 그러하듯 전선의 군 지휘관이 (핵)무기 사용권을 보유할 것"이라고 답변했다. 이로써 외관상 트루먼 대통령은 핵무기 사용권을 맥아더 사령관에게 넘겨준 형국이 되고 말았다.

기자회견이 끝난 지 불과 14분 후, 대통령의 실언이 보도되었다. 실언으로 야기된 전 세계 각국의 격렬한 반발을 잠재우려면 며칠이 걸려도 모자랄 판이었다. 그리고 트루먼은 동경에서 사령관으로서의 마지막 기간을 보낼 때까지 핵무기 사용에 대한 맥아더의 소신을 결코 잠재우지 못했다. 그러나 핵무기 외에는 다른 대안이 없었고, 그렇다고 전쟁을 한반도에만 국한시킬 수 있는 마땅한 표적을 찾을 수도 없는 난감한 상황이었다.

기자회견 석상에서의 실언을 둘러싼 소동이 전 세계적으로 확산된 끝에, 급기야 영국의 클레멘트 애틀리(Clement Atlee) 수상이 "한국전에서의 군사적 재앙"이라고 미국 스스로 인정한 사태를 협의하기 위해 워싱턴으로 날아오는 일이 벌어졌다. 이에 대해 「뉴욕타임스」는 "진주만 기습 이후 암담했던 루스벨트-처칠 간 회견을 연상시키는 분위기"로 묘사했으나, 1941년 당시 2주가 넘는 회의에서 참석자들은 연합국의 궁극적 승리를 계획했다. 대부분 트루먼·애틀리 양자 간 독대 형식으로 간략하게 추진된 회담은 패배를 인정하지 않으면서도 위엄을 지키면서 한국전쟁을 종결시킬 기회를 모색하기 시작했음을 의미하는 것이었다.

애치슨은 한국전쟁에서의 철수가 재난을 의미하는 것이라는 데 동의한 조지 마셜과 교감을 나눈 다음에야 비로소 트루먼 대통령과 접견하는 자리에 케넌을 배석시켰다. 당시의 급선무는 한반도 어느 지점에선가 군사적으로 대응함으로써 진격하는 중공군을 전선 일대에서 대적하고, 나아가 전략적 교착상태에 빠뜨려 협상이 가능한 분위기를 조성하는 것이었다. 그런 다음 애치슨과 케넌은 트루먼 대통령과 오찬을 하며, 미국이 한국전쟁에서 철수할지도 모른다는 맥아더의 신경과민은 원자탄의 오용(誤用) 못지않게 근거가 없는 것이라는 데 의견을 모았다.

핵무기를 썼더라도 장진호에서 중공군에게 포위된 해병대를 구출할 수는 없었을 것이다. 당혹감에 휩싸였던 워싱턴도 제10군단의 공세가 좌절된 초기부터 방어망 구축을 위한 열쇠는 스미스 사단 예하의 연대들을 중공군의 포위로부터 탈출시키는 것임을 인식하고 있었다. 장진호 북쪽으로 가장 멀리 떨어져 있고 폭스힐(Fox Hill) 훨씬 위쪽에 위치했던 유담리에서 로버트 태플릿(Robert Taplett) 중령이 지휘하는 제5해병 3대대 그리고 레이먼드 데이비스(Raymond G. Davis) 중령의 제7해병 1대대는 적의 함정에 빠진 것처럼 보였지만, 어렵사리 포위망을 뚫고 후방을 향해 활로를 찾고 있었다. 어둠 속에 침투한 중공군은 사방에 깔려 있는 것처럼 보였다.

제10군단의 공세가 좌절되기 전, 하갈우리의 안전한 취사식당에는 네드 아몬드 군단장이 사용하게 될 온갖 통조림과 음료수들이 가득 쌓여 있었다. 그는 하갈우리를 군단 병력이 압록강까지 진격하는 동안 임시 지휘소로 운용할 계획이었다. 그러나 갑자기 장밋빛 전망에 변화가 생겼다. 예기치 못한 상황에서 전방 지휘소를 설치하는 것은 불가능했다. 수송기들이 하갈우리 활주로에서 200야드(약 183

미터) 떨어진 낙하지역(drop zone)에 빨강, 초록, 파랑, 노랑으로 색깔이 구별된 보급품들을 낙하산에 매달아 투하하는 것은 보통 어려운 일이 아니었다. 강풍과 눈발이 몰아칠 경우에는 화물이 정확한 지점에 낙하되지 않고 곧장 중공군 수중에 들어가기 일쑤였다.

제5해병 지휘관 레이 머리(Ray Murray)는 공격 초기에 자신만만했지만, 중공군에게 포위될지도 모른다는 두려움에 사기가 꺾였다. 머리 특유의 느릿한 텍사스식 발음은 메시지의 심각성을 드러냈다. 그는 주변의 휘하 장교들에게 이렇게 말했다. "귀관들, 우리는 당장 이곳을 탈출해야 한다. 모두 똘똘 뭉쳐서 전사자, 부상자, 장비 할 것 없이 몽땅 들고 나가야 한다. 질문 있나?" 질문이 있을 턱이 없었다.

그날 오후 여전히 언론 기자들에게 허용된 최전방의 하갈우리 남쪽에 남아 있던 취재기자들은 스미스 소장이 예하 대대원들에게 후방을 향한 공격으로 혈로를 뚫어야 한다고 말하는 것을 들었다. 영국 기자는 그것이 '후퇴(retreat)'를 뜻하는 것이냐고 물었다. 순간 멈칫한 스미스 사단장은 침투한 중공군이 사방에 득시글거리는 것을 언급하면서 "물론 아니지요."라고 답변했다. "후방(rear)이 없기 때문에 우리에게 후퇴란 없습니다. 일단 사방에서 적에게 포위를 당하면 후퇴나 철수란 불가능합니다. 할 수 있는 유일한 방책은 탈출(break out)하는 것뿐입니다. 탈출하려면 적을 공격해야 하고, 우리가 하려는 게 바로 그것입니다."

유동적인 전투 상황에서는 전선이 항상 후방지역으로 이동하기 마련인데, 서부전선에서 후퇴에 여념이 없던 제8군 예하 한국군 부대의 사정이 그러했다. AP통신 기자인 돈 휴스(Don Huth)는 전선을 향해 마을 앞쪽으로 이동했다가 그곳에 전방 지휘소가 있다는 것을 알게 되었다. "망할, 1시간 전에 이 마을이 적의 수중에 넘어갔는데, 지금은 도로 상에 아군이 설치한 도로 장애물이 두어 개 눈에 띄었다." 휴스에 의하면, 톰 램버트(Tom Lambert) 기자는 어느 지휘소를 방문했다가 "기사를 보내려고 어둡기 전에 출발하여 …… 다음날 아침 복귀해보니 중공군이 지휘소 방어진지를 돌파하여 텐트에 있던 장교와 병사들을 살해한 것을 발견했다. 지휘소는 밤새 후방지역으로 옮겨졌다." 그는 또 이렇게 기록했다. "총소리에 몸을 후들후들 떨던 기자들은 얼어붙은 통조림 콩을 먹으면서 욕지거리를 섞어가며 다시는 전선으로 돌아가지 않겠노라고 맹세한다. 그런 다음 그들은 기사를 작성하고, 얼어붙은 텐트에서 몇 시간 동안 새우잠으로 밤을 지새운다. 아침이 되면 침낭에서 기어 나와 뻐근한 관절을 몇 번 빙빙 돌린다. 그러고는 가능한 한 많은 옷을 껴입고 다시 길을 나서면서 묻는다. '음, 이젠 어디로 가는 거죠?'"

휴스의 짓궂은 농담으로도 절망적으로 악화되는 전황을 감출 수 없었다. 언론 검열이 없는 상태에서 이 소식은 고국으로 그대로 날아가 신문에 실렸고, 이러한 소식을 접한 국민은 워싱턴과 동경에 고통스러운 압박을 가했다. 핼 보일(Hal Boyle) 기자는 부대들이 죽을힘을 다해 전진했던 몇 마일을 되짚어 후퇴하는 모습을 지켜보면서 '크리스마스까지 귀국'이라는 신기루가 사라지는 것을 기록했다. "도로는 더 이상 고향에 이르는 길이 아니었다. 그저 압도적으로 숫자가 많은 중공군, 많은 동상 환자들, 눈 속에서 동사한 많은 전사자들을 안내하는 고집스러운 길에 불과했다."

공포 분위기가 동경의 극동군 총사령부를 엄습했다. 맥아더 사령관은 양쪽 전선에서 부대가 후퇴하고 있는 한국전쟁에 투입할 예비대를 일본에 보유하고 있지 않았다. 소울 장군이 지휘하는 제3사단 — 흥남 위쪽에 거의 아무런 저항도 받지 않고 상륙했던 — 은 처음에는 만주 국경을 향해 북쪽으로 이동하라는 명령을 받았다. 장진호 부근에서 탈출을 위한 후방공격이 시작되자, 제3사단은 탈출부대의 후송이 용이하도록 해안가 평지에 방어진지를 구축하고, 해병들이 포위망을 돌파하여 동해안 방향으로 이동하는 작전을 지원하라는 새로운 임무를 받았다.

12월 1일, 다이이치 사령부로부터 아몬드 군단장을 거쳐 3사단에게 부여된 명령은 흥남 남쪽의 원산 일대에서 부대를 재편성한 다음, 함정에 승선하여 한반도 남단을 돌아 위기에 처한 제8군을 지원하라는 것이었다. 이 과정은 제10군단이 '크리스마스까지 승리'라는 작전을 위해 인천을 출발하여 한반도 남쪽을 빙 돌아 원산과 흥남에 도착했던 과정을 그대로 뒤집어놓은 것이었다. 아몬드 군단장이 보기에 이런 행위는 미친 짓은 아닐지라도 판단 착오로 보이는 것이었지만, 그는 마지못해 명령을 이행하기 시작했다. 이런 식으로 부대를 이동시켜보았자 서부전선에서 제8군의 후퇴를 저지하는 것이 불가능하고, 마찬가지로 자신의 정면에 파멸적인 결과가 초래될 것을 우려한 아몬드 군단장은 군단 참모부의 해병대 선임장교인 에드워드 포니(Edward H. Forney) 대령과 정보참모부의 윌리엄 퀸(William Quinn) 중령을 동경의 다이이치 사령부로 보내 3사단에 대한 명령을 번복해주기를 읍소했다.

포니 대령은 인천상륙작전에서 핵심적 역할을 수행한 상륙작전 전문가였다. 두 사람이 일본을 향해 출발하기 전부터 맥아더는 명령을 수행하기 위해 원산으로 함정을 보내도록 지시했는데, 이러한 작전은 유용하기는 했지만 의도한 성과를 거두지 못했다. 터무니없는 명령이 취소되자, 제3사단은 보다 전략적으로 의미가 있는 함흥 일대에 집결할 수 있게 되었다. 병력과 장비들도 도로와 철도로 이동하자 원산항에는 빅토리(Victory)호만 남아 있었는데, 나중에 이 배에 수많은 한국인 피란민들이 탑승했다. 이승만 정부의 내무장관 조병옥 휘하의 공작원들은 북한 주민에게 공산주의자들의 잔혹한 만행을 설명하여 공포심을 주입시키는 한편, 남한 정권이 그들에게 토지를 분배해줄 것이라고 설득했다. 곧 이들에게는 필사적으로 탈출해야 할 다른 이유가 생겼다.

비록 맥아더 사령관이 의도했던 바는 아니지만 함흥에 근거지를 둔 제3사단의 방어선이 구축되고, 때맞춰 해병들의 재편성도 완료되었다. 그는 워싱턴을 상대로 완전히 새로운 전쟁(entirely new war)을 마주하고 있다고 호소했는데, 실제로 그가 상대하게 될 전쟁은 완전히 새로운 것이었다.

6

대탈출의 시작

"대부분 불에 탄 그곳은 거대한 크리스마스카드처럼 보였다"

네드 아몬드 군단장은 스미스 사단장에게 '페이스 특임대(Task Force Faith)'를 구출해달라고 부탁하기 위해 다시 한 번 하갈우리로 날아갔다. 그보다 앞선 11월 28일, 겨자색 파카를 뒤집어 입은 흰색 옷차림의 중공군이 들이닥치기 전까지 아몬드는 장진호 동쪽 끝에 위치한 돈 페이스(Don Faith)의 지휘소에 머물고 있었다. 페이스는 혹한의 1221고지 아래쪽 경사면에서 제7사단 병력으로 제31연대를 증강시킨 제31연대전투단의 이동을 정지시켰다. 경계 신호는 명백했다. 장진호 서쪽 제방에서 페이스 연대 위에 있던 제5해병 3대대가 더 큰 골칫거리를 예고하는 중공군 순찰대와 맞닥뜨릴 무렵, 이들은 장진호 북쪽 끝에 거의 도착했다. 제5해병대 지휘관인 레이 머리는 페이스에게 무전으로 더 이상 앞으로 나아가지 말라고 경고했다. 무전 수신에 잡음이 많이 섞여 신호가 끊겼고, 부대들 사이를 가로막은 고산지대와 혹독한 추위로 인해 통신이 차단되었으며, 건전지가 방전되어 소리가 희미해졌다. 페이스 중령은 이미 자신이 절망적 상황에 처한 것을 직감했다.

11월 26일 정오, 제7사단 부사단장이던 헨리 호지(Henry Hodges) 준장은 1221고지에 도착하여 페이스 부대의 사정을 살핀 다음 지프를 타고 스미스에게 달려갔다. 그는 조니 워커(Jonnie Walker)의 참모로부터 다른 전방지역에 대한 불길한 보고를 받았다. 제8군의 우익으로서 덕천 부근에서 제8군 전선의 전방지역을 담당하던 한국군 제2군단이 중공군에게 포위되어 일거에 궤멸되고 말았다. 이로써 제8군 소속 한국군과 제8군 자체가 갑자기 위기에 빠졌다.

스미스 소장은 이미 예하 부대의 서쪽 방면 중에서 태백산맥 기슭으로부터 가장 가까운 지휘소이자, 레이 데이비스(Ray Davis)가 지휘하는 제7해병 1대대가 있는 유담리로 날아갔다. 스미스가 탑승한 헬기는 얼음 위에서 계속 미끄러지는 바람에 착륙할 수 없었다. "약 4~5차례 시도하고는 계곡 쪽의 평지를 찾아 착륙했다. 헬기가 착륙한 고도는 약 4천 피트(1,219미터) 정도였다. 이런 높이에서 헬기는 많은 양력(hovering capability)을 받을 수 없다. …… 결국 지상에서 마지막 10피트를 남겨두고 그만 추락하고 말았다." 여전히 아몬드 군단장은 제10군단이 전진하기를 기대하고 있었다. 스미스 사단장의 기록에 의하면, "제5해병 연대장 리첸버그 대령의 임무는 제7해병의 머리 부대가 그 옆을 지나가 서쪽으로 전진할 때까지 유담리 지역을 점령하는 것이었다. 리첸버그는 계속해서 전진할 것이라고 말했다." 제10군단으로부터 조심하라는 정보를 받지 못한 리츠(Litz)는 얼음과 눈보라, 혹한의 날씨를 뚫고 전진하는 중이었다.

훗날 레이 머리는 이렇게 고백했다. "믿을 수 없는 일이었다. 생각하면 생각할수록 도저히 믿을 수 없었다. 어쨌거나 그게 군단장의 명령이었고, 그래서 우리는 출발했던 것이다." 어둠이 깔릴 무렵, 제5해병 예하 2대대와 3대대는 유담리에서 공격 진지를 점령했고, 대낮에 두 대의 해병 코르세어(Corsair) 항공기가 지상군 근접지원을 위해 날아다녔다. 또한 하갈우리에 화기소대가 도착할 예정이었으며, 해병들은 중화기 야포를 적재한 트럭이 도착하기를 기다렸다. 하지만 트럭들은 눈과 얼음이 뒤덮인 도로 위에 끝내 모습을 드러내지 않았다.

해병들은 가까이 다가온 중공군의 체취를 냄새로 감지하고 귀로 들을 수 있을 정도였다. 어느 해병대 병장은 맑고 추운 날씨에 중공군이 각자 3일치 식량을 짊어지고 나타났던 순간을 회고했다. "우리는 놈들의 마늘냄새를 맡았고, 떠드는 소리를 들을 수 있었다." 밤이 되기 전, 제7해병 순찰대가 중공군 3명을 포로로 잡아 심문한 끝에 3개 사단이 접근하고 있다는 첩보를 입수했다고 보고했다. 밤새 중기관총과 수류탄으로 무장한 중공군 제79사단과 제81사단이 유담리를 거의 포위했고, 제59사단은 제7해병 소속 바버 폭스(Barber Fox) 중대가 포진하고 있던 덕동산 협곡을 향해 남쪽으로 이동했다. 언덕을 따라 진지를 점령하고 있던 제11해병대 3대대와 4대대 소속 박격포 포대의 화력만이 영하 30도의 혹한 속에서 중공군의 전진을 거의 저지할 수 있었다. '가까스로' 말이다. 몇 개 고지의 진지를 빼앗겼고, 적들에게 점령당한 부대들은 막대한 타격을 입었다. 중대급 부대가 소대급으로 줄어들었다. 11월 28일 새벽, 위기 사태에 직면한 머리는 리첸버그와 제7연대 지휘소에서 만나 아몬드 군단장의 명령과 무관하게 계속해서 방어태세를 유지하면서 후방으로 이동하기로 합의했다.

미군 3개 군단 규모에 해당하는 중공군 제9집단군의 성지룬(Sung Zhi Lun) 장군은 마오쩌둥 주석으로부터 도전적 메시지를 받았다. "미군 해병 제1사단이 전체 미군 중에서 가장 전투력이 막강하다고 한다." 성지룬에게 마오쩌둥의 이러한 메시지는 단순한 공격 우선순위에 대한 힌트 정도가 아니었다. 순찰대로부터 믿을 만한 정보를 입수하고 있었음에도 불구하고 성지룬은 제5해병이 떠난 빈자리를 페이스 중령이 인솔하는 누더기 육군부대가 해병연대의 편제 무기와 화력도 없이 장장 10마일(약 16킬로미터)에 걸쳐 길게 방어진지를 구축하고 있다는 사실을 까맣게 모르고 있었다.

코르세어 전투기들의 맹렬한 근접 항공지원도 흰색 파카를 껴입은 중공군의 절도있는 대열을 흩트리지 못했다. 부상자들은 맹렬한 추위 속에서 빠르게 사망했고, 생존자들은 시체들을 밟거나 그 옆으로 지나갔다. 50년이 지난 후 제롬 매케이브(Jerome McCabe) 중위는 이렇게 회고했다. "죽은 중공군 시체가 사방에 널려 있었다. 그들은 그 자리에서 얼어죽었다." 그의 오른팔과 발에서는 바로 옆에서 터진 박격포탄으로 피가 흘렀다. 의식을 잃고 몇 시간 동안 땅바닥에 누워 있던 끝에, 쏟아지는 총탄 속에서 트럭 후미에 실려 하갈우리 남쪽으로 향했다. 중공군의 공격으로 트럭이 정지하자 그는 트럭에서 "기어 나와 절뚝거리고 기면서" 도망쳤다.

중공군은 야간침투에 능하여 하갈우리마저 남쪽으로부터 위협을 받았다. 해병사단 작전장교인 토머스 리지(Thomas L. Ridge) 중령은 더 많은 소총수가 필요하자 제10전투공병대대 D중대에게 소총을 들고 외곽을 경계하도록 지시했다. 그러자 필립 쿨베스(Philip A. Kulbes) 대위가 명령에 항의했다. 그가 지휘하던 77명의 미군과 90명의 한국군들은 아직도 압록강까지 진격하려는 아몬드 군단장의 전방 지휘소를 설치하고 있었던 것이다.

'계급으로 찍어 누르기'로 작정한 리지 중령은 보병전술 훈련을 거의 받지 못한 공병들을 제3대대 화기중대 존 셀넛(John C. Shelnutt) 대위에게 배속시켰다. 마지못해 새로 편성된 부대들은 트럭과 장비들을 움직이기 시작했다. 리지 중령은 하갈우리로 가서 새로운 제10군단 지휘소에 통신망을 설치하라는 명령을 하달 받은 제4통신대대 소속 소대에게 도로 장애물을 설치하라는 또 하나의 임무를 부여했다. 존 콜본(John A. Colborn) 중위는 소총을 집어든 통신소대원들이 아무런 보병훈련도 받지 못했다고 투덜거렸다. 상위 제대로 올라가면 혼란이 더욱 극심했다. 전투 현장에서 멀리 떨어져 전혀 사태 파악을 하지 못하고 있는 제10군단 사령부가 압록강까지 공격작전을 계속하려는 계획을 수립하는 동안, 전방에 배치된 부대들은 중공군의 총알 세례 속에서 후방으로 탈출하기 위한 방어에 급급하고 있었다.

중공군이 해병대 방어망을 뚫고 사방에 침투해 들어온 것 같았다. 침투한 중공군은 하갈우리 바로 위, 장진호 남서쪽에 있던 이스트힐(East Hill)을 공격했는데, 이곳에는 유담리로부터 후방으로 빠져나가는 탈출로를 보호하기 위해 제1해병 3대대 예하 H중대와 I중대가 기다란 방어선을 따라 배치되어 있었다. 계속해서 눈이 내렸다. 자정이 가까워질 무렵, 세 발의 신호탄과 세 차례의 호각소리를 신호로 중공군이 몰려들었다. 치명적인 살상력을 가진 백린탄(white phosphorus shell)과 혼합된 박격포탄이 떨어지기 시작했다. 중공군 일부는 H중대의 방어선을 돌파하여 하갈우리 활주로 끄트머리까지 육박했다. 활주로 공사에 여념이 없던 공병대원들은 다가오는 위험을 감지하고, 헤드라이트 조명을 끈 다음 적들을 향해 사격했다.

더 많은 중공군이 쳐들어왔지만, 그래디 미첼(Grady P. Mitchell, Jr.) 중위가 지휘하는 육군과 해병으로 구성된 소대원들이 격퇴했다. 격전의 와중에 미첼 중위는 전사하고 말았다. 해병대 병장 조 퀵(Joe Quick)은 당시 상황을 이렇게 기억하고 있었다. "(중공군이) 파도처럼 끝없이 몰려왔다. …… 밀려드는 중공군을 향해 사격하느라 M-1 소총의 총신이 다 타버리고, 맹렬히 불을 뿜던 기관총들도 하나같이 총열이 파열되었다. …… 우리는 죽은 중공군 시체들을 앞에 쌓아놓고, 시체더미를 적의 사격을 피하는 방호벽으로 삼았다."

얼마가 죽건 상관없다는 듯 중공군이 다시 몰려들었고, 17세의 나이로 1945년 오키나와 전투에도 참전한 경험이 있는 조 퀵은 박격포 파편을 맞고 부상을 입었다. 그가 기억하는 것이라고는 중공군의 포탄이 날아왔을 때 "공중에 붕 뜬" 상태였다는 것뿐이다. 후방 지역의 의무대 텐트에서 의식을 회복한 조 퀵은 가톨릭 군종신부가 해병들에게 마지막 미사를 집전하는 강연을 듣고 있었는데, 군종신부가 그에게 다가왔다. 그러자 그는 이렇게 중얼거렸다. "신부님, 저는 가톨릭 신자가 아니라 개신교 신자인데요." 그러자 신부는 만일 그가 하나님을 믿는다면 함께 기도할 수 있을 것이라고 말했다. 그로부터 일주일 후, 하나님의 기도에 대한 응답을 받았던지 부상을 입은 상태에서도 손에서 총을 놓지 않던 조 퀵은 전투 현장으로 다시 돌아갈 수 있었다.

활주로를 점령한 중공군은 활주로를 못 쓰게 만들어야 한다는 가장 중요한 임무를 건너뛰고, 허기와 추위에 시달린 나머지 먹을거리와 텐트를 찾느라 사방을 뒤지는 데 온통 정신이 팔렸다. 중공군 한 명은 몸을 뻣뻣이 굳은 모양을 하며 죽은 척하고 있던 해병에게서 파카를 벗겨냈다. 11월 29일 오전 1시 30분경, 중공군은 정상의 이스트힐을 향하여 북쪽으로 사라졌다. 공포에 떨던 공병들은 다시 총을 내려놓은 다음, 투광등과 헤드라이트를 켜고 활주로 작업에 돌입했다.

이스트힐 언덕배기에 다다른 중공군이 3대대 화기중대를 공격하자 화기중대는 중기관총으로 응사했다. 언덕 꼭대기에 있던 셸넛(Shellnut) 대위에게 중공군이 줄지어 쳐들어온다는 무전이 날아왔다. 무전병이던 브루노 포돌락(Bruno Podolak) 일병은 무전기에 대고 셸넛 대위가 전사했다고 응답했다. "이곳에는 나하고 개 두 마리(해병대원 2명)밖에 없다." 그 직후 무전기에서는 아무 소리도 들리지 않았다. 무전기를 관통한 총알이 날아오던 힘을 잃고는 포돌락 일병의 등에 떨어졌다. 무전기가 그의 생명을 지킨 것이다.

한국전쟁에서 군용 무전기와 전화기로 상대방과 통화하려면 필수적으로 백과사전 같이 해박한 레퍼토리들을 갖고 있어야 한다. 코르세어 전투기 조종사가 지상에 "여기는 러브레이스(Lovelace)"라고 무전을 날렸다. 전방 항공기통제관인 닐 헤퍼넌(Neal Heffernan) 중위는 무전기에 "임무 완료, 블루베리!(Secure the mission, Blueberry!)"라고 응답했다. 그런데 코르세어 전투기 조종사의 무전에 또 다른 화력통제관 에드워드 스탬퍼드(Edward Stamford) 대위는 전혀 다른 방식으로 답변했다. "보이후드 하나 넷. 여기는 파이어볼 하나. 알았다, 오버.(Boyhood One Four, this is Fireball One. Acknowledge. Over.)" 고토리의 호출명은 '위스키원(Whiskey One)'이었다. 폭스 중대로부터 "델리게이트 여섯, 여기는 폭스 여섯. 메시지 수신 완료!(Delegate Six, this is Fox Six. Message understood.)"라는 무전이 날아왔다. 그런데 남쪽에 있던 야전병원의 호출부호는 진짜로 '잡동사니(Ragbag)'였다. 서로 다른 호출부호로 횡설수설하면서도 이들 간의 의사소통은 신통하게 잘 이루어졌다.

해병사단 작전장교 토머스 리지(Thomas L. Ridge) 중령의 선임참모 레지널드 마이어스(Reginald Myers) 소령의 무전요청을 접수한 해병대 코르세어 전투기는 안개가 걷히자마자 동트기가 무섭게 하갈우리와 이스트힐 부근에 31소티(sortie)의 근접비행 임무를 수행했는데, 비행기 1대가 중공군 소화기 사격을 받아 격추되었다. 조종사인 해리 콜머리(Harry W. Colmery) 중위는 다행히 해병대 방어지역 내에 추락한 덕분에 목숨을 건질 수 있었다. 마이어스 소령은 반쯤 얼어붙은 나머지 부대원들을 끌어 모았지만, 부상자가 너무 많아 의무병들이 이들을 모두 후송할 수 없었다. 어떤 부상병은 쓰러진 자리에서 숨을 거두었다. 고지 정상을 사수하기에는 너무도 병력이 부족했던 해병들은 하는 수 없이 정상에서 내려오기 시작했다.

더 많은 중공군이 몰려들자 장진호 동쪽에서 고군분투하던 미군들은 더욱 심각한 곤경에 빠졌다. 속수무책이던 헨리 호지(Henry Hodge) 제7사단 부사단장은 올리버 스미스(Oliver Smith) 사단장에게 무전으로 400명의 전·사상자 피해를 입은 제31연대전투단의 병력 숫자가 3천 명에서 절반으로 줄었고, 하갈우리로 이동하는 도중에 숫자가 갈수록 더 줄고 있다고 보고했다. 사방에서 사격을 받고 있던 돈 페이스 중령의 부대는 너무도 심각한 피해를 당하여 생존자들을 이끌고 13마일(약 21킬로미터)을 더 갈 수 있을 것 같지 않았다. 스미스 소장은 호지 부사단장에게 지시하여 어쩔 수 없는 상황으로 인해 하갈우리에 위치한 해병대 본부의 지시를 받으라는 메시지를 페이스에게 보내도록 했다. 당시 돈 페이스 중령이 처한 고난을 알지 못했고, 또 알았더라도 도울 수 없었던 스미스 사단장은 이렇게 기록했다. "하갈우리에 위치한 대대 외에는 내가 도움을 줄 수 있는 것이 아무것도 없었다. 하갈우리 대대도 이미 임무가 과중하여 포화 상태에 처해 있었다. 나는 (중공군에 의해) 퇴로가 차단된 대대들이 왜 우리 쪽으로 이동하여 상황을 호전시키려 하지 않는지 이해할 수 없었다."

돈 페이스 중령은 무전기에 대고 아마도 마지막이 될 것이지만, 필사적으로 도움을 요청했다. "만일 누군가가 돕지 않는다면, 우리 중에서 그 누구도 이곳에서 빠져나갈 수 있을 것이란 희망을 가질 수 없다." 실망스럽게도 그가 받은 확답은 이런 내용이었다. "우리는 대대적인 공중지원을 받고 있으며, 그것이 우리가 귀관에게 해줄 수 있는 전부이다. 우리도 인원이 너무 부족하여 장진호 일대에 대한 통제력을 상실하는 위험을 감수하면서까지 귀관을 도울 수는 없다."

절망적인 상태에 빠진 페이스는 "나도 이해한다."고 말했다. 전투력이 바닥을 드러낸 부대원들은 부상자들을 후송하느라 이동이 지지부진했고, 모든 것이 다 부족했다. 의료용품들도 고갈되었다. 동사한 시체들은 4피트(약 1.2미터) 높이로 겹쳐서 줄지어 쌓아두었다. 아몬드 군단장은 이미 위험에서 한참 벗어난 제7사단 지휘소에 무전을 보내 (후방으로 이동하라는) 자신의 명령을 무조건 이행하라고 재촉하면서 명령을 따르지 않으면 페이스 중령의 보직을 해임시키겠다고 말했다.

부상이 심하여 움직일 수도 없었던 제임스 캠벨(James G. Campbell) 중위는 어둠 속에서 기차선로 옆을 기어가다가 실탄이 한 발 들어 있는 카빈 소총을 발견했다. 그는 좀 더 기어가 참호 속에 떨어졌다. 누군가가 그를 부축하여 붕대와 모르핀이 모두 소진된 구호소로 데려갔다. 정오 무렵, 8시간에 걸친 중공군의 포위가 풀리자 페이스 중령은 그나마 가장 피해가 경미한 제임스 모트루드(James Mortrude) 중위의 C중대에게 40밀리 이중 반궤도차량(a dual 40mm half-track)을 앞세워 선발대로 출발하라고 명령했다. 무릎 부상으로 절뚝거리던 모트루드 중위는 반궤도차량에 탑승할 계획이었다. 중대가 중공군의 사격 세례를 받으며 앞으로 전진할 무렵, 4대의 해병대 전투기가 날아와 지상에 근접하여 선두부대에 네이팜탄을 투하했다. 이 와중에 반궤도차량에 불이 붙자 공포에 질린 미군병사들이 화염에 휩싸여 사망하고 말았다. 병사들은 옷에 불이 붙어 앞으로 달려가면서 불길을 끄기 위해 필사적으로 몸부림쳤다. 이런 혼란 속에서 모트루드 중대가 중공군 부대와 맞닥뜨리자, 중대원들은 고함과 욕설을 내지르면서 마구 사격을 퍼부었다. 그러자 혼비백산한 중공군이 뿔뿔이 달아났다. 잠을 제대로 못 자고, 탄약과 보급품도 떨어지고, '아군의 오인사격'으로 부상자가 속출한 돈 페이스 대대는 하갈우리에 이르는 이동로 곳곳에 매복한 중공군을 통과하지 못한 채 불가피한 최후를 기다리며 한 곳에 웅크리고 있었다. 또다시 이번에는 머리에 총상을 입은 모트루드는 12월 2일 새벽 3시 30분, 혈혈단신으로 하갈우리 활주로에 도착했다.

하갈우리에 이르는 통로의 중간 지점에 위치한 덕동 협곡에 있던 윌리엄 바버(William Barber) 대위의 폭스 중대가 무전으로 237명으로 줄어든 해병들을 위한 재보급을 요청하자, 얼마 후 쌍발엔진을 장착한 C-119 수송기에서 의료품과 탄약 상자가 투하되었다. 그러나 보급품 회수 과정은 그다지 성공적이지 못했다. 이 와중에 2명의 해병대원이 부상을 입고, 대부분의 보급품은 중공군이 차지했다. 새벽 2시경, 덕동 계곡의 어둠을 뚫고 귀에 거슬리는 영어 발음으로 중공군이 이렇게 소리쳤다. "폭스 중대, 너희들은 포위되었다. 나는 제11 해병연대 소속 중위다. 중공군은 따뜻한 의복을 주고 너희들을 잘 돌보아줄 것이다. 지금 당장 항복하라!" 중공군이 바버 중대에 소속된 미군을 포로로 잡고 있었던 것은 확실했으나, 정작 항복하라고 소리친 것은 다른 사람이었다. 해병들은 81밀리 박격포 조명탄을 쏘아 올린 다음, 박격포와 기관총 세례를 퍼부었다. 놀란 중공군 대부분이 타격을 입었으나, 일부는 가까이 다가와 수류탄을 던지고 도망쳤다. 방어진지를 고수하던 폭스 중대에 해병대 부상자가 한 명 더 늘어났다.

방망이 수류탄과 박격포탄은 진지에 근접한 중공군이 즐겨 사용하는 무기들이다. 양말이 얼음으로 뒤덮이고 발가락에 동상이 걸려 방수화를 신을 수도 없었던 헥터 카페라타(Hector Cafferata) 일병은 움직일 수도 없는 부상자들을 보호하기 위해 중공군이 던진 수류탄을 손으로 집어 내던졌다. 수류탄이 멀리 날아가지 못하고 도중에 폭발하여 오른손과 팔에 부상을 입었지만, 남은 왼손으로 사격을 했다.

이때 중공군 저격수가 발사한 총알이 어깨를 뚫고 들어와 갈비뼈를 지나 폐를 관통했다. 그래도 그는 간신히 목숨을 건졌다. 그는 동상에 걸린 발을 잃지 않았지만, 그 이후로 다시는 오른손으로 글씨를 쓸 수 없게 되었다. 안전지대를 향해 들것에 실려 운반되던 카페라타의 커다란 발이 들것 끝에서 대롱거렸다.

장진호 동쪽의 부대들은 방어태세에 돌입하라는 아몬드의 명령을 기다리지 못했다. 벌떼처럼 몰려드는 중공군으로 인해 후퇴가 불가피했다. 앨런 매클린 대령과 돈 페이스 중령은 페이스 부대의 오두막에서 지휘소를 합쳤다. 페이스 중령이 부대원들에게 남쪽으로 탈출을 명령한 시각은 11월 29일 새벽이 가까워질 무렵이었고, 폭설이 내리고 있었다. 포기한 차량들은 사용 불능 상태로 파괴시키고, 사용이 가능한 차량들에는 부상자들을 가득 태웠다. 눈앞에서 재앙이 벌어지고 있는 상황을 모르고 있던 아몬드 군단장은 동경에서 맥아더 사령관의 '전략적 철수(strategic withdrawal)' 명령을 가지고 복귀했다. 성공할 수만 있다면 여하한 철수라도 '전략적' 의미를 갖게 될 것이었다.

60대의 트럭과 지프 행렬을 이끌고 얼음에 뒤덮인 고갯길을 천천히 기어내려 갈 무렵, 지프차에서 뛰어내린 앨런 매클린(Allan D. MacLean) 대령이 눈발을 헤치고 이동하는 차량 행렬의 전진을 점검하던 순간 중공군의 매복공격이 시작되었다. 코르세어 전투기가 곧장 머리 위로 날아왔지만, 조종사는 강설로 인한 시계 불량으로 피아를 구분할 수 없었다. 장진호로 유입되는 작은 물줄기 위의 다리에 접근하고 있던 미군들은 일렬로 올라오는 부대를 발견했다. 매클린 대령은 이들에게 달려가면서 "얘들은 다 우리 부대원이야!"라고 소리쳤다. 그러나 이들은 교량 아래 지역을 차지하고 있던 흰색 파카 차림의 중공군이었다. 페이스 중령이 지켜보는 앞에서 콩 볶는 듯한 총성이 울렸고, 매클린 대령이 몇 차례 총에 맞았다. 매클린은 총에 맞을 때마다 비틀거리며 몸을 일으켰다. 순식간에 몇 명의 중공군이 몰려와 매클린을 질질 끌고는 시야에서 사라졌다. 1953년 전쟁포로(POW) 중 환자와 부상자의 교환이 이루어진 후에 발표된 보고서에 의하면, 매클린 대령은 포로수용소를 향하여 눈과 얼음을 헤치며 고통스러운 행진을 시작한 지 나흘 만에 부상으로 사망했다. 매클린 특임대(MacLean Task Force)는 돈 페이스(Don Faith) 중령이 물려받았고, 페이스 중령은 4.5마일(약 7킬로미터) 떨어진 하갈우리 위쪽의 도로방벽에 도착했다. 제7사단 헨리 호지(Henry Hodges) 부사단장이 보낸 헬기가 위험을 무릅쓰고 날아와 부상을 입은 두 명의 해병대 대대장을 구출했다. 이리하여 특임단은 지휘관 없는 부대가 되었다.

공중투하 작전은 연이어 실패했다. 급하게 요청하여 낙하산으로 공수된 탄약과 물자들은 점점 줄어드는 방어지역 외곽에 떨어졌고, 이들을 수거하는 데는 위험이 뒤따랐다. 때로 영어가 잘 안 통하고 감독도 소홀한 가운데 일본인들이 포장한 화물들 속에는 엉뚱한 탄약이나 쓸모없는 물자들이 들어 있기 일쑤였다. (생사를 다투는 해병들에게 투하된 물자 속에 수천 개의 콘돔이 들어 있기도 했다.) 40밀리 구경탄이 공수되었지만 이 탄약을 발사할 수 있는 포가 더 이상 존재하지 않아 무용지물이 되어 모조리 폭파시켜야 했다. 105밀리 탄약이 필요했던 전차는 끝내 탄약을 보급 받지 못했고, 공격에 가담했던 11대의 전차는 연료 부족으로 사용이 불가능했다.

페이스 대대의 지휘관인 데이비드 바(David Barr) 사단장은 11월 30일 헬기를 타고 하갈우리로 날아왔지만, 딱히 해줄 것이 없었다. 그는 페이스 중령에게 공중지원을 약속하는 한편, 스미스 사단장에게 해병대 항공기를 보내도록 압력을 행사한 끝에, 12월 1일 번갈아 가며 항공기들이 날아와 페이스 대대의 후미를 엄호하고 로켓포와 폭탄을 투하하여 철수로를 개척해주었다. 걸을 수 있는 장병들은 탈출로를 발견했지만, 부상자들에게는 트럭이 필요했다. 차량이 필요 없는 멀쩡한 장병들도 슬며시 차량에 올라탔는데, 얼마 후 트럭이 중공군의 공격을 받아 값비싼 대가를 치렀다. 나중에 보직 해임되어 미국으로 돌아간 바(Barr) 사단장은 자신이 인식했던 것보다 훨씬 상황이 좋지 않았다는 점을 시인했다.

아몬드 군단장이 무전으로 페이스 중령에게 마지막으로 내린 명령은 가능한 한 모든 탄약을 쏟아 부어 탈출로를 개척한 다음, 남아 있는 모든 것을 파괴하라는 것이었다. 사용하지 못하는 차량들은 복구 불가능한 상태로 파괴시키고, 버리고 가야 할 보급품과 피복들은 불태워버리라는 것이었다. 그러나 중공군의 끊임없는 사격과 엄동설한의 날씨 속에서 군단장의 명령을 곧이곧대로 이행하는 것은 불가능한 일이었다. 적들의 공격을 받아 갈수록 숫자가 줄어든 페이스 대대의 부대원들은 살벌하고도 혹독한 추위가 계속되는 한밤중에 나타나는 적들의 끈질긴 방망이 수류탄과 박격포 공격을 받아 산산조각이 나다시피 했다. 피로에 지치고 반쯤은 얼어붙은 부대원들을 독려하여 싸우기는커녕 이들을 제대로 일으켜 세우는 것마저 힘든 일이었다. 근육은 경직되어 움직이지 않았고, 무거운 눈꺼풀도 얼어 버렸다. 사흘간 밤낮으로 중공군의 공격에 시달린 나머지 잠을 제대로 잔 사람이 거의 없어 혼란은 더욱 가중되었다.

대형 트럭들은 중공군 박격포 공격의 주요 표적이었다. 파괴된 차량들이 주보급로를 막아 철수로가 마비되었다. 박격포 사격으로 중상을 입은 휴 로빈스(Hugh Robbins) 소령이 트럭에 탑승하였는데, 이로써 로빈스는 위험에 처할 확률이 한층 높아졌다. 몇 명이 지휘소 부근에 집결해 있던 곳에 박격포탄 한 발이 떨어져 장교 3명과 운전병이 부상을 당했다. 비거(Bigger) 대위는 파편 조각들에 얼굴을 맞아 한쪽 눈의 안구가 튀어나왔다. 의무병이 눈알을 다시 집어넣었으나 소용이 없자 그 위에 붕대를 붙였다. 반쯤 얼어붙은 비거 대위는 다른 부상자들과 함께 트럭에 올랐으나 이번에는 트럭이 고장 나서 움직이지 않았다. 그래서 그는 차에서 내려 비틀거리며 맨 앞에 서서 다른 부상자들의 대열을 이끌었다. 다리 여기저기에 부상을 당하여 붕대를 감은 C중대장 데일 시버(Dale Seaver) 대위는 2주 전 아내로부터 아들을 순산했다는 편지를 받고는 웨슬리 커티스(Wesley Curtis) 소령에게 이렇게 말했다. "마치 제 나이가 1,000살은 된 것 같아요." 그날 오후 3시, 그는 끝내 전사하고 말았다.

페이스 중령이 이끄는 차량 행렬의 맨 앞에 있던 트럭 두 대가 중공군의 사격을 받아 주저앉자, 그나마 좁은 도로가 꽉 막혔다. 언덕에서 더 많은 중공군이 나타나 경기관총을 난사했다. 가슴에 수류탄 파편을 맞은 페이스 중령은 땅바닥에 쓰러졌다. 박격포 장교인 필즈 셸턴(Fields E. Shelton) 중위가 페이스 중령을 부축하여 지프차에 태우려 했으나, 자신도 부상을 입어 그럴 힘이 없었다. 셀턴 중위는 그를 도로변에 눕혀놓고 어둠 속에서 도움의 손길을 찾아 헤맸다. 루이스 그래포(Louis J. Grappo) 일병과 다른 몇 명이 페이스 중령의 희미한 목소리를 듣고 그를 찾아내, 사망한 트럭 운전병의 옆자리에 태웠다. 1대대 작전장교 커티스(Curtis) 소령이 나뭇가지를 목발 대신에 짚고는 절뚝거리며 다가왔다. 커티스 소령은 격전의 와중에 페이스 중령의 목소리를 알아듣고는 트럭 창문으로 그를 들여다보며 "좀 어떠세요, 중령님?"이라고 물었다.

운전병이 전사하였고 차량이 고장으로 움직이지 못한다는 사실도 모른 채 페이스는 "이제 출발합시다."라고 중얼거리고는 숨을 거두었다. 사망한 페이스 중령 대신에 커티스 소령이 지휘권을 승계했지만, 커티스는 계속해서 절름거렸다. "대열 가운데 적에게 저항할 수 있는 사람은 아무도 없었다. …… 차량 엔진은 고장 났고, 트럭 운전병들도 전사했다. 유일한 목소리라고는 부상자들, 그리고 죽어가는 자들의 신음뿐이었다."

페이스 중령은 나중에 훈장을 수상했는데, 이는 사후에 수여되는 명예훈장(Medal of Honor)으로서 그가 사양할 수 없는 것이었다. 수상문에 인용된 문장은 드라마틱한 것이었지만 현실과는 거리가 있었다. "페이스 중령은 얼음에 덮인 장진호로 향하는 통로를 정찰하고, 호수를 가로질러 휘하 부대의 선두를 친히 지휘한 다음, 적들의 사격을 뚫고 부상자들을 가득 태운 차량대열을 인솔하여 모든 부대원들을 무사히 통과시켰다. 이 임무를 마친 후 그는 장진호를 스스로 건너가 …… 적들이 사격하는 가운데 권총을 발사하고 수류탄을 던지며 적들이 구축한 도로 장애물을 공격했다. …… 그는 치명적인 부상을 입었지만 계속해서 공격을 지휘하여 마침내 도로 장애물이 극복되었다." 2,500명의 매클린-페이스 부대원들 중에서 고작 1,050명만이 살아서 돌아왔다. 연대전투단 차량 중 복귀한 차량은 단 한 대도 없었다.

페이스 중령의 유해는 2004년 송환되었으나, 2012년이 되어서야 DNA 검사로 그의 신원이 확인되었다. 유해 발견 장소에서 발굴한 101점의 뼛조각 중 12개가 돈 페이스 중령의 것이었는데, 이는 북한에서 발견된 그의 마지막 신체적 증거였다. 그 이후 실종자(MIA: missing in action) 발굴팀의 활동은 중단되었다. 신원식별팀의 대표인 마이클 미(Michael Mee)에 따르면, "북한은 미국의 발굴팀이 1차 매장지로 가는 것을 좀처럼 허용하지 않는다. 그들은 1차 매장지에서 유해를 가져와 …… 다른 곳에 이들을 다시 매장한다." 그 결과 사망 원인과 장소는 오로지 생존한 목격자들의 진술에 의존할 수밖에 없다.

생존자들 가운데는 글렌 핀록(Glenn J. Finrock) 일병이 이끈 소대가 포함되었다. 핀록 일병은 페이스 중령의 시체가 실린 고장 난 트럭을 다시 움직여보려 애썼다. 노력이 수포로 돌아가 터벅터벅 걸어가던 분대원들은 빙판 위에서 중공군에게 사로잡혔다. 중공군은 이들을 사살하지 않고 상처에 붕대를 감아주며 모르핀 주사까지 놓아준 다음, 걸어 다닐 수 있을 때까지 며칠간 붙잡아두고는 걸을 수 있으면 하갈우리까지 걸어가라면서 이들을 풀어주었다. 이는 비열한 날씨와 악랄한 전쟁터에서 벌어진 일이라고는 도저히 믿기 어려운 참으로 기사도의 귀감이 아닐 수 없었다.

12월 초의 어둠 속에서, 페이스 중령을 포함한 300명 이상의 동사한 장병들의 시신이 유기된 차량에 남겨졌다. 중공군은 미군들이 차량으로 이동한다는 것을 잘 알고 있었으므로 트럭 운전병들을 특별한 표적으로 삼았다. 보병들은 2.5톤 트럭을 모는 운전병에 자원하는 것이 자살행위나 다름없다는 엄연한 사실을 인식했다. 혹독한 한국의 날씨 속에서 주저앉은 차량은 송장을 집어넣는 관이나 마찬가지였다.

지리멸렬하게 전투에 임하는 미군과는 달리, 사기가 오른 중공군은 부분적이나마 흰색 군복과 모자로 위장하고는 밤낮으로 미군들을 괴롭혔다. 공중공격을 받건 지상공격을 받건 규율을 흐트러뜨리지 않는 중공군은 마치 집단최면에 걸린 듯한 모습이었다. 한 번은 흩날리는 눈송이 때문에 앞이 보이지 않을 때, 지상의 전술항공통제관이 코르세어 전투기 조종사에게 말하는 소리를 들을 수 있었다. "제기랄, 당신 어디다 쏘고 있는 거야?"

조종사는 무전으로 이렇게 대꾸했다. "귀하는 믿지 못하겠지만, 지금 중공군이 다섯 명씩 나란히 걸어가고 있는데, 우리가 갖고 있는 걸 모조리 다 쏘아도 …… 이놈들은 대열을 조금도 흩트리지 않아. (비행기) 연료가 거의 바닥났지만, 다시 돌아올게." 날개가 갈매기처럼 생기고 네이팜탄을 투하하는, 레이테(Leyte) 항모에서 발진한 코르세어 전투기는 얼어붙은 장진호 지역에서 미군들이 지원받을 수 있는 거의 유일한 화력의 원천이었다. 프랜시스 킬린(Francis Killeen) 일병은 당시를 이렇게 회고했다. "내가 보았던 가장 끔찍한 광란의 장면은 산꼭대기에 올라 코르세어 전투기가 공격하는 모습이었다.

…… 그곳은 마치 거대한 크리스마스 카드처럼 보였는데, 한 가지 독특한 것은 그곳이 온통 불타고 있었다는 것이다. 비행기가 하늘에서 땅으로 곤두박질치는가 싶더니 네이팜탄의 불기둥이 하늘로 솟구쳤다. …… 때때로 우리는 중공군의 위치를 예광탄(曳光彈)으로 알려주었다."

킬린 일병의 소대는 "여전히 누빈 전투복이 불꽃에 타고 있는 수백 명도 넘는 중공군 시체들 옆을 조심조심 지나갔다." 그러나 때때로 젤리 형태로 만든 네이팜탄의 금속용기가 아주 가까이 떨어졌다. 밥 해먼드(Bob Hammond)는 코르세어 전투기가 중공군에 포위된 미군들에게 퇴로를 열어주기 위해 네이팜탄을 뿌리면서 "급강하하는 모습을 즉시 알아챌 수 있었다. 반응할 수 있는 시간이라고는 단 몇 초뿐이었고, 일단 네이팜탄이 투하되면 엄청난 불기둥이 하늘로 치솟았다. …… 대략 10명가량이 달리는 것을 보았는데, 온몸이 불길에 휩싸여 있었다. …… 내 생각에 그중 몇 명은 동료들에 의해 사살된 것 같았다. 왜냐하면 그 상태에서는 살아날 가망이 없었기 때문이다." 부상을 입어 트럭 바닥에 누워 있던 휴 로빈스(Hugh Robbins) 소령은 "쾅!" 하는 충격에 몸을 들어 트럭 난간 사이로 화염에 싸인 병사들의 모습을 내다보았다. "밖을 내다보니 병사들의 머리부터 발끝까지 불이 붙어 비틀거리거나 비명을 지르며 땅 위에서 뒹굴고 있었다." 페이스 특임단 소속 제임스 랜손(James Ransone) 일병은 가까스로 이러한 끔찍한 화형을 모면했다. "내 주변의 모든 병사들이 불에 탔다. 그들은 눈 속에 뒹굴었다. 맙소사, 함께 행진하고 함께 싸웠던 동료들이 내게 총을 쏴 달라고 애원했다. 참으로 끔찍했다. 네이팜탄에

덴 피부는 딱딱하게 굳어 얼굴이나 팔, 다리에서 떼어낼 수 있었는데, 마치 튀긴 감자칩같이 피부가 벗겨져 나갔다." 군사적인 완곡어법으로 표현하자면, 이들은 '아군 오인사격'의 피해자들인 셈이다.

철수부대의 목적지인 하갈우리에 이르는 좁고 혼잡한 도로는 장진호 양쪽에서 나온 도로가 합쳐져 'Y'자 형태를 이루었다. 짙은 어둠에 잠긴 산악 정상에서 호수를 내려다보면, 그 거리가 너무도 가깝게 보인 나머지 투광등을 켜고 미친 듯이 활주로 작업에 열중하는 공병들의 모습이 마치 한밤중에 뉴욕 시내를 활보하는 사람들 같았다. 후방에 침투한 중공군은 활주로 작업장을 향해 끊임없이 기관총과 박격포를 퍼부었지만, 다행히 이들이 대구경화기를 가져오지 않았기 때문에 장거리포 사격과 공중공격으로부터는 안전했다.

미군들은 어떤 희생을 치러서라도 하갈우리 활주로를 완성시켜야 했다. 첫 단계로 불도저 5대로 얼어붙은 마사토를 파낸 다음, 폭약을 채운 빈 깡통을 폭발시켜 토양을 부드럽게 만들었다. 불도저 삽날이 차가운 땅을 파고들어 깎아낼 즈음, 공병들은 예상치 못한 결과에 봉착했다. 중장비 흙 바구니에 흙이 가득 차면 이내 꽁꽁 얼어붙어 이를 제거하기 위해 착암기 드릴이 필요할 정도였다. 혹한 속에 쏟아지는 폭설도 공병들의 작업을 지연시켰다. 폭 2,900피트(883미터), 너비 50피트(15미터)의 활주로는 여전히 그 정도의 고도에 완공되어야 할 기준의 절반에도 미치지 못했다. 언덕과 언덕 사이에 공간이 확보되지 않았고 시간도 없는데다가 스미스 소장이 임명한 활주로 경비대원들도 사상자가 늘어남에 따라 점점 줄어들었다.

11월 마지막 며칠 동안 금쪽같이 귀중한 활주로를 경비하던 토머스 리지(Thomas L. Ridge) 중령의 부하 중 1/3이 전사하거나, 부상 당하거나 동상환자가 되었다. (보초근무를 서던 어느 병사는 참호에서 얼어죽었다.) 11월 30일 이른 오후, 아몬드 군단장은 L-17을 타고 함흥에서 하갈우리로 날아와 장진호 지역 지휘관 회의라는 것을 개최했다. 장진호 능선 방향으로 도주하기 위해 사투를 벌인 장교 중에서 하갈우리에 도착한 사람은 아무도 없었으나, 어찌되었건 간에 중공군의 타격을 덜 입은 장교들 중심으로 회의가 진행되었다. 아몬드 군단장은 모든 부대가 하갈우리로 빠져나올 수 있도록 필요한 물자를 공중낙하로 재보급하고, 사용 가능한 것들은 모조리 파괴시키라고 지시했다. 스미스 사단장은 군단장에게 환자, 부상자 및 전사자를 처리해야 하는 부담을 상기시켰다. 비상사태가 아닌 한 해병들은 동료들의 시신을 전선에 버려두지 않지만, 지금은 전사자의 숫자가 너무 많다고 했다. 오후 3시 40분에 아몬드는 흥남으로 복귀하고, 하갈우리에 남은 지휘관들은 접촉할 수 있는 예하 부대에게 그들이 이미 수행하고 있는 임무를 다시 지시했다. 장진호 양쪽 지역의 모든 부대들은 가능하면 주보급로를 따라 하갈우리로 집결하라는 것이었다. '주(main)'보급로는 쓸모없는 수식어였다. 도로라고 해봐야 좁은 길이 딱 하나 있을 뿐이었기 때문이다.

장진호로 유입되는 멀리 북쪽의 물줄기 끝에까지 올라갔던 장진호 동쪽의 부대들은 다시 길을 되짚어 차량이나 도보로 1221고지를 향하여 남쪽으로 구불구불한 빙판길을 내려와야 했다. 유담리 너머 얼어붙은 산등성이에 있던 병력들은 덕동 협곡을 따라 남쪽으로 나 있는 길을 찾아야 했다. 중공군은 하갈우리에서 위쪽으로 불과 5

마일(약 8킬로미터) 떨어진 곳에서 분대단위로 침투하여 바로 밑에 있는 마을을 근거지로 삼아 길 위에 장애물을 설치했다. 이 때문에 고토리에서 남쪽으로 연결되는 도로가 차단되었다. 풀러(Puller) 대령은 구조대를 조직하여 '지옥의 불 계곡(Hell Fire Valley)'으로 불리는 고토리 위쪽의 좁은 도로를 개통했다. 이 구조대에는 통신대대와 70명의 인원으로 보강된 사단 사령부와 제1해병연대 소속 1개 중대, 제7사단 예하 1개 중대, 새로 부임한 235명의 장교들, 제41특공대 소속 장병, 영국 해병 등이 포함되었다. 942명으로 이루어진 특임대(task force)는 영국 해병 중령 더글러스 드라이스데일(Douglas B. Drysdale)이 지휘했다. 풀러 대령은 중공군이 도로를 차단할 것을 알고 있었지만, 전차 29대와 차량 141대를 앞세워 밀어붙이기로 작정했다.

대열의 선두에 있던 17개의 퍼싱(Pershing) 전차가 고토리 북쪽으로 약 4마일(약 6킬로미터) 떨어진 곳에서 중공군의 매복으로 정지했다. 중공군의 진지를 소탕하기 위해 90밀리 포를 발사했고 뒤이어 기관총을 사격했다. 중공군은 박격포 사격으로 응수했고, 불에 탄 트럭으로 도로가 차단되자 중공군이 떼 지어 달려들어 방망이 수류탄으로 공격했다. 드라이스데일은 스미스 사단장에게 무전으로 이런 상황을 보고했다. 그러나 사태를 오판한 참모의 건의로 사단장은 중공군의 공격을 받고 있는 부대에게 복귀하라는 명령 대신에 앞으로 전진하라는 명령을 하달했다. 사실 하갈우리에는 활주로 완공을 위해 더 많은 병력이 절실히 필요한 시점이기도 했다. 드라이스데일은 이렇게 답변했다. "대단히 좋습니다, 놈들에게 맛 좀 보이겠습니다."

스미스 사단장은 중공군을 과소평가했다. 그들은 모든 방향에서 떼를 지어 부락에 침투한 다음, 얼어붙은 개울과 잡목 숲에 숨어 있다가 능숙하게 도로 장애물을 설치하고, 살상력이 탁월한 소화기와 박격포로 대구경 화력의 열세를 보완했다. 중공군이 소지한 무기 중에서 백린탄의 살상력이 가장 뛰어났다. 이것을 차량에 집어던지자 아직 부상을 입거나 동상에 걸리지 않은 미군 병사들이 속수무책으로 불에 타 사망했다. 진출이 좌절되자 대열 후미에 있던 제1해병 선임장교 아서 치체스터(Arthur Chichester) 중령은 후미의 전차 12대를 포함하여 차량들의 방향을 돌려 고토리로 복귀하라고 명령했다. 그는 나중에 부상을 입은 상태에서 포로가 되어 계곡에서 사망했다.

지상군의 요청으로 근접 항공지원을 위해 날아온 코르세어 전투기들이 어둠이 내리기 무섭게 항공모함으로 복귀하고 나면, 고립된 차량 대열은 고토리에서 날아오는 별로 효과도 없는 포병 화력의 지원을 받으며 중공군의 야간공격을 견뎌야 했다. 대열의 북쪽에 있던 존 매클로플린(John M. McLaughlin) 소령과 해병대 그리고 AP통신 사진기자인 프랭크 노엘(Frank Noel)도 중공군의 매복에 걸렸다. 부대원들에게 자신이 갖고 다니는 '스피드 그래픽(Speed Graphic)' 카메라에 붙여놓은 '일등병(Private First Class)' 줄무늬로 잘 알려진 노엘은 전에도 이와 유사한 곤경에 처한 적이 있었다. 1942년 초 싱가포르에서 일본군의 공격에서 벗어난 그는 랭군(현재의 미얀마 양곤)으로 향하는 화물선에 올라탔다. 이 배는 일본군의 잠수함 공격으로 침몰하여 5일간 바다에 표류하다가 구조되었는데, 마지막까지 카메라를 손에서 놓치지 않고 구명정에서 찍은 사진으로 퓰리처상(Pulitzer Prize)을 수상했다. 그러나 이번에는 운이 좋지 않았다. 중공군은 저항하는 미군들의 참호로 포로들을 보내 항복을 권유했다. 어떤 참호도 80발 이상의 탄약을 갖고 있지 못했다.

매클로플린 소령은 만일 중공군이 중상자들을 남쪽으로 후송되도록 해준다면 항복에 동의한다고 말했다. 만일 사람의 목숨이 달리지 않았더라면 항복을 둘러싼 협상은 마치 한 편의 코미디 같았을 것이다. 22세의 윌리엄 스페인(William Spain) 일병은 노엘을 지프차에 태우고 다니던 운전병이었다. "나는 운전대에 앉아 있었다. 중공군이 내게 말하기를, 지휘관에게 가서 그에게 항복할 것이냐고 물어보라고 했다. 중공군은 우리를 잘 대해주었다. 나는 돌아오던 길에 제임스 이건(James Eagan) 소령을 만났다. 이건 소령은 내게 이렇게 말했다. '돌아가거든 중공군에게 항복하라고 말해라. 그러면 우리가 그들을 잘 돌보아줄 것이라고 말이다.'"

스페인 일병은 얼음에 덮인 도로를 따라 중공군에게 돌아가 이건 소령의 제안을 설명했다. "그들은 영어로 내게 돌아가서 미군 상관들에게 앞으로 10분 이내에 항복하지 않으면 공격할 것이라고 전하라고 했다. 그러자 미군 장교는 중공군과 담판을 지을 요량으로 직접 그들에게 다가갔다. 그들은 약 30분에서 40분가량 그곳에 머물렀다. 얼마 후 그들이 돌아와 이렇게 말했다. '자, 지금부터 전투다.'" 그러는 동안 중공군에게 포위된 세 군데 방어진지들 중 한 곳에 있던 어느 해병은 중공군이 한눈을 팔고 있는 사이에 어둠을 틈타 이렇게 말했다. "이때다, 도망치자."

다른 사람들이 어둠 속에서 무사히 도망치는 사이, 스페인 일병은 또다시 포로가 되었다. "중공군이 나와 몇 사람을 붙잡아 계곡

위로 끌고 가다가 배수구 같은 곳에서 3명의 해병을 발견했다. 그러자 중공군은 더 이상 우리를 따라오지 않을 것처럼 오던 길로 되돌아갔다. 그래서 나는 무사히 도망칠 수 있었다." 여전히 중공군은 사상자를 내주지 않고 근처의 가옥으로 보냈는데, 해병들은 중공군이 주간에 노엘을 포로로 끌고 언덕 아래로 사라진 다음에 그곳에서 사상자들을 발견했다.

노엘은 포로수용소에서 32개월을 지냈다. 그와 함께 있던 해병들도 마찬가지였다. 앞서 탈출했던 어느 해병대원이 눈 속에서 카메라 렌즈를 발견하고는 "이거 프랭크 노엘(Frank Noel) 기자 거야."라고 말했다.

그러자 다른 해병이 말했다. "노엘에게 돌려줄 때까지 잘 갖고 있어."

또다시 중공군의 돌파로 매복에 걸린 '드라이스데일 특임단(Drysdale Task Force)'은 더욱 큰 위기에 빠졌다. 적들에게 포위된 상태에서 지치고 추위에 시달리던 부대는 응사할 기운도 없이 얼어붙은 계곡의 눈에 덮인 바위에 기댄 채 몰려 있었다. 영국 해병대원 로버트 타이액(Robert Tyack)은 은신처를 만들기 위해 대검으로 얼어붙은 땅을 파내던 도중에 동료가 잠에 빠진 절망적인 순간을 기억했다. 타이액이 동료를 깨우려 했지만 그는 이렇게 중얼거렸다. "날 내버려둬! 내가 잠을 깨지 못한다면, 알게 뭐야!!" 얼어붙은 장진호에서 발생한 실종자 중에는 잠에서 깨어나지 못한 장병들도 포함되어 있었다.

적에게 사로잡힌 특공대와 해병들은 고장 난 트럭 옆에 모여 있었다. 중공군은 차 안에 있는 물건을 약탈하고 나서는 트럭에 불을 질렀다. 미군 포로들은 눈물을 흘리며 누비 파카 차림의 중공군이 고국에서 배달된 우편배낭을 찢어버리는 모습을 지켜보았다. 하갈우리의 우편물에는 본국에서 일찌감치 보낸 크리스마스 선물 꾸러미도 있었다. 중공군이 시계, 만년필, 스키 양말, 기타 선물 등을 약탈하는 동안 눈 덮인 산등성이에서는 크리스마스 선물포장 조각이 강풍에 흩날렸다. 또 다른 트럭은 하갈우리 PX로 향하던 중이었는데, 거기에서도 중공군은 초콜릿 캔디, 허시 초콜릿 바(Hersey bars), 껌, 칫솔, 담배상자 같은 것들을 노략질했다.

중상을 입었지만 중공군의 수류탄 세례에서 벗어난 드라이스데일 영국 해병 중령은 하갈우리에서 불과 1마일(약 1.6킬로미터)도 떨어지지 않은 곳에서 공격을 당해 숫자가 줄어든 부대의 지휘권을 제1해병의 칼 시터(Carl Sitter) 대위에게 넘겼다. 시터 대위는 남은 무리를 모아 근처 마을로 데려갔다. 사흘간 하갈우리와 고토리에서 발생한 미군 전·사상자 피해를 집계해보면, 특공대원 61명, 해병대 141명, 육군 119명으로서, 처음에 고토리를 출발한 922명 중 321명이 피해를 입었다. 또 전차 1대와 무기운반 차량, 트럭, 지프차 등 75대의 차량을 잃었다. 생존자들은 사활을 걸고 진행 중인 활주로 방어에 투입되었다. 로버트 타이액은 강추위가 전사자들에게 미친 영향에 대해 무덤덤하게 회고했다. "고마운 일이었지요. 강추위 덕분에 지저분하고 썩은 시체보다는 얼어붙은 고깃덩어리를 바라볼 수 있었으니까요."

전쟁이 끝난 후 졸렬한 영국 해병은 드라이스데일과 제41특공대 소속 부대원들이 해병사단에 수여되는 대통령 부대 표창(the Presidential Unit Citation)을 받지 못하도록 방해했다. 그 이유는 이 표창이 영국군 장교의 건의에 따라 이루어진 것이 아니기 때문이라는 것이었다. 나중에 영국 해병은 마음을 바꾸어 태도를 누그러뜨렸다.

수염이 길게 자란데다 동상까지 걸린 윌리엄 바버(William Barber) 대위가 지휘하는 해병들은 덕동 협곡을 내려가 사흘 동안 폭스힐(Fox Hill)에서 버틸 참이었다. 유담리에서 내려간 제7연대 3대대 소속 에밀리오 '레이' 아귀레(Emilio 'Ray' Aguirre) 병장은 폭스힐 방향에서 들리는 콩 볶는 듯한 총성을 미국 독립기념일의 불꽃놀이와 비슷하다고 말했다. 중상을 입은 바버 대위는 다리에 나무판자를 댄 상태에서 대원들을 지휘하다가 잠시 들것 위에 누워 있었다. 237명이던 폭스중대 대원들 중에서 86명만 살아남았다. 부상을 당하지 않은 장교는 1소대의 존 던(John Dunne) 중위뿐이었다. 호머 리첸버그(Homer Litzenberg) 대령이 지휘하는 제5해병연대가 도착하자 중대가 고지에서 내려갈 무렵 바버 대위가 고함을 지르며 명령을 내렸지만, 실질적인 지휘관은 '존 던' 중위였다.

눈보라를 뚫고 얼어붙은 산등성이를 따라 전진해온 레이먼드 데이비스(Raymond Davis) 중령의 제7해병대 1대대는 다 합쳐서 아직 무기를 잡을 수 있는 800명의 보행 가능한 부상자, 그리고 트럭이나 각종 차량에 탑승한 1천 명 이상의 부상자와 동상환자들로 구성되었다. 12월 1일 철수하기 전에 이틀간 추운 텐트에서 살아남아 불평할 거리가 전혀 없는 부상자들 중에는 존 얀시(John Yancey) 중위도 포함되어 있었는데, 위생병이 얀시 중위 옆에서 주기적으로 목구멍이 막히지 않도록 입속에 엉겨 붙은 핏덩이를 제거해주었다. 얀시 중위는 간신히 목숨을 건졌고, 그가 지휘하던 이지중대(Easy Company)에 남아 있던 대원들은 인원이 감소된 도그중대(Dog Company)와 통합되었다. 얀시 중위는 자신의 지휘를 받지 않고도 대원들이 근처를 공격한 적을 격퇴시켰다는 소식을 듣고, 어깨에 소총을 짊어지지 못한 상태를 "마치 발가벗은 느낌"이라고 털어놓았다. 음침한 추위 속에서 밖으로 나서던 위생병 제임스 클레이풀(James Claypool)은 '도그-이지(Dog Easy)' 혼성부대의 사기가 낮았다고 회상했다. "얀시 중위가 우리와 있을 때 대원들은 사기가 충천했지만, 일단 그가 시야에서 사라지자 다른 사람들의 죽음을 그저 냉혹하고 추하고 어쩔 수 없는 것으로 받아들이게 되었다."

에밀리오 '레이' 아귀레 병장은 중공군의 포위망을 뚫고 능선 아래로 탈출하던 순간을 이렇게 회고했다.

> 이것은 우리가 한국 땅에 도착한 이래 경험했던 가장 처절한 전투였다. 제5연대는 전방 그리고 제7연대는 후방 제대 역할을 수행했다. 그들은 가장 신속한 이동이라는 한 가지 목표를 가지고 지프차와 앰뷸런스 그리고 굴러갈 수 있는 모든 것을 가지고 출발했다. 우리가 얼마나 멀리 걸었는지는 알 수 없었다. 살아서 돌아갈 수만 있다면 거리는 아무 상관이 없었던 것 같다. 중공군이 사방에서 우리를 포위했다. 그들이 도로를 막아놓아 전진이 더뎠다. 우리는 200야드(약 183미터) 정도를 가다가 정지하여 도로의 장애물을 치우고 다시 중

공군과 싸우면서 앞으로 나아가야 했다. …… 어둠이 내리기 시작하면 사태가 악화되었다. 놈들은 무슨 수를 써서든지 …… 심지어 자살 특공대를 만들어서라도 우리의 발목을 잡으려 했지만, 우리는 계속해서 놈들을 격퇴하고 앞으로 전진했다. 사상자가 계속 늘어났지만, 바퀴 달린 모든 차량에 부상자들을 태웠다. 더 이상 공간이 없었지만 전사자들을 차곡차곡 쌓아 한 명의 해병도 뒤에 남겨두지 않았다. 호머 리첸버그의 제5해병은 대부분 걸을 수 있는 부상자였으나 개중에는 걸을 수 없는 부상자도 있었다. 그들 뒤에 총에 맞은 수천 명의 중공군이 얼어죽어 있다는 사실은 더 이상 그 시체들이 우리를 추적하지 않고 있다는 것 외에는 아무런 의미도 없었다. 리첸버그는 작전장교인 존 그로브(John Grove) 대위에게 폭스힐(Fox Hill) 아래에서 트럭을 정지시켜 더 많은 부상자들을 차에 태우라고 명령했다. 존 비숍(John Bishop) 일병의 회상에 의하면, "얼어붙은 시체들로 가득 찬 2.5톤 트럭들이 출발을 기다리며 줄지어 서 있었다. 나는 해병대원 한 명이 박격포 포신 위에 묶여 있는 것을 보았다. 그는 뻣뻣한 발을 제외하고 판초우의에 싸여 있었다. 그것은 차 지붕에 묶인 사슴의 사체를 연상시켰다." 대표적으로 제5해병의 더그 미쇼(Doug Michaud) 일병은 이렇게 기억했다. 시체들이 "마치 수많은 장작더미처럼 트럭에 쌓여 있었다. 트럭 바닥의 공간이 부족하자, 그들은 시체들을 차량 덮개, 차량 흙받기, 야포 포신 등에 묶었다. 정말이지 시체들이 엄청 많았다."

해병대원들은 전사자들을 뒤에 남겨두지 않는다는 처절한 자부심을 갖고 있으나, 차가운 땅속 외에 시체를 수용할 수 있는 공간이 없었다. 살아 있는 부상자들이 우선권을 가졌다. 리첸버그 대령 휘하 선임참모였던 프레더릭 다우셋(Frederick Dowsett) 중령이 기억하듯, "우리는 차량 흙받기와 야포 포신 그리고 생각할 수 있는 모든 곳에 시체를 잡아매었다. 때때로 바위 몇 개를 모아 덮어주는 것에 불과했지만, 우리는 전사자의 군번줄과 개인 유품을 모아 일종의 무덤을 만들어주었다. 이를 가리켜 해병교범(Marine Manual)은 '급속 야전매장'이라 부른다. 때로 할 수 있는 일이 그것뿐일 때가 있다."

계속해서 전사자가 늘어났다. 하갈우리를 향하여 유담리를 탈출하는 마지막 전투에서 머리 대령이 지휘하는 제5해병 소속 로버트 태플릿(Robert Taplett) 중령은 헬기로 중상자를 후송시켜달라는 무전을 날렸다. 로버트 롱스태프(Robert Longstaff) 중위가 헬기를 몰고 날아왔으나 적의 사격으로 격추되었다. 태플릿 중령은 순찰대를 보내 그의 시체를 회수했다.

코르세어 전투기가 얼어붙은 능선에 숨어 있는 중공군 진지를 향해 기총소사와 로켓포 공격을 퍼붓는 동안, 해병대원들은 중대별로 각각 남쪽으로 이동했다. 계속해서 위험에 노출되어 있던 호머 리첸버그 대령의 제7해병 예하의 레이 데이비스(Ray Davis) 중령은 긴 행렬을 사격으로 엄호하기 위해 도로를 따라 전초기지를 구축했다. 차량에 탑승한 인원은 심한 동상환자와 중상환자뿐이었다. 지프차가 부상자로 가득 차자 리첸버그 대령은 차에서 내려 지프차와 같은 속도로 걸었다. 1,500명의 부상자들 가운데 600명은 아주 천천히 걸을 수도 없는 부상자들이었다. 제5해병 및 제7해병이 중공군이 설치한

사상자를 후송하는 해병대 헬기

7개의 도로 장애물을 극복하고 목적지인 하갈우리에 도착하는 데는 4일간의 낮과 3일간의 잠 못 이루는 밤이 소요되었다.

장기간의 휴식 중 중공군 매복조를 격퇴시키기 위한 교전이 이루어지는 동안에도 모든 차량은 엔진 결빙을 예방하기 위해 계속해서 시동을 켜두었다. 그러다 보니 얼마 가지 않아 연료가 부족해졌다. 긴급 무전을 날려 공중에서 대열의 전방에 휘발유를 투하해주었으나, 디젤을 보급해주지 않아 155밀리 야포를 견인하던 트랙터 몇 대는 더 이상 움직이지 못했다. 나머지 일행들은 계속 전진하여 12월 3일 저녁 7시 35분, 프레더릭 다우셋 중령이 인솔하는 제7해병의 선발대가 하갈우리 방어진지를 눈앞에 둔 거리까지 접근했으나, 이 무렵 하갈우리도 이미 중공군의 간헐적인 공격을 받고 있었다.

제5해병 및 제7해병이 중공군의 포위망을 뚫고 도착했다는 소식이 퍼질 무렵, 하갈우리에서 간신히 목숨을 보전하던 무리는 점점 어두움이 짙어지는 가운데 해병대원들이 접근하는 장면을 지켜보았다. 차량 헤드라이트 불빛이 먼저 보이고, 수십 개의 회중전등이 어둠 속을 밝혔다. 일찍이 제5해병의 대대 군의관이었던 로버트 하비(Robert Harvey) 해군 중위는 병력들이 터벅거리며 도착하자 그중에 생존한 동료가 있는지를 살폈다. 제1해병 2대대 소속 셀윈 핸들러(Selwyn Handler) 병장은 제5해병 B중대원 가운데 계절성 동상환자들 중에서 18세의 남동생 어윈(Irwin)을 찾아보았지만 발견하지 못했다. 그는 원산항 상륙 이후 그를 만나지 못했고, 그 이후로도 다시는 만날 수 없었다.

방어진지로부터 약 600야드(약 549미터) 떨어진 곳에서 행렬이 중단되었고, 트럭의 브레이크를 고정시켜 정지 상태에 들어갔다. 부상자와 동상환자들은 여기저기서 기어 나와 얼어붙은 도로에서 대형을 갖추었다. 그런 다음 그들은 아무 말 없이 시체들을 어깨에 메고 흩날리는 눈발을 헤치며 행진했다. 그들의 눈앞에서 어깨에 울러멘 전사자들의 군화가 마주치며 달그락거리는 소리를 냈다. 그들의 몰골은 초췌했고, 수염을 깎지 못해 덥수룩했으며, 온통 얼음에 뒤덮여 있었다. 한편 후하이보(Hu Hai Bo)는 중공군 입장에서 감탄에 젖어 이 장면을 다음과 같이 표현했다. “가벼운 부상을 입은 병사들은 서로에게 의지하여 강추위에 이를 딱딱 마주치면서 무거운 걸음을 내디뎠고, M-1 소총을 무질서하게 어깨에 둘러메었다. 따라오던 차량에는 중상자와 의식불명의 병사들이 가득 실려 있었다. 어떤 병사들은 그저 차량의 라디에이터에 묶여 있었다. 그들은 마치 딱딱한 나무처럼 얼어 있었다. 시체 위에는 얼어붙은 혈액이 여기저기 묻어 있었다."

행진 대열이 가까워지자 뜻밖에도 그들은 동상 때문에 갈라진 목소리로 「해병대 찬가(Marines Hymn)」를 부르기 시작했다. 「몬테주마의 영웅들(Halls of Montezuma)」과 「트리폴리 해변(the shores of Tripoli)」은 38도가 넘는 곳에서나 부르는 노래였지만, 가사를 기억하는 것만으로도 자부심을 드러낼 수 있었다. 이 모습을 지켜보던 이들은 북받쳐 오르는 눈물 때문에 해병들의 도착을 소리 높여 환호하지도 못했다. 로버트 하비는 옆에 있던 구경꾼에게 이렇게 말했다. "저 녀석들 좀 보라구. 참 끝내주게 멋있는 놈들이야."

7

하갈우리에서 고토리로

"아닙니다, 눈동자가 움직여요."

하갈우리 마을이 아무리 암울한 지경에 처해 있었다고 해도 유담리처럼 장진호 발원지 부근에서 중공군에 의해 퇴로가 차단된 부대들에게는 '그림의 떡' 같은 존재였다. 해병대 전투기에 의한 필사적인 공중엄호 작전도 이들의 생존을 보장해주지 못했다. 네이팜탄이 목표물을 명중시키지 못하는 경우도 허다했으며, 야포에서 발사된 탄약에도 불발탄이 섞여 있었다. 코르세어 전투기는 중공군에게 포로로 잡힌 해병들에게 기총소사 세례를 퍼부었다. 전투기 조종사에게는 흰색 군복차림이 모두 적으로 보였기 때문이다. 웨인 피켓(Wayne A. Pickett) 병장은 아군의 사격을 피하려 도망치다가 바위에 부딪쳐 무릎이 퉁퉁 부어올랐다.

포로생활은 한층 참담한 것이었다. 소련군을 흉내 내어 부대마다 배치된 중공군 정치위원들은 미군 포로들에게 미리 준비한 문서에 서명하라고 요구했다. 영어로 된 이 문서는 중공군이 압록강을 넘어오기 몇 주 전에 작성된 것이 분명했는데, 포로 개개인은 중공이 비준하지 않은(미국도 비준하지 않았다) "전쟁포로에 대한 개정된 제네바

협약"에 따라 대우를 받았다고 서명하는 내용으로 되어 있었다. 약관 21세의 피켓 병장은 10대 시절이던 1947년 상하이에서 근무한 적이 있었지만, 그런 짧은 중국어 실력으로 중공군과 잡담을 나눌 정도는 되지 못했다.

한편 미군들은 중공군 포로의 서명이 필요한 서류를 갖고 있지 않았다. 존 아우다(John Audas) 병장은 중공군 포로들에게 영하 34도의 강추위 속에서 폭스중대 부상자들을 고지 아래로 옮기는 작업을 시켰다. 밥 드루리(Bob Drury)와 톰 클래빈(Tom Clavin)이 훗날 기록한 바에 의하면, 해병대 사상자들은 "파란색, 노란색 그리고 빨간색 실크로 된 화물투하용 낙하산으로 덮여 있었는데, 이들은 마치 부피만 크고 우스꽝스럽게 포장된 크리스마스 선물처럼 보였다." 때때로 낙하산은 공중 투하된 보급품 중에서 손에 넣을 수 있는 유일한 품목이었는데, 그 이유는 공중에서 투하된 상자들이 딱딱하게 얼어붙은 지면에 부딪치는 충격으로 부서지는 비율이 실망스러울 정도로 높았기 때문이다.

극동공군 전투화물사령부(Combat Cargo Command)가 한국에서 가장 근접한 규슈 북쪽의 아시야 공군기지에서 한국으로 공수될 물자를 집결 및 적재할 수 있는 화물은 고작 1일 70톤에 불과했다. 화물사령부는 일본인 직원을 더 늘려 공수될 화물의 24시간 포장작업에 돌입했다. 극동공군은 연포에 '하늘을 나는 유개차(Flying Boxcars)' C-119 분견대를 설치하여 1일 화물처리 능력을 250톤으로 늘리고, C-47기로 공중투하작전을 병행하는 한편, 하갈우리에 만들어진 조악한 활주로를 이용하여 지상보급도 실시했다. 아울러 영국 공군의

C-47도 한국으로의 물자공수작전에 동참했다. 그리스 공군도 하갈우리에서 30소티의 비행으로 도움을 주었다.

장진호 아래에 위치한 하갈우리 활주로는 사방이 중공군에게 포위되어 있어 비행기가 접근하기에 위험한 곳이었다. 비록 활주로 공사장이 아몬드 군단장의 조소(嘲笑)에도 불구하고 스미스 소장의 과감한 결정에 따른 '용감한 사용'으로 전시(戰時)의 기록을 세웠다고는 하지만, 하갈우리 마을의 남쪽 끝에 활주로를 건설한 것은 실로 결정적인 중요성을 갖는 것이었다. 활주로가 완성되기도 전에 부상자들을 비행기로 후송할 수 있었다. 하지만 하갈우리 활주로는 끝내 완공되지 못했다.

12월 1일, 첫 번째로 착륙한 C-47기는 보급품과 함께 현역으로 복귀하는 해병들을 싣고 왔다. 스미스 소장은 이렇게 회고했다. "그러나 탄약을 가득 싣고 온 네 번째 비행기의 착륙장치가 주저앉았다. 비행기가 너무 커서 움직일 수 없었기 때문에 그날은 활주로 사용이 불가능했다." C-47 수송기에서 화물을 모두 하역했을 무렵에는 이미 해가 저물어 다른 비행기가 착륙하기에 너무 어두웠다. 다음날 아침 해군 조종사 밀러(B. J. Miller)가 일본에서 연포까지 4발엔진 수송기 R5D(민간용은 'DC-4', 공군은 'C-54'로 부른다)를 몰고 도착해 하갈우리에서 일본으로 가는 길에 사상자를 태우도록 제안했는데, 활주로의 공중통제관은 그의 제안을 승인하면서도 실제로 비행기가 얼마나 큰지 모르고 있었다. 밀러를 비롯한 자원 승무원들은 부상자를 실은 들것과 의무장비를 적재한 다음, 몇 분 후에 비행기를 몰고 하갈우리 활주로를 한 바퀴 빙 돌더니 느닷없이 짤막한 활주로에서 브레이크를 세게 밟아 급정거했다. 이 모습을 지켜보던 부대원들은 깜짝 놀라 파랗게 질렸다. 밀러 조종사는 39명의 부상자와 의료진을 태우고 활주로의 맨 끝으로 가서는 엔진의 출력을 최대한으로 올려 활주로를 질주한 끝에 하갈우리를 둘러싸고 있던 산등성이를 불과 30피트(9미터) 차이로 아슬아슬하게 피하며 이륙하는 데 성공했다. 그 이후로 하갈우리 활주로에 착륙하려는 R5D 수송기는 없었다.

연안에 기항해 있던 항공모함과 연포에서 다부진 C-47기와 전투임무에서 은퇴한 구형 뇌격기(雷擊機)도 날아왔다. 스미스 소장은 이렇게 회상했다. "우리는 신속하게 작전을 수행했다. 그날(12월 2일) 내 생각에는 900명(전 · 사상자) 이상이 후송된 것 같았다. …… 그리고 비행기 지원을 받아 나중에 하갈우리에서 탈출작전을 벌이는 데 필요한 물자와 장비들을 축적할 수 있었다. 제5해병과 제7해병은 이곳에 구축된 방어진지에서 재조직 · 재편성 · 재보급 · 재정비하여 사상자 후송을 준비할 수 있었다." 5일간 총 4,312명이 연포를 경유하여 일본으로 후송되었다. C-47기 한 대가 엔진 결함으로 이륙에 실패했다. 다친 사람은 없었으나, 활주로 끝에서 비행기를 파괴시켜야 했다. 12월 10일경, 총 240소티의 화물이 하갈우리에 착륙하여 엄동설한의 날씨 속에서 모두 사망할 뻔한 환자와 부상자들을 안전하게 후송시킬 수 있었다.

스미스 소장은 이렇게 말했다. "우리가 가장 먼저 착수한 일은 …… '페이스 특임대(Task Force Faith)'의 전 · 사상자를 후송시키는 것이었다. …… 그 팀에는 성한 사람이 하나도 없었다. 이들은 18인치(40센티미터)나 얼어붙은 장진호 방향으로 내려가 이동했다. 이런 두

꺼운 얼음 위로는 지프차가 지나가도 끄떡없었다. …… 그런데 중공군은 얼음 위를 걸어가는 미군들에게는 사격을 가하지 않았다. 무슨 이유인지는 몰라도 중공군은 미군들을 쏘지 않았다." 중공군의 주장은 이랬다. "많은 군인(중공군)들이 하갈우리를 돌파하려고 결빙된 장진호로부터 공격을 했다. 그 결과 얼음이 깨져 군인들이 익사하거나 얼어죽었다." 장진호 얼음이 깨졌다는 증거는 존재하지 않는다. 영하 30도의 혹한에 얼음이 깨졌을 가능성은 거의 없다.

스미스 소장의 기억에 의하면, 12월 2일 사단 수송대대 지휘관이던 올린 비올(Olin Beall) 중령이 "결빙 상태를 살피려고 얼음 위로 차를 몰았다. …… (장진호 북쪽에서 하갈우리 방향으로 탈출하며 내려오던) 어떤 병사들은 다리를 질질 끌면서 얼음 위를 걸어왔고, 어떤 병사들은 갑자기 정신이 나가버린 듯 제자리에서 빙글빙글 돌면서 걸었다. 그는 이런 병사들을 골라 차에 태웠다. 대대장은 썰매를 만들어 차 뒤에 매달아 끌면서 하루에 250명의 병사들을 구조한 적도 있었다. …… 공중연락반(air liaison party)에 소속되었던 젊은 해병대원도 구조되었다."

'젊은 해병'이란 페이스 중령의 해병 공중통제관인 에드워드 스탬퍼드(Edward P. Stamford) 대위로, 그는 중공군에게 부하들을 모두 잃고 포로로 잡혔다. 홀로 탈출에 성공한 스탬퍼드는 12월 2일 새벽 2시 30분, 벤저민 리드(Benjamin Read) 대위가 지휘하던 105밀리 곡사포 포대 진지에 돌아왔다. 돈 매칼리스터(Don McAlister) 일병은 몸이 말을 듣지 않는 고통스런 상태에서 스탬퍼드 대위와 함께 포로수용소를 탈출했다. 매칼리스터는 주저앉은 트럭 밑에 기어들어가 숨어 있다가 중공군이 아직 살아 있던 전·사상자들과 함께 트럭을 불태우기 직전에 빠져나왔다. 그는 이렇게 말했다. "그 이후로 나는 사람의 살이 타는 냄새를 잊지 못한다." 그는 중공군 경계병에게 발각되어 이미 파편 부상으로 피범벅이 되어 있던 머리를 개머리판으로 두 차례나 얻어맞는 바람에 기절하고 말았다. 중공군은 죽든지 말든지 매칼리스터를 그 자리에 내버려두었다. "정신을 차려보니 나 혼자였다. 몇 시간이 지났는지 몰라도 한참 동안 사방을 비틀거리며 돌아다니다가 마침내 장진호에 도착하였다. 몇 분밖에 걸어가지 못하고 얼음 위로 쓰러졌다. 발이 꽁꽁 얼었다. …… 가까스로 하갈우리를 향해 몸을 움직이기 시작했다. 마침내 몸집이 커다란 늙은 해병 대령 한 분이 나를 발견하고는 트럭에 태워주었다." 그 늙은 해병 대령이 바로 비올(Beall) 중령이었다. 동상이 심하게 걸린 매칼리스터 일병의 오른 손목은 거의 절단해야 했지만, 일본으로 후송되어 1952년 5월 말까지 1년 이상 병원에서 치료를 받았다.

전날 밤 비올 중령은 벤저민 리드 대위의 H포대가 보이지도 않고 들리지도 않지만, 몰려드는 중공군을 향해 사격하는 모습을 지켜보았다. 빈센트 포스코(Vincent Fosco) 병장은 이렇게 기억했다. "그들은 남아 있던 포탄과 탄약을 모조리 발사했다. 박격포탄, 기관총, 소총, 수류탄, 대전차포 할 것 없이 미친 듯이 쏟아 부었다." 105밀리 야포가 지면의 결빙으로 땅을 파서 주퇴장치(駐退裝置)의 후진을 감소시킬 수 없게 되자, 포스코는 장약(裝藥)을 줄인 다음에 사격을 재개했다. "우리 부대는 사상자가 늘어 대원들의 숫자가 3명으로 줄었다. 누군가가 내 팔을 잡고는 귀에다 대고 7번 장약을 사용하라고 고함을 질렀다." 포스코는 몸을 돌려 포신이 너무 빨리 뒤로 후퇴하여 고정시킬 수 없다고 설명했다. 대포가 포를 견인하는 차량에 연결되어 있지 않았던 것이다. 이름을 알 수 없는 해병이 또다시 이렇게 소리쳤다. "망할, 당신의 어려움이 뭔지 알게 뭐야. 내가 7번 장약을 쓰라고 했잖아."

포스코 병장은 상대방에게 "당신이 뭔데, 그래?"라고 되받아치면서 해병대 '계급장'을 보이라고 말했다. 비올 중령은 털모자 챙을 살짝 들어 중령 계급장을 보여주면서 신분을 밝혔다. 중공군의 총알이 날아오는 와중에 포스코 병장은 눈 하나 꿈쩍하지도 않고 너무 큰 장약을 사용해서 대포가 망가지면 책임을 질 거냐고 따졌다.

그러자 비올 중령이 고함쳤다. "그래, 어쩔래? 빨리 사격이나 하란 말이야."

포스코 병장이 탄약을 재장전하고 벤더 일병이 방아쇠 끈을 당기자, 곡사포가 굉음을 내면서 펄쩍 튀어 오르더니 트럭 냉각기에 부딪친 다음 땅 위로 다시 튀어 정지했다. "트럭이 망가져서 안 됐네." 비올 중령은 이렇게 말하고는 야포를 옮겨 다시 사격 위치에 갖다놓았다.

날아오는 적의 포탄사격에 반격을 하는 것도 아니었건만, 해병대 야포는 쉴 새 없이 불을 뿜었다. 종군기자이던 해리 스미스(N. Harry Smith)는 어째서 이처럼 연발사격을 하는지 그 이유를 물었다. 비올 중령은 이렇게 대답했다. "이곳에는 우리가 여기서 탈출할 때 차량에 싣고 가져갈 수 있는 것보다 더 많은 탄약들이 있어요. 탄약들을 한꺼번에 폭파시키기보다는 중공군에게 신물 나게 포탄 맛을 보여주려는 거죠.…… 이게 탄약을 소모하는 가장 좋은 방법이에요.

중공군이 가장 싫어하는 방법으로 선물을 주는 거지요."

해가 뜨자 비올 중령의 지프차 운전병인 랠프 밀턴(Ralph Milton) 일병과 해군 위생병 오스카 비빈저(Oscar Bibinger)는 살았는지 죽었는지 알 수 없는 수십 명의 사람이 삭풍이 몰아치는 얼음판 위에 널브러져 있는 것을 발견했다. (원래 3,200명이던 특임단 병력 중 2,815명이 전사자, 실종자 또는 부상자가 되었다.) 중공군이 바로 가까운 거리에서 장진호 호숫가로 몰려가 있는 것을 발견하고 차량을 급정거한 다음, 비올 중령은 저격총, 밀턴 일병은 M-1 소총 그리고 비빈저는 45구경 권총을 얼음판 위에 내려놓으며 자신들의 평화적인 의사를 밝혔다. 어떤 미군 병사들은 이미 구조될 가망이 없었다. 밀턴은 이들이 마치 '인간 식물' 같았다고 말했다. 그중 한 명이 19세의 에드워드 리브스(Edward Reeves) 일병으로, 그는 양팔과 무릎으로 여기까지 기어온 모양이었다. 그는 일리노이 주 농가에서 자랐는데, 이런 일이 벌어지기 불과 며칠 전까지만 해도 새우 알레르기로 인해 추수감사절 날 심한 복통을 앓았던 것을 평생 가장 끔찍한 사건으로 기억하고 있었다. 제31보병연대 3대대 병력 가운데 2/3가 생존했는데, 리브스 일병은 그 가운데 한 명이었다. 그는 중공군이 온통 망가진 그의 몸을 뒤지며 군화며 장갑을 벗겨낼 때 죽은 척하고 있었다. 그는 거의 의식이 없는 와중에서도 시체들로 가득 찬, 고장 난 상태에서 불타고 있던 트럭에서 빠져나와 도망쳤다. 나중에 리브스 일병은 일본 육군병원으로 후송되어 망가진 두피를 꿰매고, 사지를 모두 절단했다. 만일 리브스가 그 지경이 되지 않고 사흘만 더 멀쩡한 몸으로 버틸 수 있었더라면, 크리스마스에 맞춰 미국으로 돌아갈 수 있었을 것이다. 그가 한국 땅을 다시 밟은 것은 1988년 서울올림픽 때로, 당시 그는 올림픽 관객의 한 사람으로 휠체어를 타고 방문했다.

비올 중령 예하의 수송대대 인원들은 매번 임무를 나갈 때마다 6~7명의 사상자들을 발견하여 지프차나 차량 덮개에 싣고는 장진호 남단의 수집소로 향했다. 그곳에 있던 병력들은 금속 탄약상자에 화톳불을 피워 생존자들의 몸을 따뜻하게 녹여주었다. 모포와 판자로 만든 조잡한 썰매를 매단 두 번째 지프가 합류하여 얼음장 위에서 깊은 부상과 상처부위 노출로 쇼크 상태에 빠져 있던 몇 명을 발견하고는 썰매에 실었다. 중공군이 이들을 발견하여 몇 차례 사격을 가했지만, 아무도 총에 맞지 않았다. 비올 중령은 "여기서 빠져나가는 게 좋겠어."라며 너무 어두워지기 전에 돌아가자고 말했다.

AP통신 특파원 톰 스톤(Tom Stone)은 당시를 이렇게 회상했다. "사냥칼을 집어든 위생병이 병사의 옷을 찢으며 그에게 '이제 곧 따뜻해질 거야.'라고 말했다." 중공군에게 포위되었던 병사는 이렇게 말했다. "놈들은 매일같이 …… 밤낮을 가리지 않고 계속해서 공격했다. 중공군은 쉴 새 없이 톰슨 기관총과 박격포를 쏘아대고, 방망이 수류탄을 던졌다. 어디서 톰슨 기관총을 구했는지 몰라도 여하튼 진짜 기관총을 갖고 있었다. 놈들은 우리를 향해 달려오면서 고함을 치고 괴성을 질렀다. 우리는 마침내 장진호로 유입되는 얼어붙은 북쪽 물줄기에 도착했다. 우리 중 일부는 기어가고 일부는 뛰어갔다. 난 거기서 죽을 생각이 조금도 없었다. 일부는 땅 위로 다시 올라가고, 또 다른 일부는 철로 트랙에 이르렀다. 우리는 기찻길을 따라가면 해병대를 만날 수 있다는 것을 알았다. 오늘 아침 해병들을 발견하고 얼마나 기뻤는지 모른다."

다음날 아침 비올 부대원들은 더 많은 지원을 받으면서 강가의 지프차에 무기를 내려놓고 파카를 들것 삼아 끌면서 얼음 위를 터벅터벅 걸어 혹독한 추위 속에서도 아직 숨이 붙어 있는 미군 병사들을 찾아 다녔다. 밤새 숫자가 늘어나 거의 200명이 되었다. 사망자들의 시체에서 물건을 약탈하러 온 중공군 한 명은 바닥에 누워 있던 미군 병사 옆에 무릎을 꿇은 채 지포(Zippo) 라이터를 켜 담뱃불을 붙여주고 있었다. 담배연기와 라이터 불빛은 (그 온기로 인해) 시체라도 벌떡 일으켜 세울 것 같았다. 4명의 미군 병사들이 얼음에 갇힌 고기잡이 보트 속에서 2장의 모포를 뒤집어 쓴 채 서로 엉겨 붙어 있었다. 밀턴이 다가가자 그중에서 한 명이 "돌아가! 이놈들이 널 죽일 거야!"라고 소리쳤다. 중공군이 달아나자 지프차 운전병은 미군들을 보트에서 꺼내주었다. 이들은 장교들이 자신들을 버렸다고 불평했다. 그러나 실종된 장교들 대부분은 전・사상자들이었다.

해병대 병사들이라고 해서 늘 사기충천한 상태에 있었던 것은 아니다. 불굴의 용기와 패기라는 것도 개인적 또는 가정적 문제들에서 비롯되는 좌절감과 스트레스 앞에서는 빛이 바래기 마련이다. 죽음의 공포보다 더 심한 것은 신체 절단 또는 장기간 지속되는 고통이다. 한국의 혹독한 겨울날씨 속에서 출세욕과 명예욕이 높은 장병들조차 피할 수 없는 것으로 보였던 탈출에 대한 욕구는 엄청나게 컸을 것이다. 심지어 그러한 극한상황에서도 예외가 있었다. 스미스 사단장의 속기사였던 어윈(C. V. Irwin) 병장은 이렇게 기록했다.

어색한 빨간 머리의 예비군도 그들 중 한 명이었다. 그는 엉덩이에 부상을 당하여 어느 오두막집으로 기어들어갔다. …… 작은 북한 소년이 그를 보살펴주고, 물 같은 것을 가져다주었고, …… 12월 6일이 될 때까지 그 길로 되돌아가지 않았다. 그날 호머 리첸버그(Homer Litzenberg) 대령이 이 길로 돌아왔을 때 …… 그는 "미국인, 미국인!"이라고 말하는 희미한 목소리를 들었다. 아니면 순찰대가 그 소리를 들었던 것 같다. 그들은 이것이 함정일 것이라고 생각하여 오두막집을 조심스럽게 포위했다. 그러고는 그곳에 어린 병장이 누워 있는 것을 발견했다. 그는 파카를 착용하고 군화와 온갖 것을 갖추고 있었지만, 부상으로 출혈이 심하여 혈액순환이 되지 않았고, 다리도 얼어 있었다. 우리는 어린 병장을 고토리로 데려가 일본으로 후송했다. 그는 무릎 아래로 양발을 절단해야 했다. …… 내가 일본의 병원에 있는 그에게 편지를 보내자, 그에게서 답장이 왔다. "북쪽은 속기(速記)로 받아 적기에 날씨가 너무 추워요. 이곳에서 저는 (속기를 위해) 중국인들을 방문하면서 8일간의 유급휴가를 얻었답니다."

기분이 좋은 상태였는지 그는 이렇게 말했다. "어차피 저는 속기사이고, 속기사에게는 다리가 필요 없어요." 그 이후 그는 오클랜드(Oakland)의 오크크놀 병원(Oak Knoll Hospital)으로 갔다. 한국에서 귀국하여 그를 만나러 오크크놀 병원으로 갔지만, 간호사는 그가 지금 병원의 통제를 받고 있지 않다고 말했다. 그는 인조다리가 도착하자마자 그걸 착용하고는 휴가를 내어 여행을 떠났던 것이다. 그곳의 직원들은 그를 가리켜 에너지가 넘치는 '정력가'라고 말했다. 사람들은 그의 정신적 활기에 깊은 인상을 받았을 것이다. 그도 그럴 것이 그는 캘리포니아 대학(University of California at Berkeley) 시절에 풋볼 퍼레이드 단장이었다. …… 그 후로는 그와 연락이 끊겼다. …… 그는 내게 자신과 아내, 아이들로 짐작되는 사진을 보내주었다. …… 사진 속에서 이들은 모두 자동차 옆에 서 있었는데, 그 모습이 완벽하게 자연스러워 보였다.

대부분의 사람들은 의지가 박약하다. 적들의 사격으로 꼼짝달싹 못하고 동료가 총아 맞아 처참하게 죽어가는 모습을 보게 되면 영락없이 평정심을 잃게 마련이다. 비교적 고참 장교이던 제7연대 3대대 윌리엄 해리스(William F. Harris) 중령은 필드 해리스(Field Harris) 소장의 아들로서, 해리스 소장은 정예부대로 정평이 난 제1해병공군 사령관을 지낸 탁월한 인물이었다. 동이 트기 전, 하갈우리와 고토리 사이에서 수류탄 투척거리까지 육박한 중공군을 격퇴하느라 예하 2개 중대가 중대원들의 시신이 눈더미 위에 나뒹굴 정도로 막대한 타격을 입은 후, 병사들은 그가 소총 두 자루를 어깨에 걸치고 길을 내려가는 모습을 보았다. 해리스 중령은 허무(虛無)를 찾아 나선 것이었을까? 적들을 격퇴하느라 정신이 나가버린 것일까? 그가 포로로 잡혔다는 기록은 남아 있지 않다. 그의 시신도 발견되지 않았다. 대대장 다음 서열인 1대대 선임 장교가 3대대 지휘봉을 잡았다. 하갈우리에 포위되어 있던 모든 부대들이 고토리를 향하여 11마일(약 18킬로미터) 남쪽으로 내려가는 데 장장 31시간이 걸렸고, 600명의 희생자가 발생했다.

12월 4일, 아몬드 군단장은 스미스 사단장, 리첸버그 대령, 머리 중령, 비올 중령 등에게 수훈십자훈장(Distinguished Service Cross)을 수여하기 위해 위험을 무릅쓰고 헬기로 하갈우리를 찾아왔다. 제대로 씻지 못해 몰골이 사나운 해병들이 수상식에 소집되었다. 아몬드 군단장은 일행들의 기분을 북돋워줄 생각으로 어설픈 농담을 건넸다. "어이, 오늘 기분이 어떤가? 무지 춥지? 안 그래? 자네는 내가 의치(義齒)를 끼고 있다는 걸 알았나? 오늘 아침에 일어나 보니 침대 옆에 있던 물 잔에 얼음이 살짝 얼었더구먼."

그러자 침대라는 호사스러운 물건이 뭔지 오래전에 잊어버린 어느 병사가 이렇게 내뱉었다. "거참 ×같이 안 됐군요, 장군님."

말로는 농담을 했지만 아몬드 군단장의 눈에서는 눈물이 흘러내리고 있었다. 스미스 사단장은 이렇게 회상했다. "날씨 때문인지 감정이 북받쳐서 그랬는지 모르지만, 내게 다가왔을 때 그는 눈물을 흘리고 있었다. 그는 나에게 머리 대령, 리첸버그 중령, 나 그리고 비엘 중령 순으로 줄을 서달라고 말했다. 그의 수중에는 수훈십자훈장이 한 개밖에 없었다. 우리는 그중에서 가장 막내인 비엘 중령에게 훈장을 주자고 했다. 우선 그에게 훈장을 수여하고, 다른 사람들은 나중에 받으면 되겠거니 생각했다. 그러나 그 이후에도 난 훈장을 받지 못했다. 훈장수여 방식이 그러했기 때문이다. …… 나는 나 스스로에게 훈장을 주어야 할지 모르겠다."

실제로 아몬드 군단장은 주머니에 두 번째 훈장을 갖고 있었다. 그는 1시간 후 고토리에서 이것을 윌리엄 라이디(William Reidy) 중령에게 수여했다. 당시 해병 병장이던 마틴 러스(Martin Russ)에 의하면, 라이디 중령이 지휘하는 제31보병연대 2대대는 중공군의 공격을 받아 막대한 피해를 입고 '지리멸렬한' 상태에 있었다. 나중에 헤이그(Haig) 대위가 작성한 듯한 상투적인 훈장 낭독문에서 라이디 중령은 "군 복무의 지고한 전통에 따라 …… 극도의 영웅의식을 몸소 발휘한 공적"을 인정받았다. 라이디 중령은 한참 남쪽의 함흥에서 중공군의 함정에 빠진 매클린 대령을 도와주라는 지시를 받았으나, 그렇게 하지 못했다. 이미 여러 차례 총에 맞은 매클린은 라이디 중령의 부대가 자신을 구하러 와줄 것이라고 생각했지만, 자신을 찾아온 것은 무장한 중공군의 행렬뿐이었다. 결국 매클린 대령은 중공군에게 포로로 잡혀 부상으로 사망했지만, 라이디 중령은 훈장을 받았다.

비올 중령은 12월 3일 정오 무렵 장진호 남쪽 끝에서 분명히 한국인이 아닌 이상한 차림의 사람이 지프차 옆에 서 있는 모습을 발견했다. 그는 이렇게 설명했다. "저는 이 지역의 적십자 단장이고, 이름은 르페브르(LeFevre)입니다." 북한군과 중공군이 그를 그냥 내버려두었다는 것이 비엘에게는 수상하게 생각되었다. 이런 일은 있을 수 없는 것처럼 보였다. 그러나 벅 르페브르(Buck LeFevre)는 중공군이 지켜보는 앞에서 얼음판 위를 돌아다니는 부상자들을 모았다. 비무장 상태의 비올 중령은 이들과 검게 불타 형체만 남은 '페이스 특임단' 소속 차량들에 다가가 생존자가 있는지 살펴보았다. 비올 중령의 지프차에 있던 운전병 랠프 밀턴(Ralph Milton) 일병은 "내가 본 것 중에서 가장 용감한 장면"이었다고 말했다. "나는 그가 언덕을 올라가 도로 위에 줄지어 서 있던 트럭을 하나하나 살펴보는 것을 지켜보았다." 중공군으로부터 아무런 피해도 입지 않은 채 돌아온 그는 이렇게 확인시켜주었다. "전부 사망자들이야." 비올 중령은 차량에 약 300구의 시체가 있는 것으로 추정했다.

해병들은 319명의 GI 생존자들을 포탄껍질에 피운 모닥불로 안내하여 몸을 녹이도록 한 다음, 하갈우리로 데려갔다. 자기 발로 걸어 하갈우리에 도착한 페이스 특임단 소속 장병들은 토머스 리지(Thomas L. Ridge) 중령의 지휘하에 임시 대대를 편성하고 해병대 장비와 무기를 지급받았다. 페이스 특임단 소속 생존자 672명 중에서 새로 무기를 들고 전투에 나선 인원은 절반 이하에 불과했다. 리지 중령의 의도는 이들의 군기를 다잡아 방어지역을 보강하는 것이었지만, 이미 사기가 떨어질 대로 떨어진 GI들은 군인 같지 않았다. 스미스 사단장은 이렇게 말했다. "나는 GI들을 리첸버그 대령에게 넘겨주었는데, 그 모습이 참으로 한심했다. 리첸버그는 이들에게 부대의 좌측을 경계하는 임무를 주었다. …… 그러나 중공군이 나타나자, GI들은 반대편으로 이동해서 달아나고 말았다."

베리 앤더슨(Berry Anderson) 중령은 '임시 육군대대(Provisional Army Battalion)'라는 고상한 이름의 부대를 인수받았는데, 이는 소속부대에서 떨어져 나와 오갈 데 없는 한국군과 미군들로 구성된 부대였다. 그는 곧 제7해병의 프레더릭 다우셋(Frederick Dowsett) 중령에게 새로 만든 부대가 거의 무용지물이라고 알렸다.

임시편성 부대에 속한 인원들의 공개적인 희망사항은 하갈우리를 벗어나는 것이었다. 사단 군의관인 해병 대령 유진 헤링(Eugene Hering)과 제5해병연대 군의관 체스터 레슨던(Chester Lessenden)이 아무것도 모르던 공군 화물담당 장교들에게 귀띔해줄 때까지 낙오병들 중 일부는 꾀병을 부려 C-47 수송기에 올라타 연포와 일본으로 후송되었다. "이들이 모포와 들것을 들고 활주로 끝으로 가서 신음하자, 위생병이 달려와 이들을 비행기에 태워주었다는 것이다." 비록 자신도 발에 동상이 걸려 고통스러웠지만, 레슨던 군의관은 전·사상자들의 후송을 위해 의학적 판정을 나타내는 표식을 부착하는 일을 맡았다. 스미스 사단장에 의하면 이는 "너는 비행기를 타고, 너는 걸어가고, 너는 차를 타라."는 일종의 '티켓'이었던 셈이다. 연포에서의 부상자 분류는 30일 이내에 어떤 부상자를 먼저 회복시킬 것인지를 결정했다. 부상자들은 군의관의 분류에 따라 흥남의 해병 야전병원이나 함흥의 육군병원, 아니면 흥남항에 위치해 있던 병원선 '콘솔레이션(Consolation)'호로 행선지가 결정되었다. 더 심한 부상자들은 일본으로 공중 후송되었다.

맥아더 사령관은 다이이치 사령부 명의의 지시를 통해 후송시키기에 증상이 너무 가벼운 동상환자는 지휘의 실패를 나타내는 것으로, 징계의 대상이 될 것이라고 경고하려 했다. 그러나 터너 조이(Turner Joy) 제독이 이 메시지를 중간에서 가로채 취소시켰다. 나중에 이를 알고 분노한 스미스 사단장은 본국의 해병대 부사령관에게 편지를 보내 그런 징계는 시베리아의 혹한 속으로 부대가 진격하도록 명령한 지휘부가 받아야 한다고 불평했다. 스미스는 칭기즈칸(Gehghis Kahn) 같은 황제라도 그런 명령을 내리지 않았을 것이라고 주장했다.

장진호에서 육군이 보여준 참담한 전투 실력에 혐오감을 보인 해병은 이런 심경을 네브래스카 주 출신으로 '보트 장관'이라는 별명이 붙어 있던 프랜시스 매튜(Francis P. Matthews) 해군장관에게까지 전달했는데, 이 별명은 그의 해상 경험이라고 해보아야 고작 네브래스카

야전병원에 전사자들이 도착하는 모습

의 내륙호수에 불과했음을 정확하게 나타내는 것이었다. 매튜 장관은 각급 부대 지휘관들에게 'ALNAV 26'이라는 명칭의 메시지를 하달하여 "해군의 어떤 인원도 다른 군종(軍種)이나 병과를 부정적으로 묘사하거나 비하하는 내용을 언급하지 말 것"을 지시할 필요가 있다고 판단했다. 매튜 장관은 언론과 라디오 인터뷰에서 당혹스러운 사태가 벌어질 것을 우려했다. 트루먼 대통령은 매튜 장관이 해군업무에 부적합하다고 판단하여 아일랜드 대사로 발령을 내렸다.

12월 3일 어두워지기 전, 비올 중령으로부터 검게 불에 탄 '페이스 특임단'의 차량 행렬에 대해 보고를 받은 아몬드 군단장은 해병 코르세어 전투기에 명령을 내려 네이팜탄으로 전차, 트럭 그리고 그 위에 실려 있던 시체들을 남김없이 소각토록 했다.

신문을 통해 중공군의 공격을 받으며 철수하는 것이 무엇을 의미하는지를 깨달은 에스더 스미스(Esther Smith)는 12월 4일, 도착과 동시에 구문(舊聞)이 될 것을 알면서도 남편에게 편지를 보냈다. 그녀는 출애굽기 23장 20절을 인용했다. "내가 사자(angel)를 네 앞서 보내어 길에서 너를 보호하여 너로 내가 예비한 곳에 이르게 하리니."

나쁜 소식들의 대부분은 불안한 소식들이 더 많은 미국에서 보도되거나 출판되었다. 11월 1일 푸에르토리코의 친독립 과격분자 2명이 대통령을 암살하기 위해 백악관 경찰과 총격전을 벌인 이후, 해리 트루먼 대통령은 12월 2일 삼엄한 경비 속에서 연례행사로 치러지는 육군・해군 풋볼경기에 참석했다. 전시물가가 계속 치솟는 가운데 노조들은 더 높은 임금협상에 타결했다. 트루먼 행정부가 들어선 이후 세금은 더 올랐으며, 마셜 장관은 의회에 군사비 지출로 180억 달러의 추가예산을 요청했다. 징병 소집이 증가하는 와중에 깡마르고 안경을 쓴, 그로버 버그돌(Grover Bergdoll)의 아들인 23세의 앨프리드 버그돌(Alfred Bergdoll)이 징병위원회에 출두를 거부하는 서한을 보낸 후 12월 1일 체포되었다. 12월 5일에는 트루먼 대통령 공보비서이자 어릴 적 친구이며, 퓰리처상을 수상한 전직 언론인 찰스 로스(Charles Ross)가 백악관에서 심장마비로 쓰러져 사망했다.

다음날, 충동적이고 심사가 불편한데다 공보비서 로스의 도움이 절실히 필요했던 트루먼 대통령은 「워싱턴포스트」 조간을 집어 들고는 자신의 딸 마거릿(Margaret)이 그 전날 컨스티튜션 홀(Constitution Hall)에서 리사이틀을 가진 데 대한 언론의 반응을 살펴보았다. 기자회견에서 핵무기 문제로 곤욕을 치렀던 것을 포함하여 지난 주에 너무 많은 불리한 사건들로 충격을 받은 트루먼은 「워싱턴포스트」의 음악담당 편집위원 폴 흄(Paul Hume)이 작성한 비평기사를 읽고 노발대발했다. "그녀는 무대 위에서 대단히 매력적이었다. 그러나 미스 트루먼은 노래를 잘 부르지 못했다. 그녀의 노래는 상당 시간 동안 밋밋했고, …… 전문가적 수준의 가창력에 이르기에는 어림도 없었다." 조지 마셜(George Marshall)은 흄이 마거릿의 공연에 대해 피아노 광택을 제외한 나머지 모든 것을 비판했다고 비꼬듯 말했다.

해리 트루먼 대통령은 맥아더 사령관에 대한 비난을 자제하고 있었지만, 그의 인내심을 본격적으로 시험하는 사건이 발생한 것이다. 그는 백악관 로고가 찍힌 편지지 2장과 펜을 집어 들고는 흄을 비판하는 편지를 썼다. "나는 마거릿의 콘서트에 대한 귀하의 비열한 평론을 이제 막 읽었소. …… 내가 보기에 귀하는 성공을 간절히 바랐지만 꿈이 좌절된 늙은이 — 흄은 불과 34세, 마거릿은 26세였다 — 같소. …… 언젠가 귀하를 한 번 만나고 싶소. 귀하를 만나면 가만두지 않을 것이오. 코를 박살내고, 주먹으로 눈두덩을 갈겨서 시커멓게 만들어놓을 테니 어쩌면 옆에서 도와줄 사람이 필요할 거요!" 이는 개인적 서한이었으므로 편지를 봉하여 손수 발송했다.

흄은 신문사 편집국장에게 자신에게 온 두 쪽 분량의 독설을 보여주었다. 두 사람은 그 내용이 신문에 게재하기에 부적합하다는 데 동의했다. 그러나 흄은 실수로 친구에게 그 내용을 말해주었고, 일요일인 12월 9일이 되자 이에 대한 기사가 전국의 신문에 대서특필되었다. 찬반을 둘러싼 편지들이 양쪽 방향으로 어지럽게 날아다녔고, 덕분에 흄은 갑자기 전국적으로 유명한 악명 높은 인사가 되었다. 윌리엄 배닝(William Banning)이라는 독자는 격분한 나머지 트루먼 대통령에게 이렇게 편지를 썼다.

> 트루먼 씨 귀하.
>
> 귀하는 한국에서 목숨을 잃은 내 아들의 전사에 직접적 책임이 있으므로 이 엠블럼(emblem)을 백악관의 트로피 전시실에 진열하여 귀하의 역사적 행실에 대한 기념으로 삼아야 할 것이오.
>
> 지금 우리에게 가장 애통한 것은 귀하의 딸이 우리 아들이 한국에서 받았던 것과 똑같은 대접을 받지 않았다는 사실이오.

배닝은 자신의 아들이 사후에 받은 퍼플하트(posthumous Purple Heart) 훈장인 '엠블럼'을 동봉했다. 그런 다음 화가 진정되자, 그는 욕설이 담긴 편지를 보내지 않고 자신의 책상서랍에 넣어두었다.

폴 흄은 트루먼 대통령의 규탄에 대응하지 않고 편지를 파일함에 넣어두었다. 몇 년 후 그는 트루먼이 은퇴한 후 미주리 주에 있는 자택을 방문했다. 트루먼은 그를 보고 반색하고는 1인 연주에 평론을 싣지 않는 흄 앞에서 피아노 독주를 선보였다. 흄이 2001년 85세를 일기로 사망한 다음, 여전히 파일함에 있던 트루먼 대통령의 편지는 경매에서 19만 3,000달러에 낙찰되었다.

마거릿 트루먼을 둘러싼 언론 서커스는 어떠한 언론의 관심도 해로울 것이 없다는 속담을 확인시켜주었다. 그녀는 NBC-TV로부터 「더 빅쇼(The Big Show)」 같은 유명한 프로그램에 출연해달라는 제안을 받았다. 곧 그녀의 연봉은 대통령인 아버지의 연봉을 훌쩍 넘어섰다.

홍남항으로부터 해상과 공중으로 철수가 시작되자, 리지웨이 장군은 일요일 아침부터 펜타곤에서 열린 몇 시간에 걸친 삭막한 회의에 참석했다. 맥아더 사령관은 만주와 시베리아 국경에 인접한 지역에 한국군만 투입하라는 9월 27일 합참의 지시를 위반했다. 군사적으로 필요한 조치였다고 주장했으나, 그의 명령은 중공에게 이미 계획되었던 한국전 개입을 실행에 옮길 수 있는 구실을 제공했다. 리지웨이 장군은 동료들에게 갈수록 비극적인 전황이 전개되고 있으므로 합참이 맥아더 사령관에게 분명한 지시를 하달할 필요가 있다고 말했다. "넓은 테이블 주변에 앉아 있던 20명, 그리고 그 뒤에 벽을 따라 앉아 있던 다른 20명으로부터 내게 돌아온 유일한 대답은 완벽한 침묵뿐이었다." 엉거주춤한 입장에 있던 참석자들은 마셜 국방장관의 지침을 기다렸다. 그는 참모장으로서 전선에서 4년을 보냈고, 제2차 세계대전 후에는 내전 기간 중에 중국에서 오랫동안 전후처리 임무를 수행하였다. 국무장관으로 임명되어 격무에 시달린 끝에 신장 이상이 발생하여 차일피일 수술을 미루고 있던 차에 "6개월에서 1년간" 국방장관직을 맡아달라는 트루먼 대통령의 부탁을 마지못해 수락한 터였다. 그는 자신의 견해를 신중하게 표명하면서도 매사에 군림하는 다이이치 사령부의 중요성을 완화시키는 어떠한 조치도 포함시키지 않았다.

마셜 장관에게 있어 멀리 떨어져 있는 더글러스 맥아더는 여전히 저명인사 가운데서 유일한 친구였다. 회의 참석자들 대부분이 신입생이었던 시절, 그에게 맥아더는 수십 년간 지속된 개인적 멍에이자 웨스트포인트의 보스였다. 그러나 아무리 불편한 것일망정 마셜에게는 뾰족한 묘책이 없었다. 맥아더를 해임하거나 견책하는 것은 그를 높이 평가하는 의회 핵심 지도부의 분노를 야기하는 것 외에 어떤 다른 목적에도 기여할 수 없었다.

회의가 끝나고 참석자 중 일부는 미적거리고 일부는 자리를 뜨고 있을 때, 리지웨이 장군은 공군참모총장 호이트 밴덴버그(Hoyt Vandenberg)에게 다가갔다. 밴덴버그는 생도시절부터 그리고 리지웨이가 웨스트포인트 교관이었던 시절부터 '밴(Van)'으로 불렸다. 리지웨이는 이렇게 물었다. "합참은 왜 맥아더에게 명령을 내려서 무엇을 해야 할지를 말해주지 않는가?"

그러자 밴덴버그는 반문했다. "그게 무슨 소용이 있지요? 그는 명령을 따르지 않을 겁니다. 우리가 할 수 있는 게 뭐죠?"

"귀하는 명령을 따르지 않는 지휘관을 해임시킬 수 있어. 그렇지 않나?"

신 같은 존재인 맥아더에게 지시를 내린다는 생각에 경악한 밴덴버그는 "아무 말도 하지 않고 회의장을 빠져나갔다."

다이이치 사령부의 참모장 로턴 콜린스(Lawton Collins) 장군은 "압도적인 적군의 압력으로 인해" 한국군과 심지어 적의 전쟁포로를 포함하여 모든 유엔군과 장비를 한국에서 일본으로 "질서정연하게 철수"시킬 것을 제안하는, 광범위하고 절실한 38쪽 분량의 극동군최고사령부 계획 203호의 초안을 준비한 맥아더 사령관과 두 차례 회동했다. 맥아더 사령관의 입장에서 '한국으로부터 전면적 철수'의 유일한 대안은 만주를 공격하고, 중공 해안선을 봉쇄하고, 대만에 있는 수만 명의 장제스 군대를 투입시키고, ('기술적으로 적절할 경우') 전술 핵무기를 사용할 수 있는 권한을 부여하는 것이다. 이는 실로 드라마틱하고 과도한 계획으로, 워싱턴은 이런 상황을 절대 용납하지 않을 것이다. 여전히 서부전선에서 제8군은 평양이라는 귀중한 전리품을 싸워보지도 못하고 중공군에게 넘겨주기 일보직전이었다. 한국군 2군단의 철수로 서울 부근의 김포 공군기지를 비워주어야 할 형편에 처한 월턴 워커 장군은 급격히 악화되는 사태에 동요된 기색을 보이면서 "한국에서 제8군이 철수할 경우 일본에 특정한 사령부 부지를 제공해줄 것인지"를 질문했다.

콜린스 참모장은 브리핑을 받기 위해 제8군 및 제10군단 지휘소를 모두 방문한 뒤에 김포에서 만난 기자들에게 자신이 느끼는 것보다 더 큰 자신감을 내보이며, "저는 제8군이 스스로 잘해낼 것으로 봅니다."라고 공언했다. 연포를 출발하며 동해에 도착한 콜린스 참모장은 12월 6일 수요일을 네드 아몬드 군단장과 보내고, 함흥에 위치한 제7사단 및 제3사단 사령부를 방문했다. 압록강 도착이라는 상징적 위업을 달성한 바(Barr) 장군의 제7사단은 장진호 동쪽에서 부대의 일부를 상실했다. 맨 마지막으로 동해안에 상륙한 로버트 소울(Robert Soule) 휘하의 제3사단은 동부에서 예비대 임무를 부여받고, 해병대가 고토리에서 흥남으로 철수하여 이미 그곳에 도착해 있던 선박에 승선하는 과정을 지원해주려는 참이었다. 아몬드 군단장이 작성한 진중일기에는 "악천후로 인해 스미스 사단장과 회의를 하기 위해 고토리로 비행하려던 계획이 불가능해졌다."고 기록되어 있었다. 스미스 사단장이 다른 각도에서 해법을 연구하고 있었으므로 제10군단장에게는 한숨 돌릴만한 일이었다.

콜린스 참모장이 현장을 돌아볼 수 있는 가장 짧은 경로는 비행기를 타고 함흥에서 북쪽으로 출발하여 황초령 협곡 훨씬 아래에 위치한 수동(水洞) 상공의 소용돌이치는 눈보라를 헤치고 하갈우리에 위치한 해병대 집결지로 날아가는 것이었다. 아몬드 군단장이 해병대에게 사용 불가능한 상태의 모든 차량과 무기를 버릴 것을 제안한 데 대해 스미스 사단장은 긴급히 필요하고 상태가 불량하지 않는 한 이런 행동을 하는 것을 불명예스러운 것으로 간주하고 있었다. 일찍이 아몬드 군단장은 군인으로서의 위엄이란 모든 장비를 남김없이 가져가야 유지될 수 있다고 역설한 바 있었다. 이번에는 상황이 정반대가 되었다. 아몬드 군단장은 하갈우리로 가는 마지막 비행에서 조바심을 드러내며 신신당부했다. "귀관들의 장비는 걱정하지 말라. 일단 무사히 철수하면 모든 장비를 보충해줄 것이다." 분명히 그의 말은 어딘가에 가용자산이 무한정 존재함을 의미하는 것이었다.

군단장의 발언에 대해 평상시와 마찬가지로 침착하기 그지없는 스미스 사단장은 "어림없는 소리"라고 일축했다. "이게 있어야 전쟁을 할 수 있는 거야." 일단 아몬드 군단장이 비행기를 타고 출발하자, 스미스는 작전참모인 알파 바우저(Alpha Bowser) 대령을 쳐다보고 이렇게 말했다. "저 양반 돌았어. 맛이 갔다고. 저런 소릴 한다는 게

도무지 믿어지지 않아." 스미스가 보기에 군단장은 콜린스 장군 앞에서 논리에 맞지 않게 큰소리로 허풍을 쳤는데, 이런 허풍은 스미스 장군에게는 생소했다. 아몬드는 콜린스에게 (맥아더 사령관이) 명령만 내린다면 함흥-흥남을 연결하는 광활한 지역을 점령할 수 있다고 큰소리를 쳤던 것이다. 점령은커녕 목숨을 부지하는 것만 해도 개인적인 승리가 되었을 것이지만, 그나마 생존을 위해서도 수많은 인력과 물자가 소요될 형편이었다.

연포에서 C-54 수송기에 오른 콜린스는 비록 미군들이 사투를 벌이며 장진호에서 철수하는 현장을 직접 목격하지는 못했지만, 엄동설한이라는 계절적 시점을 차치하고라도 그 많은 부대들에게 그토록 끔찍한 지역으로 전진하도록 명령을 내린 것부터 애당초 잘못이었음을 깨달았다. 콜린스는 어째서 그들이 그곳에 있어야 했는지를 반문했다. 아몬드 군단장은 솔직하게 말했다. 맥아더 사령관이 제8군에 가해지는 중공군의 압력을 경감시킬 목적으로 제10군단으로 하여금 만주 국경으로 진격하도록 공격계획을 수립했다는 것이다. 브리핑이 끝난 후 아몬드 군단장은 진중일기에 은밀히 이렇게 기록해두었다. "콜린스 장군은 제10군단의 계획에 완전히 만족하고, 분명히 사태가 잘 수습되고 있다는 것을 발견하고 안도한 것으로 보인다."

워싱턴에서 "크리스마스까지 귀국!"이라는 맥아더의 구호는 조용히 잊혔지만, 콜린스 참모장은 트루먼 대통령에게 한국전의 사정이 그렇게 '비관적'이지 않으며, 38선 훨씬 아래에서 방어선을 구축할 수 있다고 보고했다. 오마 브래들리(Omar Bradley) 합참의장은 콜린스의 평가에 대해 '한 줄기 햇살'이라고 표현했다. 이제 "재앙 외의 다른 대안들이 논의"될 수 있게 되었다는 것이다. 그러나 장진호 아래 지역에 아직 햇살은 찾아오지 않았다. 그리고 콜린스 참모장이 미처 발견하지 못한 해병사단들은 여전히 영하의 폭설 속에서 위험에 빠져 있었고, 여전히 해안에 이르는 철수로를 찾아 중공군의 포위망을 돌파하지 못하고 있었다.

하갈우리 활주로에서는 비행기가 착륙하는 즉시 최단시간 내에 사상자를 태워 이륙시켰고, 조종사들은 짧은 활주로에서 이륙할 준비를 하면서 엔진을 계속 가동시키고 있었다. '관제소'라고 해보아야 무전기가 달린 지프차와 무전병이 전부였다. 부상자들에게는 즉석에서 제작한 임시붕대로 감싸주고, 나뭇가지를 잘라 스프린터와 부목을 만들어 팔과 다리에 묶어주었다. 마틴 러스(Martin Russ) 병장은 자신의 회고록에 이렇게 기록했다. "신선하고 건조한 피 냄새, 지저분한 전투복, 제대로 씻어주지 못한 시체들, 화약 냄새, 차량의 배기가스, 이 모든 것이 한데 합쳐진 거대한 악취가 사방에 진동했다." 심각한 부상을 입고 병원 텐트에 실려온 어느 해병대원은 여전히 경기관총을 목발 삼아 짚고 있었다. 오사카에 도착한 어느 사망자의 주머니에는 실물 수류탄이 들어 있기도 했다. 위생병은 일본으로 후송된 아귀레(Aguirre) 병장의 양쪽 주머니에 깊숙이 찔러둔 수류탄 두 발을 발견했다. 그는 남아 있던 동료들과 악수하며 "이제 우리가 다시 만나지 못한다면, 미리 메리 크리스마스!"라고 익살을 부렸다. 만일 수류탄이 터졌다면 단연코 휴일 분위기는 심각하게 손상되었을 것이다. 동료들을 뒤에 남겨두고 눈물을 삼키던 조지 크로츠(George Crotts) 일병이 요코스카 소재 해군병원에 도착했을 무렵에는 때 이르게 크리스마스 기분이 한창이었다. "우리는 마치 귀족 같은 대우를 받았다. 장교 부인들이 차를 타고 다니면서 우리를 환영하며 커피와 도넛을 나눠주었다. 그들은 병실로 개조된 거대한 강당에서 우리에게 취침용 침낭걸이를 하나씩 주었다. 무대 위와 발코니 곳곳에 침낭걸이가 있었다." 건강을 회복한 해병들은 부상자를 후송시키는 비행기를 타고 연포와 흥남으로 복귀했다. 다시금 건장한 전사로 거듭난 약 600명의 해병들은 모체부대에 대한 충성심을 인정받아 가능한 한 원래 소속되었던 부대들에 다시 배정되었다. 하갈우리에서 스미스 소장은 건장해 보이면서도 낙심한 표정의 해병을 발견하고 이유를 물었다. "전 원래 제1해병연대 소속입니다."라고 그가 설명했다.

이에 스미스 소장은 "귀관은 제1해병연대 예하 3대대 소속이야."

"그러나 저는 원래 2대대 소속입니다." 이 병사는 원래 부대에 돌아가려는 열망에 이렇게 대답했다.

하갈우리에 대한 적의 공격은 잠시 소강상태에 들어갔다. 중공군 사단은 수많은 사상자가 발생하여 막대한 피해를 입었다. 그들은 재편성과 재보충 또는 부대 교대가 필요했다. 짐꾼들을 동원한 중공군의 보급망은 갈수록 효율성이 떨어졌고, 위치가 노출되어 보급 규모도 줄어들었다. 대다수 중공군은 배고픔과 극도의 추위 속에서 활기를 잃었다. 미군 항공기와 야포를 피하여 주로 야간에 이동하던 중공군 부대는 주간전투가 벌어지는 날에는 궤멸적 타격을 입었다. 중공군의 누비 군복은 보온효과가 있었지만 습기도 빨아들였으므로 추운 날씨 속에 얼어붙은 군복이 신체에 끼치는 해악은 실로 처참한 것이었다. 레이먼드 데이비스 중령은 얼어붙은 중공군의 전형적인 모습을 볼 수 있었다. 한 번은 해병대 병장이 꽁꽁 얼어붙은 능선에서 그를 불렀다. "이리로 와보십쇼, 중령님. 보여드릴 게 있습니다." 병장은 눈 속의 구덩이에서 "단단한 얼음덩어리를 끌어냈는데, 그것은 바로 중공군 병사였다." 데이비스 중령이 물었다. "그 친구 죽었어?"

"아뇨, 아직 눈알이 움직입니다."

죽어가는 그 중공군 병사 근처의 눈 덮인 구덩이들 속에는 완전히 죽어서 딱딱하게 굳은 시체들이 들어 있었다. 제7해병 1대대장 레이먼드 데이비스 중령은 눈발이 휘날리는 능선을 넘어 8마일을 강행군했다. 중공군과 달리 그들은 장갑을 착용하고 방한화를 신고 있었다. "우리는 가파른 경사를 오르며 미끄러져 떨어지지 않으려고 나무뿌리나 나뭇가지들을 닥치는 대로 붙잡고, 두 손과 무릎으로 기다시피 했다." 그는 북극의 강추위 속에서 쓰러져 움직이지 못하는 장병들을 "거칠게 다루기"로 계속 전진하게 만들어 결국에는 이들의 목숨을 구한 일화를 회상했다.

미군과 중공군을 막론하고 생명을 부지하는 일 자체가 절체절명의 과제였다. 밥 해먼드(Bob Hammond) 일병은 극도의 추위가 "견딜 수 없는" 고통이었다면서 부어오른 발을 주무르려고 군화를 벗었다가 그사이에 딱딱하게 굳어버린 군화에 다시 왼발을 집어넣지 못한 기억을 되살렸다. "그래서 분대원인 클라이드 매켈로이(Clyde McElroy)와 도일 스미스(Doyle Smith)는 해병대원 시체들이 눈 속에 줄지어 누워 있는 곳으로 나를 데려갔다. 그중 발이 제일 큰 시체에서 군화를 벗기려 애썼다. 세 사람이 군화를 벗기려 20분가량 씨름했지만 소용없었다." 이들은 꽁꽁 언 손가락이 말을 듣지 않는데다 강추위로 더 심한 동상에 걸릴 위험이 있어 포기하고 말았다. "우리는 마침내 세 켤레의 양말을 겹쳐 신은 내 발에 군화 대용으로 C-레이션 박스를 잘라 감싸 매었는데, 나는 이 '임시 군화'로 이틀을 버틸 수 있었다." [다른 대안은 샌드백 또는 샌드백의 일부를 잘라 발 주변에 칭칭 감는 것이다. 이 방법은 보행에 지장을 주긴 했지만 발가락 동상을 예방하는 데 도움이 되었다. 젊은 해병대원 콘래드 존슨(Conrad Johnson)은 동상에 걸려 부풀어 오른 흉측한 모습을 '코끼리 발(elephant feet)'이라고 불렀다.]

C-119 수송기들은 계속해서 더 많은 탄약, 가솔린, 의료품과 레이션(rations, 전투식량)을 날라주었다. 스미스 사단장은 이들 보급품을 가리켜 '필수 최소량(the margin necessary)'이라고 말했다. 기상이 몇 시간 동안 맑은 날에는 어김없이 항공모함에서 출격한 전투기들이 날아와 대부분 걸을 수 있을 정도의 부상을 당하여 절뚝거리며 남쪽을 향해 유담리에서 그 밑의 하갈우리를 거쳐 고토리로 행군하는 해병들의 발걸음을 인도해주었다. 이들은 격전을 치르며 중공군이 설치해놓은 무수한 도로 장애물들을 힘겹게 통과했다. 이미 심한 타격을 입은 제5해병과 제7해병은 주도로를 따라 한 걸음 한 걸음 옮길 때마다 기관총과 박격포 사격으로 중공군과 사투를 벌이며 교대로 전진했다. 제7해병연대장 호머 리첸버그(Homer Litzenberg) 대령은 어쩔 수 없이 85명

의 해병대 시체를 유담리에 '야전 매장'할 수밖에 없었다. 바퀴나 트랙이 달린 모든 차량은 살아 있는 부상자들에게 필요했기 때문이다.

유담리를 출발하여 고난의 행군 끝에 하갈우리 방어선 내부에 안착한 군의관 헨리 '닥' 리트빈(Henry 'Doc' Litvin) 중위는 사단 군의관 유진 헤링(Eugene Hering) 대령에게 달려가 대부분이 동상환자인 리첸버그 대대와 머리 대대에 소속된 1,800명의 부상자들을 치료하는 일을 도우려 했다. "중위! 만나서 반갑네." 헤링 대령은 리트빈 중위를 올려다보며 말했다. 그러나 반쯤 몸이 언 상태에서 꾸벅꾸벅 졸며 행군하는 방법을 터득한 리트빈은 뻣뻣하게 굳은 복장 덕분에 그동안 가까스로 몸을 곧추세울 수 있었지만, 지금은 너무 지쳐서 헤링 대령의 말에 대꾸할 수도 없었다. 그는 그 자리에 쓰러져 곯아떨어졌다. 따스한 텐트에서 정신을 차린 리트빈은 가벼운 마음으로 부모에게 보낼 엉터리 편지를 쓰기 시작했다.

미국의 리트빈 부모는 필라델피아에서 발행되는 석간신문 「이브닝 불리틴(Evening Bulletin)」을 읽고 한국에서의 실제 상황을 알게 되었다. "…… 그러나 나(리트빈)는 부모님이 그 사실을 알고 계신 것을 몰랐다. 내가 반쯤 정신을 차린 다음 하갈우리에서 편지에 적은 것은 우스갯소리가 섞인 여행담 같은 것이었다. …… 몇 주가 지난 후 나는 미국 전역의 지방신문들도 한국전쟁의 참담한 현실을 보도하고 있다는 사실을 알게 되었다. 중공군에 포위된 제1해병사단이 전멸될 위기에 처해 있다는 소식을 말이다. 필라델피아 신문의 어느 칼럼니스트는 마음이 '갈가리 찢어진다'고 표현했다. 나는 나중에 어머니가 그 기사를 읽고 쓰러졌다는 이야기를 들었다. 그러나 그것이

남쪽으로 행군하던 리첸버그 대령의 제7해병연대 예하 부대원들이 도로 장애물에서 중공군 진지에 네이팜탄이 투하되는 모습을 지켜보고 있다.

최악의 상황은 아니었다. 나는 일본에서 부상당한 어느 해병의 고향집에 낙관적인 글을 담은 편지를 부친 적이 있었다. 당시 그 병사는 일본의 한 야전병원에 후송되어 있었다. 그런데 나중에 알고 보니 그는 내가 치료해준 상처 외에도 미처 발견하지 못한 다른 부상을 입고 있었다." 리트빈의 고향집 문 앞의 편지함 옆에는 실제로 피가 묻은 편지 한 통이 배달되었다.

12월 5일 화요일 고토리 마을을 향한 남쪽으로의 철수가 순조롭게 이루어지고 있을 때, 마거리트 히긴스(Marguerite Higgins) 특파원이 홍남에서 이곳으로 오는 사령관 비행기를 얻어 타고 태평양 해병대 사령관 르무엘 셰퍼드(Lemuel Shepherd)와 함께 나타났다. 당시 흥남항에는 제10군단 병력을 소개(疏開)시키기 위해 무수한 함정들이 집결해 있었다. 셰퍼드 중장은 충성스럽게 맥아더 사령관의 명성을 지키려 애쓰는 맥아더의 친구이자 아몬드 군단장과는 VMI(Virginia Military Institute, 버지니아군사학교) 동기생이었다. 그는 차기 해병대 사령관이 되려는 야심(실제로 그렇게 되었다)을 갖고 있었으며, 맥아더의 영향권 아래 있던 다이이치 사령부에서 근무하는 그 누구에게도 험담을 하지 않았다. 그는 스미스 사단장에게 이렇게 조언했다. "O. P., 머리를 잘 굴려보게. 아몬드 군단장에게 성질부리지 말고. 그 사람은 올곧은 사람일세." 나중에 셰퍼드는 이렇게 기록했다. "스미스는 매사를 고지식하게 원리원칙대로 처리하기를 바랐다. 그러나 전투현장에서는 모든 것을 항상 교범대로 할 수 없다. 때에 따라 승리가 손에 잡힐 것 같은 기회가 찾아오면 …… 놓치지 말고 기회를 잡아야 한다." 그러나 결국 해병대원들, 더 나아가 한국전쟁에서 싸우고 있던 미군들을 사지에서 구출한 것은 바로 그 스미스 사단장의 고집스러운 '교범'이었을 것이다.

매기 히긴스(Maggie Higgins)는 중공의 라디오에서 "제1해병사단의 전멸은 시간문제"라고 예측하는 방송을 청취했다. 그녀는 레이 머리(Ray Murray) 중령이 인천상륙작전의 성공으로 의기양양하게 나타난 이후로 그의 모습을 볼 수 없었다. 레이 머리는 새로운 작전에 대해 들어본 적이 없는 사람들에게 이것을 자세히 설명해주었다. 그 중에는 미심쩍어하는 기색이 역력한 영국인 기자도 포함되어 있었다. 머리 중령의 설명에 의하면, 새로운 작전은 후퇴가 아니다. 왜냐하면 적들에게 포위된 상태에서 후방이란 존재하지 않기 때문이다. "이건 다른 방향에 대한 공격입니다. …… 중공군은 바다로 가는 길을 막고 있지만, 우리는 여기서 빠져나갈 겁니다." 그는 싸우려는 의지가 없는 해병은 단 한 명도 없다고 말했다. 그는 일부러 '절뚝거리는' 모습을 보이면서 공중후송을 원하는 사람은 지금 신청하라고 공언했지만, 그렇게 하려는 해병대원이 하나도 없을 것으로 예상하고 있었다. 히긴스 특파원은 많은 사람들이 "죽음을 받아들였음에도 불구하고 어쨌거나 자신이 우여곡절 끝에 살아남았다는 사실에 어리둥절한 표정을 지었다."고 기록했다. 그녀는 「새터데이 이브닝 포스트(Saturday Evening Post)」 기사에 "맨살이 떨어져 나갈 듯한 혹독한 삭풍 속에서 수염도 깎지 못해 덥수룩해진 가엾은 몰골의 해병대가 그나마 엉망진창으로 피해를 입은 부대를 이끌고 동해안으로 향하는 혈로를 찾아 중공군의 포위망을 뚫고 마지막 공격을 가하려는 의지를 갖고 있기나 한 것일까?"라는 고약한 내용을 게재했다.

어떤 독자는 모든 것을 다 아는 척 유난을 떠는 히긴스 특파원의 무모한 기사에 화를 냈다. 다른 독자들은 한국 특파원 중에서 유일한 여성이자 예쁘장하게 생긴 히긴스의 사진을 유심히 감상했다. 여러 겹의 동계 피복을 착용했지만, 매기 히긴스는 눈부신 금발에 빼어난 미모를 가진 여성이었다. 히긴스를 바라보던 로이 펄(Roy Pearl) 병장은 머리가 띵했던 모양이다. "맙소사! 이런 여자는 몇 달 동안 본 적이 없어." 그녀는 다이이치 사령부를 담당했고, 한국의 부산과 인천에서도 취재활동을 벌인 적이 있었다. 불과 30세의 매기는 대학을 졸업하자마자 「뉴욕 헤럴드 트리뷴(New York Herald Tribune)」 기자로 유럽의 전쟁터를 누비고 다녔다.

할 수만 있다면 공격적인 방식으로 인터뷰를 하는 것으로 유명한 히긴스 기자는 공중후송을 기다리며 들것에 누워 있던 병사에게 노트를 들고 다가갔다. 그는 복부에 파편을 맞아 고통스런 표정이 역력했다. 매기는 그에게 지금까지 견뎌야 했던 것 중에서 가장 힘든 것이 무엇이었는지를 물었다. 해답이 뻔한 것이었으므로 그 해병은 씩씩하게 이렇게 답변했다. "소피를 볼 때마다 6인치 길이의 팬티에서 3인치 길이의 물건을 꺼내는 일이었지요." 매기는 좀 더 기사거리로 게재할만한 것을 찾아 다음 환자에게로 옮겨갔다.

셰퍼드 장군 일행 중에는 「시카고 데일리 뉴스(Chicago Daily News)」의 키스 비치(Keys Beech) 기자도 포함되어 있었다. 37세의 비치는 태평양을 담당했던 전직 해병 출신의 종군기자였다. 한국에서 그는 히긴스와 지프차에 동승했다. 셰퍼드는 부대가 철수하는 장면을 취재하기 위해 하룻밤 묵기를 원했다. 그리고 실제로 그곳에서 하루를 지냈다. 하지만 스미스 사단장은 그에게 이렇게 설득했다. "이봐, 여기 있는 것보다 군단 사령부에 내려가면 취재할 게 더 많을 거야. 비행기들이 계속 이륙하는 걸 보면서 말이지." 그런데 비치 기자는 침낭을 가지고 오지 않았다. 그는 루이스 '체스티' 풀러(Lewis 'Chesty' Puller) 대령에게로 갔다. …… 그런데 키스 비치는 루이스에게 어디서 침낭을 구했는지 물어보는 실수를 범했다. "시체에서 벗긴 거예요." 결국 키스 비치는 그날 밤에 잠을 이룰 수 없었다! 그러나 그것이 여분의 침낭을 확보할 수 있는 유일한 방법이었다.

천신만고 끝에 해병사단은 남쪽으로 몇 마일 떨어진 고토리에 집결했고, 풀러 대령 예하의 대대들과도 이곳에서 재회했다. 스미스 사단장은 이렇게 회고했다. "루이(Lewie, 풀러 대령)는 히긴스 기자가 왜 여기에 왔는지 궁금해했고, 그녀에게 이곳은 여자가 묵을 곳이 못된다고 말했다." 히긴스는 스미스 소장에게 그곳에 도착했을 때 자신은 "다른 모든 기자들과 똑같았고, 부대원들과 함께 행진하여 고지를 내려가기를 원했다."고 말했다. 풀러 대령은 중위 한 명에게 히긴스를 따라다니도록 했고, 다음번 비행기에 태워 보내라고 지시했다.

매기 히긴스 기자가 부상을 당하거나 사망할 가능성을 차치하고라도 스미스 사단장은 힘겹게 고지를 내려가야 하는 부대원들에게 그녀의 존재는 불필요한 불편이라는 점을 언급했다. 스미스 소장이 이렇게 타일러도 소용이 없었다. "해병들 중에는 동상환자가 속출할 것이다. 만일 당신이 해병들과 고지를 내려가면 아마도 동상에 걸릴 것이고, 누군가가 당신을 치료해주어야 할 것이다. 물론 해병은 당신을 보살펴주고 싶지만, 그런 친절을 베풀 여유가 없다." 하지만 매기는 자신을 내쫓는 것은 성차별이라며 막무가내였다. 스미스는 이렇게 말했다. "어쨌거나 이제 그만합시다. 다음번 비행기를 타세요." 처음에 그녀는 명령을 회피했다. 해병들은 이륙하는 비행기에 더 이상 공간이 없자, 마지막 시체를 판초우의에 씌워 매장했다. 이 틈에 매기는 눈 덮인 고갯길을 미끄러져 내려가는 해병들 대열에 슬그머니 끼어들었다. 그러자 매기의 표현에 의하면, 스미스 사단장은 마침내 "강력한 기사도 정신을 발휘하여" 렘 셰퍼드(Lem Shepherd) 중장과 함께 매기가 고토리 활주로에서 비행기를 타고 출발할 수 있도록 배려했다. 땅거미가 질 무렵 비행기가 이륙하자, 중공군이 활주로 끄트머리에 나타나 비행기에 사격을 가했다. 스미스 사단장은 중공군을 향하여 예광탄이 날아가는 모습을 지켜보다가 이렇게 말했다. "맙소사, 매기. 만일 우리 둘이 부둥켜안고 있다가 비행기에서 추락했다면 어쩔 뻔했을까?"

매기 히긴스는 막무가내로 거침이 없었다. 셰퍼드 중장의 비행기가 홍남 활주로에 도착하자 그녀는 "용케도 청흥리(靑興里)로 가는 길을 되짚어 올라가 산을 내려오는 해병대를 도로에서 맞이했다." 청흥리는 하갈우리에서 45마일(약 72킬로미터) 떨어진 부락으로, 그 밑으로는 황초령 협곡과 깊은 계곡이 구절양장(九折羊腸)처럼 굽이굽이 휘어져 있었다. 중공군 제20집단군은 미군의 퇴로를 막기 위해 장진호에 연결된 도관(導管)을 지나는 작은 교량을 두 차례나 폭파했는데, 이러한 중공군의 '워터게이트 교량(Watergate Bridge)' 폭파사건은 미군들의 탈출을 극도로 위태롭게 만들었다. 남쪽으로 탈출하기 위해서는 외부에 이르는 도로를 연결하는 작업이 사활이 걸린 급선무였다. 매기는 미군들의 탈출작전 중에서 가장 드라마틱한 장면을 놓친 셈이었다.

"그런 다음 그녀는 「새터데이 이브닝 포스트」에 기사를 써서 내(스미스) 속을 뒤집어놓았다. 신문사 편집장 벤 힙스(Ben Hibbs)는 매기가 쓴 기사를 원문 그대로 게재하려 들지 않았다. …… 그러나 그녀는 고집스럽게 자신이 쓴 기사를 신문에 실었다. 매기는 내가 기사도 정신을 갖고 있었지만, 그것이 자기 생각과 맞지 않는다고 했다.

…… 그녀는 해병대 사령관인 케이트(Cates) 장군에게 내가 성차별을 했다는 편지를 썼다. 케이트 사령관은 그녀에게 농담이 섞인 답장을 보냈고, 내게도 사본을 보내주었다."

그녀는 조심하려는 기색도 보이지 않고 이듬해 초반 출판된 책에 "해병들은 중공군의 함정에 빠진 것이 상당 부분 장군들의 과오 때문이라고 믿는다. 해병들은 …… 육군의 명령을 받았다."고 기록했다. 이름을 거론하지는 않았지만, 그녀가 지목한 장본인은 다름 아닌 아몬드 군단장이었다.

한국전쟁 초기에 전쟁을 취재하도록 허락해준 맥아더 사령관의 배려 덕분에 여성으로서는 최초로 전쟁터에 와 있던 매기 히긴스 기자는 그의 부하들을 조롱하면서도 맥아더의 명성을 확고하게 보호하는 태도를 취했다. 그녀는 이렇게 기록했다. "나는 맥아더 장군에게 한없는 존경심과 깊은 충성심을 가지고 있다." 그리고 이러한 "사심 없는 심경"은 자신의 "개인적 야심을 초월한 것"이라고 말했다. 매기 히긴스는 맥아더 사령관이 "크리스마스까지 귀국!"이라는 "오산"을 범한 것은 "그의 보좌관들이 부지런히 쌓아올린" "절대 무오류성" 탓이라고 강조했다. 그러면서 그녀는 이렇게 주장했다. "비록 그렇더라도 어떠한 군사적 천재라고 한들 일단 (미군을) 공격하기로 작정한 중공군이 …… 그 먼 거리를 달려와 미군을 강타하는 것을 막지 못했을 것이다." 말하자면 아랫사람 중 일부가 최고사령관에게 잘못된 조언을 했다는 것이다.

전쟁에서 잘못된 조언은 좋은 의도만큼이나 흔히 벌어지는 일이다. 12월 5일 초저녁, 하갈우리에서 고토리로 탈출하는 미군들을 지원하기 위해 출격했던 공군의 B-26 조종사는 무전 호출을 착각한 나머지 500파운드(약 227킬로그램)짜리 폭탄 6발을 리지(Ridge) 중령 지휘소에 투하했다. 이런 폭격은 미군들의 철수에 도움이 되지 않았다.

매기 히긴스 기자 못지않게 스미스 사단장도 부하들과 함께 행군하고 싶은 마음이 굴뚝같았지만, 해병대 상관인 셰퍼드 중장은 사단장의 목숨이 위태로워지는 것을 원치 않았다. 더 나쁜 시나리오로는 그가 중공군에게 사로잡혀 선전선동의 도구로 이용될지도 모를 일이었다. 눈발이 날리는 가운데 그는 행군 대신 비행기를 타고 이동했지만, 이러한 공중이동도 지상이동만큼이나 위험하기는 마찬가지였다.

8

머나먼 다리

"지난번에 활주로를 만들어주었으니 이번에는 다리를 지어드리죠."

일본 다이이치 사령부가 볼 때, 동·서 양쪽 전선에서 벌어지고 있는 한국전쟁의 암담한 전망은 더 이상 흐릿하지 않았다. 맥아더의 정보장교 중 한 명인 제임스 폴크(James H. Polk) 중령은 아내에게 이렇게 편지를 보냈다. "총사령부 전체에 …… 우울한 기운이 감돌았다. …… 늙은 영감, 그러니까 맥아더 사령관은 정말이지 못 말리는 도박사이다.…… 이번에는 너무 세게 내기를 거는 바람에 그리고 자신의 행운을 너무 과신하는 바람에, 마치 사령부 건물 전체가 그에게 무너져 내리는 것 같다." 그는 "크게 휘두르는 한 방에 모든 것을 걸었는데, 딱 한 차례 맥아더에게 운이 없었다. 그는 극동군사령부 전체가 자신에게 반기를 들 것이라고는 생각하지 못했다. 난 정말이지 전쟁에서 패배했더라도 그를 존경하지만, 이제는 한 시대가 마감된 것처럼 보인다."

폴크 중령은 구세대 충신들이 자초한 재앙을 비난하는 전형적인 신세대 장교의 모습이었다. 그 후에 보낸 편지에서 그는 "왜 맥아더는 멍청한 몇몇 부하들을 참고 있는 거지? 왜 그는 자신을 함정에 빠뜨리는 주변 사람들을 그대로 두고 있는 것일까?"라고 덧붙였다. 오랫동안 충성스러우면서도 무능한 것으로 정평이 나 있는 정보참모 찰스 윌러비 소장은 기자회견장에서 기자들에게 평상시와 달리 솔직하게 맥아더 사령관의 전략이 중공군의 대규모 기습을 단지 '잠재적'인 것으로 간주했던 전제에 기초하는 과오를 범했다고 실토했다. 맥아더는 마오쩌둥의 군대가 국경을 넘지 않을 것이라는 데 "도박을 걸었다"는 것이다. 필리핀 바탄(Bataan) 반도에서 맥아더 장군과 함께 상륙작전을 감행했던 동료들의 무지로 인해 폴크 중령을 비롯한 다이이치 사령부의 부하 장교들은 무력감을 느꼈다. 맥아더 사령관이 의존한 보좌관들은 주로 진주만 기습작전 이전에 필리핀에서 근무했던 구세대 인물들이 대부분이었다.

북진에 실패한 제8군은 38선 이남으로 후퇴하면서 더 큰 과오를 범했다. 후퇴하던 제8군 예하 부대들 사이에 극심한 혼란이 초래된 원인은 중공군이 차량 같은 이동수단을 보유하지 못하고 있었음에도 불구하고 달아나는 부대들을 따라잡았을 때 자신들을 에워싸고 박격포, 수류탄, 경기관총 등으로 공격할 것이라는 두려움에 떨고 있었기 때문이다. 무기와 장비를 철수시킬 기회가 있었지만, 때때로 중공군과 접전을 벌이기도 전에 별다른 대책을 강구하지 않고 적들에게 무기·장비를 헌납하고 말았다.

반면 해병들이 규율을 유지했던 동부전선의 철수는 한결 계산된 방식으로 질서정연하게 이루어졌다. 스미스 소장은 이렇게 말했다. "결국 나는 중공군에게 차량을 파괴할 것인지 아닌지에 대한 최종 결정권을 주겠지만, 일단은 모든 차량을 몰고 출발하기로 결심했다.” 이런 판단은 자신들이 승리할 것이라는 사단의 자신감을 뒷받침해주었다. 불안한 가운데서도 하갈우리를 출발하여 고토리를 거쳐 함흥으로 철수하는 작전은 12월 6일 얼어붙은 안개 속에서 시작되었다. 하갈우리에서 마지막 의무후송작전이 실시되었다. 폴 프리츠(Paul Fritz)가 조종하는 C-47기에는 살아 있는 부상자들보다 더 많은 전사자들의 시체가 실렸다. 이리저리 흔들리지 않도록 한꺼번에 단단히 묶어놓은 시체들의 모습은 결코 보기 좋은 장면이 아니었다. 프리츠는 이렇게 설명했다. “나는 이 특별한 비행에서 위엄을 갖추려 노력했지만, 별로 뾰족한 도리가 없었다. 난 그저 가능한 한 부드럽게 비행기를 조종하려 애썼을 뿐이다.” 제10군단 참모장인 클라크 러프너(Clark Ruffner) 소장은 전사자들의 공중후송에 반대했지만, 스미스 사단장은 할 수 있는 한 많은 전사자들을 태우기로 작정했다. 그는 이렇게 주장했다. “해병들은 전투 중에 전사한 동료들에게 각별한 경의를 표시한다. 해병은 목숨을 걸고서라도 적합한 곳에 매장될 수 있도록 동료들의 시체를 가져가기 위해 할 수 있는 모든 노력을 다할 것이다. 동료들이 낯설고 삭막한 북한 땅에 묻히지 않도록 하는 것이 우리에게 부여된 의무라고 생각한다. 이는 조종사에게 너무 많은 것을 요구하는 것이 아니며, 남은 부상자들의 후송에도 큰 지장을 주지 않는다. 또한 극단적으로 추운 날씨 덕분에 우리는 시체 보존과 관련된 문제를 걱정할 필요가 없다.”

심지어 부대가 철수를 앞둔 마지막 4일 동안에도 단정하고 말끔하게 수염을 깎은 교대 병력과 부상에서 회복된 장병들이 그렇지 않았더라면 텅 비었을 C-47 수송기들을 타고 도착했다. 리처드 수

아레스(Richard Suarez) 일병은 이렇게 회고했다. "하갈우리 활주로에 착륙하여 비행기에서 내리자, 그들은 나를 제7해병 아이템 중대(Item Company)에 배속시켰는데, 그 부대는 총 280명 가운데 불과 50명 정도만 살아남았다. …… 나는 그토록 많은 사람이 자신들이 살아서 돌아올 것으로 기대하지 않는다는 사실을 알고 충격을 받았다. …… 나 같은 경우에는 말할 필요도 없이 기필코 살아서 돌아갈 것이다."

해병대의 155밀리 야포는 밤새도록 포탄 세례를 퍼부어 중공군의 공격을 둔화시킴과 동시에 잉여 탄약을 처리하는 일석이조의 효과를 거두었다. 하갈우리에서 제7해병이 선두에 섰다. 제5해병은 그 밑에서 동쪽 능선을 점령하여 제7해병의 이동을 엄호했다. 코르세어 전투기는 중공군이 모여들 기미가 보이는 즉시 로켓포를 발사했다. 스미스 소장이 탑승한 "구닥다리 헬기는 최고 비행고도가 불과 5천 피트(1,524미터)인데, 도로의 고도만 해도 4천 피트(1,219미터)였으므로 매우 낮게 저공비행을 할 수밖에 없었다. 우리가 걱정한 것은 중공군이 아니라 헬기의 비행능력이었다. …… 우리는 가까스로 고토리에 도착했다. 리첸버그와 머리는 길을 따라 내려왔다. 이들은 지루하게 계속된 전투에 다소 피곤해 보였다. …… 중공군이 다가오자 그들은 달려드는 중공군을 향해 퓨즈를 거의 장입하지 않고 지근거리(至近距離)에서 야포를 사격해야 했다. 그러나 중공군의 공격으로 많은 차량을 잃었다."

로버트 드레이크(Robert E. Drake) 대위가 지휘한 제31전차중대의 잔여대원들은 하갈우리를 떠난 마지막 부대에 포함되었다. 마을에 남아 있던 것들에는 불을 질렀다.

그들은 시커먼 연기가 넘실대는 사이로 굶주린 중공군 병사들이 몇 마일이나 길게 늘어선 해병대 후미부대들에는 관심을 보이지 않고, 아직 불타지 않은 식량을 찾아 불구덩이를 뒤지는 모습을 지켜보았다. 중공군이 포로를 사로잡는 데 관심이 많았던 이유는 이들이 휴대한 전투식량과 의복을 약탈할 수 있었기 때문이다. 중공의 역사학자 후하이보에 의하면, "오래전에 의용군들을 위한 보급이 차단" 되었음을 알고 있던 미군이 충격을 받았던 것은 중공군이 "맨발 차림으로 눈으로 뒤덮인 지면 위를 달리며 자신들에게 돌격했다는 사실" 이었다. 후하이보는 중공군 제60사단 예하 부대원 중에서 살아남은 "약 300명의 장교와 사병들은 식량공급이 끊긴 상태에서 미군들을 공격하느라 거의 얼어죽을 지경이 되었다. 모든 장병들이 영광스럽게 희생되었다. …… 제60사단 부대원 중 한 명도 살아남지 못했다." 고 기록했다.

보급품 공급을 책임지던 중공군 네룽전 원수는 "준비상태가 철저하지 못했다."는 점을 시인했다. 서부전선에서 제8군이 접촉할 수 없을 정도로 멀찌감치 철수했음에도 불구하고 중공군의 진격이 느려졌는데, 그 이유는 "우리에게 필요한 분량의 전투식량을 전선으로 수송하지 못하고, 계획되어 있던 2개 사단의 추가적인 배치를 취소하지 않을 수 없었기 때문이다."

이들은 동부전선에 비해 훨씬 적은 수의 적과 마주했지만, 그곳보다 날씨가 더 가혹했다. 한국에 들어온 부대들은 충분한 준비를 갖추지 못하여 동부전선보다 더 심한 곤경에 처했다. 이들 부대는 먹을

유담리 지역을 떠나 남쪽으로 향하는 미 해병들

> 것이 부족했을 뿐 아니라, 동계 피복이 얇아 추위로부터 신체를 보호해주지 못했다. 그 결과 엄청난 숫자의 비전투손실이 발생했다. 만일 우리가 이런 군수적 문제와 다른 문제들을 갖지 않았더라면 우리 군대는 미군 1사단을 전멸시킬 수 있었을 것이다.

고토리로 이동하는 내내 중공군의 사격에 시달렸지만, 제7해병 2대대는 텅 빈 목조 가옥에 한데 모여 있던 22명의 영국군 해병들을 발견하여 구조할 수 있었다. 중공군은 그들이 착용한 파카를 빼앗은 다음 그곳에 버려두고 달아났다. 항공모함에서 발진한 항공기 조종사는 이들이 지상에서 눈을 밟아서 그려놓은 'H-E-L-P'라는 글씨를 발견하고 먹을 것을 떨어뜨려주었다. 고토리 너머 그리 멀지 않은 곳에 '지옥불 계곡(Hell Fire Valley)'이란 곳이 있었는데, 이곳에서 '드라이스데일 특임단(Drysdale Task Force)'이 중공군 매복에 걸렸다. 중공군은 약탈한 차량들을 그대로 남겨두지 않았다. 버려진 트럭들 중 일부가 뒤집혀 있거나 눈 속에서 불에 타고 있었다. 해병들은 그중 일부가 내리막길에 있어 손으로 밀기만 하면 시동이 걸릴 것이라는 것을 알아차렸다. 비록 총알이 박혀 벌집이 되었을망정 적십자 로고가 선명한 육군 앰뷸런스는 아직도 쓸만했다. 이 차량은 남쪽으로 향하는 행군대열에 동참했다.

황초령 협곡 너머에 남아 있던 유일한 활주로는 우표 크기만 한 것으로, 고토리에 위치해 있었다. 해병 공병대가 서둘러 투입되어 소형 비행기는 물론, 더 이상 어뢰를 장착하지 않지만 한 번에 9명의 사상자를 후송시킬 수 있도록 임시로 개조된, 제2차 세계대전 당시에 이름을 날렸던 기본형 비행기인 'Gruman TBM'도 이·착륙할 수 있도록 손을 보았다. 눈보라가 휘날리는 가운데서도 12월 7일 'TBM Avengers' 항공기들이 연락기/헬기와 함께 날아와 200명의 중상자 그리고 다음날에는 225명을 추가로 후송시켰다. 대부분의 소형 항공기들은 실내 근무 조종사들 중에서 지원자들이 몰고 왔다. 위험부담이 뒤따랐지만 이들 경비행기들은 황초령 계곡에 교량이 연결되기만을 기다려야 했을 많은 사상자들의 숫자를 줄이는 데 기여했다.

12월 4일 늦은 저녁, 하갈우리에서 탈출하는 미군 부대를 지원하기 위해 중공군 표적을 찾아 나선 제시 브라운(Jesse Brown) 소위가 몰던 코르세어 전투기가 중공군의 지상화기에 맞아 추락했는데, 너무 낮은 고도에서 근접비행을 하고 있어 탈출이 불가능했다. 그는 해군 최초의 흑인 조종사로서 미시시피 주 소작인의 아들이었다. 옆에서 브라운이 추락하는 장면을 지켜보던 토머스 허드너(Thomas Hudner Jr.) 중위는 브라운 소위가 한쪽 발이 전투기 잔해에 깔린 채 아직 살아 있는 것을 발견했다. 허드너는 브라운과 1949년 12월 처음으로 만나 인사를 나누었다. 그러나 브라운은 "악수를 하려는 제스처를 취하지 않았다. 나는 그가 나를 당황케 하려는 의도가 없음을 알았다. …… 나는 억지로 그의 손을 잡고 악수했다." 트루먼 대통령의 인종차별 금지 명령이 발효 중이었으나, 뒤늦게 그리고 마지못해 명령이 이행되고 있었으며, 육군은 여전히 제25사단 중에서 24연대를 전원 흑인으로 편성하여 한국전쟁에 투입했다. 소규모 부대에서는 일부 남부 출신 백인 장교들에 의해 여전히 인종차별이 잔존했다.

6대의 코르세어 전투기가 중공군 상공에 날아다니고 있었지만, 그는 무전으로 구조헬기를 요청했다. 그런 다음 연기를 내뿜던 브라운의 비행기가 폭발할 것이 염려된 허드너는 조종석의 탈출 버튼을 눌렀다. 그가 타고 있던 비행기는 브라운이 추락한 곳 가까운 눈 속에 떨어졌다. 이로써 함재기는 추가적인 전투기 손실을 입게 되었다.* 브라운의 발은 엉망이 되어 있었다. 그는 혼수상태를 반복하며 의식의 경계선을 넘나들고 있었다. 허드너의 힘으로는 동체 밑에

* 역주: 허드너 중위는 브라운 소위를 구하기 위해 고의로 비행기에서 뛰어내린 것이다.

발이 깔린 브라운의 몸을 빼낼 수 없었다. 금세 어둠이 깔리고, 기온이 영하로 급강하했다. 허드너는 비행기에 깔린 브라운의 발을 끄집어내기 위해 필사적으로 안간힘을 다했다. 그러나 눈이 깊이 쌓여 있어 발을 디뎌 힘을 쓸 만한 곳을 찾을 수 없었다. 마침내 깊어가는 어둠 속에서 하갈우리에서 해병대 헬기가 도끼와 소화전을 가지고 착륙했다. 헬기 조종사인 찰스 워드(Charles Ward) 중위는 거의 1시간 동안 허드너를 도왔지만 브라운은 거의 죽음의 문턱에 이르렀고, 동체에 깔린 그를 구출하는 것이 가망 없는 것처럼 보였다. 마침내 허드너는 워드 중위에게 언덕에 있는 중공군이 자신들을 향해 이곳으로 내려오건 오지 않건 관계없이 만일 헬기가 지금 당장 이륙하지 않으면 초보적인 운항장비만 갖춘 헬기는 무용지물이 될 것이고, 다음날 3구의 시체와 또 한 대의 비행기가 적의 수중에 떨어질 것이라는 사실을 인정하였다.

허드너는 의식을 잃고 있던 브라운에게 더 많은 구조대가 도착할 것이라고 위로해주었지만, 아무도 오지 않으리란 것을 잘 알고 있었다. 1990년에 허드너는 이렇게 회고했다. "아마도 우리가 출발한 지 몇 분 후에 그는 숨을 거두었을 것이다." 허드너는 한국전쟁에서 명예훈장(Medal of Honor)을 수상한 7명의 해군 및 해병대 조종사 중 한 명이 되었다.

당시의 군대문화에서 소수민족 출신자가 명예훈장을 받는 것은 대단히 어려운 일이었다. 이러한 잘못된 관행은 2014년 제2차 세계대전, 한국전쟁, 베트남전에서 수백 건의 사례를 연구한 끝에 시정되었다. 그때까지 24명의 뒤늦은 수상자들 중 21명이 사망했다.

어느 해병은 자신의 용감한 행위로 명예를 얻었으나, 정작 훈장은 받지 못했다. 한때 육안으로 볼 수 있을 정도로 가까이 있던 적들로부터 사격을 받던 이주은 중위(후에 소령)는 중공군에게 혼란을 줄 요량으로 중국어로 소리를 질렀다. 혼란전술이 효과를 발휘했고, 비록 부상을 입기는 했지만 그는 제7해병 예하 소대를 다시 규합하여 적의 공격을 물리칠 수 있었다. 야전병원에 있던 이주은 중위는 일본으로 후송될 것을 알고 부상당한 다른 병장과 함께 허락도 받지 않고, 여전히 팔에 깁스를 한 상태에서 무단으로 지프차에 올라 부대를 향해 떠나버렸다. 12월 2일 그는 베이커 중대(Baker Company)와 함께 중공군에 중과부적으로 포위되어 있는 폭스 중대(Fox Company)를 구출하라는 명령을 받았다. 그는 앞장서서 적들이 만들어놓은 도로 장애물을 피해 중무장한 부대를 일렬로 세우고, 폭설이 내리는 한밤중에 오직 나침반에 의지하여 언덕을 기어올랐다. 그는 깁스를 한 팔로 사격을 퍼부어 참호 속에 숨어 있던 중공군을 내쫓으면서 계속 전진하여 폭스 중대와 접촉하는 데 성공했으나, 다친 팔에 또다시 적의 총탄을 맞았다. 우박처럼 쏟아지는 총알 속에서 재편성을 마친 이주은의 중대는 12월 8일까지 덕동 협곡에 이르는 도로를 장악하여 황초령 협곡과의 사이에 벌어진 간격을 메웠으나, 결국 적이 쏜 기관총에 맞아 쓰러졌다. 그는 함흥을 거쳐 일본으로 후송되었다. 해군 십자훈장(Navy Cross)과 은성무공훈장(Silver Star)을 수상한 이주은 중위는 2014년 3월, 88세를 일기로 숨을 거두었다.

중공군은 하갈우리를 비우고 출발한 해병대 행렬에 바짝 따라 붙어 좌우에서 해병대원들을 괴롭혔다. 하갈우리로부터 11마일(약 18킬로미터) 남쪽으로 떨어진 고토리에 도착한 해병대는 그곳에서 짤막한 휴식시간밖에 가질 수 없었다. 날이 어두워질 무렵 몇 대의 C-47 수송기가 날아와 부상자들을 빼곡하게 실어 후송시켰다. 고토리에 도착하는 동안에만 500명의 사상자가 발생했다. 제1해병 소속 폴 마틴(Paul Martin) 일병은 대대 관측소에 있던 소령이 네드 아몬드 군단장을 흉내 내는 소리를 들었다. "내가 추천해야 할 명예훈장은 50개가 넘어. 그런데 이름을 한 명도 모르겠어." (14명이 장진호 작전의 공로로 훈장을 받았으며, 그중 7명은 사후에 받았다.)

폭설이 활주로를 덮었지만 다음날 연포에서 C-47 수송기가 날아와 어렵사리 착륙하여 추가로 부상자들을 태우고 이륙했다. 다른 비행기들은 흩날리는 눈송이로 시야가 가려져 활주로를 발견하지 못했다. 눈폭풍이 불어와 12월 7일 밤과 다음날인 8일 아침까지 중공군의 침투와 매복을 막아주었다. 하늘이 맑게 개어 운송과 수송기 이·착륙이 재개되었을 무렵, 꼬리표를 붙인 채 후송을 위해 길게 늘어선 신규 부상자들 가운데 일부는 얼어붙은 전투식량(C-rations)을 먹고 복통이 생긴 환자들이었다. 전투식량에 매달린 낙하산이 펴지지 않아 그대로 지면에 떨어져 전투식량 상자들이 박살났다. 제7해병의 어니스트 곤잘레스(Ernest Gonzalez) 일병은 다음과 같이 기억했다. "우리는 떼 지어 사방을 돌아다녔다. 우리의 기호식품은 소시지와 콩이

석인 통조림이었다. 그런데 그런 것은 눈에 띄지 않았다. 우리가 가장 싫어하던 것은 돼지고기와 콩을 넣은 것이었는데, 그런 것은 사방에 널려 있었다." 그러나 늘 얼어붙은 전투식량을 먹느라 만성적으로 설사증세를 보이던 어느 해병에게 이런 전투식량들은 아무짝에도 쓸모가 없었다. 여섯 겹으로 옷을 껴입고 있던 그에게 의무대 꼬리표에 동상 기록이 추가되었다.

대부분이 해병대원이었지만 2,300명의 GI와 125명의 영국 특공대원들도 포함된 1만 4,000명의 병력은 황초령 협곡과의 사이에 발생한 간격이 메워질 때까지 고토리 지역에서 야영을 했다. 맹렬한 혹한 속에서 이들이 몰고 온 차량 — 계속 시동을 켜놓은 상태였다 — 들은 겨우 움직일 수 있을 뿐이었고, 온갖 종류의 화기들도 이따금 기능 고장을 일으켰다.

병사들은 위험한 것을 알면서도 가능하면 좀 더 나은 온기를 찾아 배기가스를 내뿜는 차량 주변에 옹기종기 몰려들었다. 부상을 입어 의무대에 입원해 있던 에밀리오 '레이' 아귀레 병장은 어느 날 아침, 콧수염이 녹을 때까지 입을 벌리지 못하게 되었다. 데이비드 핼버스탬은 그때 일을 이렇게 생생하게 기록했다. "모두 턱수염을 기른 초췌한 몰골의 병사들은 북극에 너무 가까이 항해했던 옛날 어부들의 모습을 닮아갔다. 턱수염에 뒤덮인 얼음덩어리들은 이들이 어떤 상태에 있었는지 말해주었다." 해병대와 함께 이동했던 「라이프(Life)」 지 사진기자 데이비드 더글러스 던컨(David Douglas Duncan)은 수척하고 눈이 퀭하고 수염이 덥수룩했는데, 그는 그 전해 9월 한국의 부산 방어선에서 돌파작전이 시작된 이래 부대에 배치된 종군기자였다. 던컨은 태평양전쟁 당시에도 종군기자로 활약했다. 하갈우리에서 고토리를 향하여 남쪽으로 내려가는 부대의 모습을 담은 그의 사진은 '드라이스데일 특임대'가 중공군의 매복을 당했던 가파른 언덕에 부서진 차량들이 뒤죽박죽인 채 눈에 뒤덮여 있는 모습을 보여주었다.

12월 9일 동이 틀 무렵, 언덕을 넘던 던컨 기자는 풀러 대령의 제1해병 소속 부대원 중 하나가 "스푼으로 깡통에 들어 있던 다른 콩들로부터 얼음에 덮인 콩 하나를 떼어내려고 애쓰는 모습을 지켜보았다. 그는 장갑을 꼈지만 딱딱하게 굳은 손가락 사이로 더 이상 스푼을 들 수 없었다." 마침내 그는 콩 한 개를 떼어내는 데 성공했다. 그는 천천히 입으로 가져가 그것이 입 안에서 녹을 때까지 기다렸다.

던컨이 끼어들었다. "만일 내가 신이고, 오늘이 크리스마스라고 합시다. 당신의 소원은 무엇인가요?"

"전혀 움직이지 않던" 그 해병은 "초점을 잃은 눈동자로" 이렇게 말했다. "제게 내일을 주세요."

여전히 '내일(tomorrow)'이 없는 사람들의 숫자가 계속해서 늘어났다. 중공군 침투부대와 저격수들은 떨어지는 눈송이를 은폐물로 삼아 몰려드는 차량 행렬을 교란시켰다. 제7해병의 베이커 중대(Baker Company) 소속의 소대장이던 우드로 윌슨 테일러(Woodrow Wilson Taylor) 중위는 고토리 남쪽에서 코르세어 전투기가 날아갈 때 땅바닥에 납작 엎드렸다. 그는 추수감사절 날 '터키힐(Turkey Hill)'에 있던 중대장 조 커카바(Joe Kurcaba) 중위에게 이렇게 한마디 했다. "당신 거기 그렇게 서 있다간 말이야, 총 맞아 죽기 십상이야."

12월 8일 새벽에 고토리에서 최초로 출발하는 리첸버그의 제7해병 부대

그러자 추위로 반쯤 얼어 있던 커카바 중위는 이렇게 대꾸했다. "우디(Woody), 땅바닥에 엎드렸다가는 다시는 일어서지 못할 거야." 그가 조셉 오웬(Joseph Owen) 중위에게 지도상의 길을 가리키고 있을 때, 총알 한 발이 날아와 헬멧 바로 밑의 이마를 관통했다. 커카바는 땅 위에 털썩 쓰러졌다. 혹한의 추위 속에서 피가 거의 흐르지 않았고 죽음은 빨리 찾아왔다. 우디 테일러는 제7해병 베이커 중대(Baker Company)의 지휘권을 인수받았다.

멀리서 중공군의 소화기(小火器) 사격소리가 들리는 가운데 고토리에서 서둘러 장례식이 마련되었다. 비행기로 공수할 수도 없고 육로로 가져갈 수도 없는 시체는 매장하기로 한 것이다. 과거 포병지휘소가 위치했던 자리에 불도저로 땅을 밀어 집단묘지 터를 만들었다. 117명의 해병, GI 및 영국 특공대원들이 뒤에 남겨졌다. 제7해병 영현등록반(Graves Registration Section)의 로버트 골(Robert Gault) 병장은 스미스 사단장과 약간 다르게 이렇게 회상했다.

> 우리 부대에는 각 종파의 군종들이 있었다. 각 종파 신자들은 커다란 구덩이를 판 다음, 매장시킬 죽은 신자들을 가급적이면 한 줄로 세워 그 위에 판초우의를 덮어주었다. 각 종파의 군종장교들이 몇 마디를 낭송하자마자 …… 우리는 그들을 우의로 싸서 봉합했다. 당시 상황을 고려해볼 때, 모두에게 대단히 양호한 장례식을 치러주었다고 생각한다.

추운 날씨 속에서도 헬멧을 벗어 든 채 신속하게 진행되는 장례식을 지켜본 스미스 사단장은 진중일기에 존경심을 유지하면서도 과묵한 문장으로 이렇게 기록했다. “불도저가 땅을 밀어 시체들을 덮어주었다. 그것은 결코 즐거운 장면이 아니었다. 날씨는 혹독하게 추웠고, 장례식 내내 눈이 쏟아졌다.” 주변 사람들은 스미스 사단장이 독실한 신앙심을 갖고 있는 것으로 여겼고, 그의 군번줄에 새겨진 ‘P’는 ‘protestant(기독교)’를 뜻하는 것이었으나, 그는 성년이 되고 나서 최초의 몇 년을 제외하고는 거의 교회와 거리를 두었다. 그의 부친은 장로교 교인으로 양육되었고, 그의 모친은 루터파(Lutheran)에서 크리스천 사이언스(Christian Science)라는 종파로 개종했다. 스미스의 아내는 크리스천 사이언스 교도였다. 혼례방식에서 다른 대안들도 있었지만, 스미스는 괌에서 근무하는 동안 감리교 목사의 주례로 결혼

고토리에서 급하게 치러진 장례식에서 117명의 얼어붙은 시체들이 집단묘지에 매장되었다.

식을 치렀다.

철수에 부담이 되는 약 50명의 부상당한 중공군 포로들도 고토리에 남겨졌다. 따뜻하게 불을 땐 마을 오두막에서 상처를 치료해준 다음, 그들에게 음식과 물을 남겨주었다. 또한 적십자 표시를 그려놓아 이들의 위치를 알려주었다. 중공군이 마을을 점령하고 약탈하러 왔을 때 부상자들을 발견할 수 있도록 배려한 것이다. 아무런 메시지도 붙여놓지 않았으나, 이런 행위는 종군기자 프랭크 노엘(Frank Noel)이 붙잡혀간 이후, 중공군이 해병대원들에게 부상을 입히지 않은 채 온전히 헛간에 남겨 살려주었던 것에 대한 암묵적인 감사의 표현이었다.

스미스 장군은 지난 11월 북쪽으로 진격해 올라가면서 가파른 황초령 협곡에서 일렬로 좁은 1차선 콘크리트 교량을 통과해야 하는 부담을 우려한 적이 있었다. 2,900피트(883미터) 아래에는 4개의 거대한 흡입 파이프인 강철 수로관이 묻혀 있는데, 이 수로관들은 장진호에서 솟구치는 물줄기를 받아 발전소로 보냈다. 다리가 부서지기는 했어도 폭파되지는 않았다. 적이 폭파에 실패한 것일까? 스미스 사단장은 적을 교량 위로 유인하여 함정에 빠뜨린 다음, 상판에 설치한 다이너마이트를 터뜨리기 위해서는 신중한 계획이 필요하다고 생각했다. 밤이 되면 침투해 들어오는 중공군으로부터 도로를 방어할 방법은 없었다. 해병이 하갈우리를 탈출하기 위한 계획을 수립하는 동안 폭 8미터 넓이의 구간이 파괴되어 있었다. 계곡 너머에 있던 중공군은 다이너마이트로 콘크리트 버팀목의 지지대를 폭파시켰다. 이것이 지면에 떨어져 가뜩이나 협소한 통로를 더욱 비좁게 만들었다.

해병 공병대장 존 패트리지(John H. Partridge) 중령이 교량 위에서 벌어진 난감한 사태를 조사하기 위해 공중정찰에 나섰다. 패트리지 중령은 저공으로 날아가는 경비행기에서 혹한의 날씨 속에서도 조종석을 열어젖힌 채, 중공군의 사격을 무릅쓰면서 "필요한 것이 무엇인지를 어림짐작으로 판단하느라 몇 가지를 필기하는 동안 영하 20도 밑으로 내려간 추위 때문에 거의 얼어죽을 뻔했다. …… 자신이 해야 할 일이란 공중에서 고토리에 부교(浮橋)를 떨어뜨려주고, 이 부교를 이용해서 끊어진 다리의 틈새를 메우는 것"이라고 말했다. 패트리지 중령은 공군이 M-2 강철 교량의 일부를 공중에서 낙하산으로 투하해본 적이 없다는 사실을 알고 있었다. 각 구간의 교량들은 무게가 2,500파운드(약 1.1톤)였다. 최소한 합판으로 만든 4개의 완벽한 구간이 필요했다. 중공군의 사격이 간헐적으로 날아드는 가운데 1대대는 교량이 놓일 지역을 장악했다. 패트리지는 스미스 사단장에게 이렇게 말했다. "저는 사단장님이 한강을 건널 수 있게 해드렸고, 하갈우리에서 활주로를 건설했습니다. 이번에는 사단장님께 다리(교량)를 만들어 드리겠습니다."

홍남 밑에 위치한 연포 공군기지에서 '하늘을 나는 유개차(Flying Boxcars)'인 C-119 대형 수송기가 투하한 시험낙하에서는 부교 구간이 박살났다. 패트리지는 허용될 수 있는 오차 한계치를 고려하여 일본의 아시야 공항에 무전을 날려 8개의 부교를 주문하고, 부교 각 구간의 끝부분에 각각 2개의 대형 G-5 낙하산을 부착해줄 것을 요청했다.

황초령 협곡에서 약 1.5마일(약 2.4킬로미터) 떨어진 고토리 부근의 낙하지역에 떨어뜨리려면 부교 구간마다 각각 C-119 대형 수송기 1대가 필요했다. 다행스럽게도 고토리에는 윈치(winch)가 달린 대형 브록웨이(Brockway) 트럭이 있었는데, 이 차량들은 아몬드 군단장이 북쪽으로 지휘소를 이전할 생각으로 전방 지원본부를 세우기 위해 홍남에서 갖다놓은 것이었다. 심지어 일부 해병대원들이 중공군 포위망을 돌파하여 하갈우리에서 고토리로 사투를 벌이며 전진하고 있는 동안에도 고지 정상에서 약 800피트(243미터) 위로 위태롭게 비행하던 C-119 수송기가 12월 7일 오전 9시 30분, 교량 대들보들을 기체 밖으로 쏟아냈다.

황초령 협곡지역의 험준한 지형과 수로관. 오른쪽 아래에 교량이 끊어진 모습이 보인다.

당초 계획했던 대로 낙하산으로 대형 부교들이 투하되었다. 아마도 이는 역사상 공중에서 투하된 유일한 교량으로 기록될 것이다. 12월 7일 오전 일찍 교량 상판이 도착한 것과 거의 때를 같이하여 황초령 협곡을 향해 각 부대별로 잘 조직된 철수행렬이 출발을 개시했다. 고토리는 텅 비었으나 해군 군의관의 도움으로 전날 밤 태어난 2명의 영아를 포함하여 남쪽으로 탈출하려는 초라한 몰골의 한국인들이 지르는 비명이 진동했다. 스미스 사단장의 명령으로 해병분대원들은 피난민들을 중공군 저격수로부터 보호하는 동시에 피난민들이 부교와 병력들의 대열로 달려들지 못하도록 막기 위해 산등성이를 따라 도보로 이동했다. 오로지 운전병, 무전병, 군의관, 종군기자 및 부상자들만 차량 탑승이 허용되었다. 물론 전사자도 포함되었다. 이미 집단매장을 실시했지만 계속해서 더 많은 전사자들이 생겨났다. 전차 4대가 3천 명가량으로 보이는, 날이 갈수록 늘어나는 피난민 행렬을 막아섰다. 일부 굶주린 피난민들은 먹을거리를 찾아 불타는 쓰레기 더미로 위험하게 달려들어 중공군에게 돌아갈 몫을 거의 남겨두지 않았다. 심지어 피난민들은 아무에게도 쓸모가 없었지만 전화기들을 떼어가기도 했다.

소용돌이치는 강풍으로 부교 하나가 떠내려가 중공군 수중에 들어갔다. 이 사건은 여전히 황초령 협곡이 생사를 좌우하는 중요한 지점이라는 인식을 환기시켜주었다. 교량의 다른 구간도 공중낙하의 충격으로 산산이 부서졌다. 체스티 풀러(Chesty Puller) 대대 예하 화기중대의 삼엄한 경비를 받으며 대형 브록웨이(Brockway) 트럭들이 남은 교량 구간들을 천천히 교량 공사장으로 끌고 갔다. 교량 구간들에 매달렸던 대형 낙하산들은 일단 교량에서 분리되자 강풍에 날려 사라졌다. 최소한 낙하산 1개의 일부가 남았다. 영국군 특공대원은 해병대 부상자인 하워드 쿤(Howard Koone) 병장이 빨간색 낙하산을 똘똘 말기 위해 애쓰는 것을 보고 도움이 필요하냐고 물으며 이렇게 말했다. "이봐, 해리, 이 ×할 낙하산에 양키들이 (교량 구간들을) 마치 크리스마스 선물인 것처럼 묶어놓을 게 뭐람."

만일의 사태에 대비하여 확보해둔 여분의 부교 외에는 부질없이 꾸무럭거리는 어떠한 여분의 행위도 용납되지 않았다. 만일 교량 가설에 실패한다면 탈출작전이 위기에 처할 것이고, 야포견인 트랙

파괴된 황초령 협곡 교량. 이를 복구하지 못하면 남쪽으로 이동하는 차량 행렬이 멈춰 설 위기에 처해 있었다.

터부터 걸을 수 없는 부상자를 가득 태운 트럭에 이르기까지 1,000대 이상의 차량이 협곡을 건너지 못할 것이다. 공병대원들은 재공사를 준비하기 위해 모래와 목재로 만든 기초를 수직으로 세우고, 남쪽 끝의 교각 받침대를 다시 만들었다. 작업인원 속에는 약 100명의 중공군 포로들도 포함되어 있었다. 제7해병 1대대 병력들이 공사장에 접근하려는 중공군 침투부대를 격퇴시키는 사이, 12월 8일 정오가 지나기 무섭게 작업이 시작되었다. 박격포탄이나 수류탄이 날아오면 부교나 트럭을 파괴하여 공사가 중단될 수 있음을 깨달은 리첸버그 대령은 혹독한 강풍과 적의 사격을 무릅쓰고 50톤짜리 전차들을 주변에 빙 둘러 배치하여 3시간 30분에 걸친 복잡한 교량설치 공사가 진행되는 동안 작업인원들과 물자를 보호했다.

고토리를 마지막으로 떠난 일행은 스미스 장군과 그의 부관으로, 이들은 황초령 협곡을 향하여 이동하는 부대와 차량의 행렬 위로 헬기를 몰고 출발했다. 스미스 사단장은 사단 지휘소를 황초령 아래에 위치한 청홍리로 옮기고 싶었으나, 헬기 조종사가 강풍 속에서 착륙하지 못하자 훨씬 남쪽으로 날아 홍남으로 이동했다. 스미스 장군은 지프차를 몰고 부대로 다시 돌아갈 생각이었다. 그동안 연대장들이 조준사격을 준비하며 몰래 숨어 있던 중공군 저격수들을 처치하면서 탈출작전을 지휘했다. 어떤 중공군 저격수는 너무 오랫동안 그곳에 숨어 있느라 추위에 얼어죽기도 했다.

부교 근처에서 사로잡힌 포로를 심문한 결과, 만일 이들의 진술이 신뢰할만한 것이라면 중공의용군(Chinese People's Volunteer: CPV) 7개 사단이 장진호 부근에 은거하고 있고, 더 많은 중공군이 장진호 위쪽에서 침투해 내려오고 있었다. 황초령 협곡 남쪽의 교량지역은 1081 고지로부터 감제(瞰制)되고 있었다. 도널드 슈먹(Donald Schmuck) 중령이 지휘하는 제1해병 예하 대대는 코르세어 전투기와 박격포 사격의 엄호 하에 청홍리 방향으로 우회하여 중공군을 몰아내고 고지를 점령했다. 이로써 일부 사상자가 발생했지만 철수 행렬이 황초령 일대로 내려갈 수 있는 여건을 조성하는 데 성공했다. 또 다른 풀러 대령 예하 해병대대는 공병대 폭파반을 제외하고, 맨 마지막으로 이동하는 후미부대로 지정되어 후미전차의 뒤에서 부교를 통과했다. 전차가 중간에 고장 또는 파괴되거나 중공군 침투부대가 공격했더라면 행군 대열의 이동이 중단될 수도 있었을 것이다.

부교 바닥에 깔려 있는 강철 디딤판은 금세 얼어붙어 보행하기에 위험했고, 협곡 위에 생긴 29피트(8.8미터)의 간격을 메우기에 딱 들어맞지도 않았다. 공중정찰 당시에는 약 24피트(7.3미터)로 추산했으나 오차가 생긴 것이다. 부교 길이가 겨우 22피트(6.7미터)였으므로 공병들은 바닥에 합판을 깔고 철도 고정핀을 박아 '여물통' 같은 것을 만들어 교량 기둥에 연결시켜 간격을 메웠다. 막상 '여물통'을 만들던 도중에 철도 고정핀이 떨어지자, 바닥을 고정시킬 수 없게 된 공병들은 "dead man!"*이라고 외쳤다. 그러자 해병대 공병장교 데이비스 페핀(David Peppin) 중위가 한마디 했다. "옆으로 비켜. 내가 듣자하니 교량 침목공사를 하던 공병들이 'dead man'이라더라. 일본인들이 몇 년 전 이곳에 미리 'dead man'들을 갖다놓았는데, 이것들은 전체 교량의 일부야. 그리고 교량이나 도로 수리를 위해 이를 간수하는 일은 인근에 있는 마을사람들 책임이지." 리첸버그 대령이 다가와 소리를 질렀다. "뭣 때문에 꿈지럭거리는 거야?" 페핀 중위가 상황을 설명하자 "얼마나 시간이 걸리나?" 하고 물었다. 페핀이 "통나무를 가져다가 끼워 맞추는 데 약 2시간"이라고 답변했다. 대령은 시계를 들여다보았다. 벌써 땅거미가 내리기 시작했다. "좋아, 그렇게 해. 우린 14시 18분에 교량을 지나갈 거야." 실제 공사시간은 더 소요되었다.

마지막 장애물은 다리 너머에서 도로를 가로막고 있는 쓰러진 콘크리트 버팀목이었다. 페핀 중위는 불도저 날을 버팀목 끝에 대고

---

* 역주: 'dead man'은 '죽은 사람'을 말하는데, 실제로는 일종의 통나무를 가리키는 것으로, 그 모습이 마치 '죽은 사람'처럼 생겼다고 하여 이렇게 불렀을 것으로 추정된다. 'dead man'은 교량이나 도로의 손상된 부분을 신속하게 수리하는 데 사용하기 위해 평소 인근 부락에 비축되어 있었다.

밀어보아 움직이는지 알아보자고 했다. 박격포탄이 떨어지는 와중에 불도저 운전병은 시동을 걸었다. 해병 공병대장 존 패트리지(John H. Partridge) 중령은 안도의 한숨을 내쉬며 "마치 농장 문을 여는 것 같군."이라고 말했다. "불도저가 전체 구조물을 옆으로 밀어붙이자, 얼음 위로 거대한 물체가 미끄러져 도로 밖으로 움직였다."

12월 9일의 음침한 오후 늦은 시간까지도 여전히 교량공사의 마지막 작업이 진행되고 있었다. 첫 번째 차량이 통과하는 순간, 한쪽 트랙이 교량 기둥에 걸쳐져 있고 다른 트랙이 두꺼운 합판 위에 놓여 있던 불도저가 움직이면서 부교 사이의 이음매 부분을 부수어 놓았다. 거대한 불도저가 교량 밖으로 후진하여 부서진 곳을 수리할 때까지 어떤 차량도 부교를 지날 수 없었다. 문제의 불도저는 파괴된 틈새의 중간에 위태롭게 걸쳐져 있었다. 침투해 들어오는 중공군을 격퇴시키기 위해 해병들이 사격하는 섬광이 밤하늘을 환하게 비추었다. 그동안 트랙터 전문가이자 기술담당인 윌프레드 프로서(Wilfred Prosser) 병장이 조심스럽게 불도저를 후진시켜 교량 밖으로 끌고나왔다. 불도저가 교량을 통과하기를 눈이 빠지게 기다리며 지켜보던 장병들은 이 모습에 우레 같은 함성과 박수를 치며 기뻐했다.

어두워질 무렵, 공병대장 존 패트리지 중령은 지프차를 타고 교량을 시험 삼아 지나가 보고는 리첸버그 대령에게 차량 행렬이 통과해도 좋다고 확인시켜주었다. 다음날 새벽 6시, 차량이 먼저 빠져나간 다음 병력들이 줄지어 다리를 지나가기 시작했다. 계곡에 휘몰아치는 북극의 매서운 강풍을 맞으며 움직일 수 있는 모든 사람과 차량들은 어둠 속에서 교량을 건너 해발 4,500피트(1,371미터)의 고산지대에서 밑으로 내려가야 했다. 거대한 브록웨이 트럭, 50톤 중량의 전차와 야포견인 트럭을 포함하여 도합 1,400대 이상의 차량 행렬이 조심조심 앞으로 전진했다. 패트리지 중령은 전차의 폭에 2인치의 오차를 감안하더라도 평행하면서 약간 떨어지게 설치된 한 쌍의 부교가 최대 폭 11피트 4인치(약 3.45미터)를 견딜 수 있을 것으로 계산했다. 채찍질 같은 소리를 내며 강풍이 맹렬히 불어 닥치고 눈발이 흩날리는 가운데 뼛속까지 파고드는 맹렬한 추위 속에서 파괴된 틈새 위에 교량을 설치하는 실로 겁나는 서커스 같은 작업은 오후 15시 30분이 되어서야 완료되었다. 리첸버그가 희망했던 14시 18분에서 한참 지난 다음이었다.

맨 앞에 있던 무거운 브록웨이 트럭은 새로 설치된 상판이 하중을 견딜 수 있는지를 시험했다. 패트리지 중령은 불도저 삽날로 떨어진 부교를 나란히 합치는 것이 하중의 지지에 더 유리하고, 많은 차량과 인원이 통과하는 데 어려움이 없을 것임을 깨달았다. 그러면서도 총 136인치(약 3.45미터)의 폭이 필요했다. 스미스 소장은 이렇게 회고했다. "부교의 안쪽에는 차량 바퀴가 밖으로 넘어가지 않도록 막아주는 '립(lip, 가장자리 테두리)'이 있었다." 패트리지 중령은 "지프차의 경우, 양쪽 바퀴가 '립'에 0.5인치 정도 걸치도록 하면 지나갈 수 있다고 있다고 판단했다. 트럭은 양쪽 '립' 전체를 밟으면서 지나가는데 문제가 없었다. 전차의 경우에는 한쪽 궤도의 절반 정도를 교량의 끝에 맞추면서 통과했다. 이들 차량은 모두 시속 2마일(3.2킬로미터)의 아주 느린 속도로 살금살금 움직였다."

물자와 전·사상자를 적재한 차량들은 초저녁에 헤드라이트를 켜고 좌우에서 전등을 휴대한 병력들의 호위를 받으면서 임시교량을 지나갔다. 종군기자이던 해리 스미스(N. Harry Smith)는 교량을 지나가기 위해 기다리던 병력들을 다음과 같이 묘사했다.

이들은 극심한 강풍과 추위를 이겨보려고 한쪽 발로 껑충껑충 뛰고, 다시 발을 바꿔 제자리에서 한 발로 펄쩍펄쩍 뛰어보았지만 아무 소용이 없었다. …… 우리가 탄 지프차는 서서히 아주 느린 속도로 가파른 경사를 내려가 마침내 부교가 시작되는 북쪽 끝에 도착하여 멈추어 섰다. "교통통제를 담당한 공병대원이 "이봐, 운전병, 긴장 풀어."라고 말하고는 "이제 출발해. …… 천천히 …… 차바퀴를 바닥에 표시된 사이에 유지하도록 해. …… 잘하고 있어. …… 이제 다 왔어. …… 통과 완료!"

내가 탄 지프차는 차량 행렬 후미에서 약 1/4마일(400미터) 떨어진 지점에 있었다. 우리 앞에서 박격포와 기관총 탄약을 실은 대형트럭이 이동하고 있었고, 뒤에는 지프차가 따라왔다. 더 멀리 뒤쪽에서 펼쳐지는 광경은 운전병 머리 위로 한참 솟아오를 만큼 잔뜩 쌓아올린 개인 장구류 때문에 보이지 않았다. 지프차 뒤를 따라 트럭, 대전차포, 캘리버 50(.50-Caliber) 대공화기를 탑재한 수색차량, 포신이 길쭉한 105밀리 야포와 155밀리 야포 같은 중화기 차량이 이동했다. 그 뒤에 지프차 몇 대가 더 있었고, 맨 후미에는 전차가 따라왔다.

각각의 차량 행렬 구간(section)은 …… 다음 구간과 1/4마일(400미터)의 간격을 유지했다. 모든 행렬 속의 차량들은 하나같이 앞 차량의 뒷부분과 뒤 차량의 앞부분 사이에 약 50야드(약 45미터) 간격을 유지했다. 이러한 대열 편성은 적들이 공격하더라도 한꺼번에 모든 차량들을 파괴하지 못하도록 추가적인 안전을 확보하는 수단이었다.

12월 9일 자정이 가까워질 무렵, 보행 가능한 부상자를 포함하여 모든 병력은 남쪽을 향해 뽀드득뽀드득 소리를 내며 눈을 밟으면서 부교의 미끄러운 경사면을 서서히 내려가고 있었다. 종군기자 해리 스미스에 의하면, 장병들은 "마치 걸어 다니는 무기고 같았다. 이들은 소총 외에도 가슴과 허리춤에 수류탄을 주렁주렁 매달고, 심지어 눈이 소복하게 쌓인 소매에도 수류탄을 휴대했다. 대열 속의 누군가가 이런 모습을 '이동하는 군용 크리스마스트리' 같다고 말했다." 각각의 부교 위에는 애써 불안감을 감춘 병력들의 길고 긴 행렬이 늘어섰는데, 자칫하면 까마득한 저 아래 부교 밑으로 추락할 수도 있는 상황이었다. 어떤 해병이 이렇게 소리쳤다. "아래를 내려다보지 마!"

어떤 대원은 "밑을 내려다보지 않으려 했지만, 말할 수 없이 무서운 순간이었다."라며 당시를 기억했다. 실제로 그는 밑을 내려다보았다. 짙은 어두움이 뿌연 새벽으로 열어지는 12월 10일 아침이 밝을 무렵, 그는 교량을 무사히 통과했다. 고산지대 산마루에서 남쪽으로 이동하던 해병들과 육군 GI들이 교량의 상판을 지나 지그재그 모양으로 굴곡이 극심한 도로를 지나는 모습이 저 멀리서 보였다. 해병과 GI들은 대낮으로 갈수록 심해지다가 초저녁이 될 쯤에 수그러진 중공군의 공격으로부터 하산하는 행군대형을 엄호하기 위해 곳곳에서 진지를 점령하고 있었다.

12월 6일 저녁 무렵, 부교를 향해 이동하기 시작하는 부대와 차량 행렬

모든 차량이 교량을 건너는 데 성공하지는 못했다. 군의관 제임스 클레이풀(James Claypool)은 이렇게 기억했다. "찰리(Charlies) 중대의 후미에 있던 몇 명이 마지막으로 출발하는 트럭에 올라탔지만, 나는 차를 타고 산을 내려가는 것이 겁났다. 왜냐하면 앞에 가던 2.5톤 트럭이 얼음에 미끄러져 절벽으로 추락하는 끔찍한 장면을 목격했기 때문이다. 트럭에 타고 있던 전사자와 침낭 속에 있던 부상자들이 떨어지는 트럭에서 튕겨져 나와 빙글빙글 돌면서 추락했다." 그 트럭은 후미가 먼저 바닥에 떨어져 헤드라이트가 절벽 아래 계곡의 한쪽 벽을 비추고 있었다.

패트리지 중령은 이렇게 말했다. "밤새도록 대단히 괴이한 기

연포 공군기지에서 맥아더 사령관과 에드워드 아몬드 군단장

분에 온몸이 오싹했다. 불빛이 모든 것들 위에 비치는 것 같았다." 차량 불빛과 회중전등 불빛, 멀리서 중공군이 사격하는 불빛이 한데 어우러져 엄동설한의 어둠 속을 번쩍거리면서 비추었다. 행군대열은 밤낮으로 쉬지 않고 서서히 조심스럽게 움직였다. 12월 11일 새벽 2시경, 패트리지 중령은 병력들이 교량을 건넜으므로 중공군이 침투하지 못하도록 접근로를 차단해야 할 필요가 있다는 결론을 내렸다.

그는 이렇게 말했다. "나는 무척 기분이 흡족했다. 모든 인원과 차량이 건넌 후에 다리를 폭파시켰다." 스미스 사단장은 또 다른 사건을 기억했다. "루이 풀러(Lewie Puller) 대령은 실수로 전차를 잃었다." 제1해병 3대대 뒤로 약 40대의 전차가 따라왔다. "당초 계획은

1해병이 고토리에 남아 후미를 방어하고 맨 마지막에 나오기로 되어 있었다. …… 우리가 전차들을 후미에 배치한 이유는 무슨 일이 벌어져 전차가 주저앉아 길을 막으면 너무 무거워 움직일 수 없을 것이 염려되었기 때문이다. …… 루이는 그저 전차들이 뒤에서 잘 따라오려니 생각했다." 그러나 교량을 불과 1마일 앞두고 후미에서 아홉 번째 있던 전차가 고장 났다. 강추위에 브레이크가 동파된 것이다. 그 앞의 전차들은 계속해서 앞으로 이동했다.

28명으로 구성된 수색소대를 이끌고 마지막 전차들과 함께 이동하던 하겟(E. C. Hargett) 소위는 교량을 건너기 위해 한꺼번에 달려드는 피난민 무리를 뒤로 물리려 했다. 전차들이 정지한 직후, 하겟 소위는 피난민 속에서 자칭 중공군 병사라는 5명의 사나이들이 앞으로 달려 나오는 것을 보았다. 이들은 영어로 항복하기를 원한다고 말했지만 진짜 의도는 정반대였다. 이따금 중공군 첩자들은 피난민들의 고통을 교묘하게 이용하여 전형적인 농사꾼 복장 속에 무기를 숨겼다가 미군들을 급습하여 막대한 타격을 입히는 기회를 노리곤 했다. 스미스는 이렇게 말했다. "피난민들의 무리가 끊임없이 몰려들었다. 우리는 이들을 계속 뒤로 밀어냈다. 우리는 피난민들이 대열 속에 섞이는 것을 허용하지 않았다. …… 그리고 한쪽은 산으로 막혀 있어 전차가 할 수 있는 일이 별로 없었다. 전차는 앞이나 뒤로는 사격할 수 있지만, 위로는 사격할 수 없었다. 중공군은 수류탄 같은 것들을 전차에 마구 던지기 시작했다."

5명의 중공군을 수상하게 여긴 하겟 소위는 카빈 소총을 겨누고 이들에게 다가갔다. 이때 1명이 옆으로 비켜났고, 그 뒤에 있던 다른 4명은 일제히 두툼한 농사꾼 복장 속에 숨겨두었던 방망이 수류탄과 경기관총을 빼들었다. 하겟 소위가 방아쇠를 당겼으나 추위로 총이 얼어 있었다. 그는 중공군 1명에게 날쌔게 달려들어 개머리판을 휘둘러 침입자의 골통을 부숴놓았다. 중공군 첩자가 숨겨두었던 방망이 수류탄을 제멋대로 집어던지는 바람에 하겟 소위는 가벼운 부상을 입었다. 조지 아미옷(George Amyotte) 병장은 피난민 속에 숨어 있던 다른 4명의 중공군이 총을 쏘는 순간, 브라우닝 기관총으로 놈들을 간단히 처치했다. 후미에 있던 2대의 전차 승무원들이 매복을 당했고, 그중 1대가 불에 탔다.

전차 승무원들이 포기한 5대의 전차가 길을 막았다. 중공군이 던진 수류탄이 폭발하여 하겟 소위가 쓰러졌고, 로버트 드모트(Robert DeMott) 일병이 길옆으로 날아갔다. 대부분의 소대원들은 실험용 섬유질 방탄복(fiberglass body armor)을 착용하고 있어 목숨을 건졌지만, 2명이 전사하고 12명이 부상 그리고 1명이 실종되었다. 당시 수색중대에는 불과 50벌의 방탄복이 지급되었을 뿐이다.

브레이크 고장이 난 전차가 어렵사리 다시 움직일 수 있게 되자, 두 번째 전차도 이동을 개시했다. 풀러 연대에 소속된 수색중대가 교량을 건넌 마지막 부대인 것으로 보였지만, 정작 마지막으로 다리를 건넌 사람은 지프차를 타고 서서히 이동한 풀러 대령이었다. 지프차 범퍼 위에는 방금 전사한 전차 승무원들의 시체가 묶여 있었다. 다른 2명의 시신은 후드에 고정시켜두었다. 부상을 입은 몇 명의 병사들은 지프차의 뒤를 따랐다. 풀러 대령은 자신의 운전병인 오빌 존스에게 "우리 해병은 동료 전우들을 데려가야 해."라고 말했다.

피난민 행렬이 교량 상판에 더욱 가까이 다가왔다. 이들 속에는 거의 틀림없이 중공군 첩자도 섞여 있을 터였다. 부교 위에 있던 브루스 윌리엄스(Bruce Williams) 소령은 지프차를 급정지시키고 이렇게 소리쳤다. "다리를 폭파시키라는 명령을 내려야 하는 사람은 도대체 누구야?"

전차 조종수가 혼란의 와중에 "그 사람이 누구이고 어디 있는지 모릅니다." 하고 대답했다. 그러자 윌리엄스 소령이 "저 ×같은 다리를 당장 날려버려! 우리가 너희들을 엄호해주겠어. 더 이상 기다릴 수 없어."

윌리엄 소령은 지프차를 돌려 상판의 낮은 곳으로 향했다. 경고사격이 머리 위로 날아오자, 도로 위에 모여 있던 피난민들과 그 속에 숨어 있던 중공군이 걸음을 멈추었다. 이들이 앞으로 달려 나오려는 순간, 교량 상판 밑에 미리 장착되어 있던 폭약의 신관에 불이 붙었다. 굉음을 내며 폭발하는 순간, 피난민 무리는 교량으로부터 불과 100야드(약 91미터)가량 떨어져 있었을 뿐이다. 폭파된 부교의 파편들이 깊은 계곡 밑으로 떨어졌다.

풀러 대령이 부주의하게 뒤에 남겨두었던 해병들은 고산지대 능선 위의 장진호 양수장을 돌아 언덕을 기어 내려온 다음, 다시 절벽처럼 가파른 경사면으로 올라가 도로를 발견한 끝에 협곡을 건너와 철수하는 대열에 합류했다. 수류탄 폭발로 길옆에 쓰러져 있다가 교량이 폭파되는 굉음에 의식을 회복한 로버트 드모트 일병은 다른 길을 돌아 계곡을 건너야 한다는 사실을 깨달았다. 그는 도로 위로 올라가 피난민 대열에 끼어들었다. 춥고 굶주렸으면서도 온갖 고

난에 단련된 피난민들은 산등성이를 하나씩 하나씩 넘어가기 시작했다. 피난민 대열에 섞여 있던 중공군은 어디론가 사라졌다가는 다시 나타나고, 또다시 사라졌다가 나타나기를 반복했다.

날이 밝자마자 북쪽에서 빽빽하게 대형을 갖춘 중공군의 무리가 고토리 협곡을 향해 접근하는 모습이 눈에 띄었다. 어느 해병은 훗날 "중공군 무리(hordes of Chinese)"라고 보도한 언론기사를 조롱했다. 그가 경험한 중공군이란 저격수, 침입자, 분대, 중대 등 갖가지 규모였으므로 "중공군 1개 소대에 얼마나 많은 무리가 있나?" 하며 빈정댔다. 그러나 장진호 부근에 있던 중공군은 사실 수만 명이 사망하고, 수만 명이 부상을 입고, 수만 명이 동상에 걸리는 엄청난 피해를 입고 있었으며, 설령 소대 규모라 하더라도 몇 명으로 구성되었는지 알 수 없는 노릇이었다. 철수하는 부대를 엄호하기 위해 황초령 아래의 진지를 점령했던 도널드 슈먹 중령이 지휘하는 제7해병 1대대가 무전으로 항공 공격과 포병사격을 요청했을 당시, 중공군은 소대가 아닌 대열을 이루면서 전우들의 시체를 밟고 태연한 표정으로 무작정 전진하고 있었다.

황초령 협곡을 넘어선 지역에 미군 부대가 하나도 없다는 사실을 무전으로 확인한 함재기 조종사들은 황초령 협곡에 설치된 상판 중 부서지지 않고 남아 있던 부분들과 그 밑의 발전소 터빈을 파괴시켰다.

스미스 소장은 클리프턴 케이트 해병대 사령관에게 자신의 부하들이 "수염이 덥수룩하고 발이 퉁퉁 부어오르고 신체적으로 지친 상태였지만, 사기가 충천해 있다. 그들은 여전히 투지에 불타는 해병사단의 일원이다."라고 보고했다. 오랜 세월이 흐른 후에 탈출작전을 회고해보던 스미스 소장은 부대원들의 강인한 결의와 역경에 굴하지 않는 강인함을 인정했으며, 아울러 참호 속에서 무신론자란 존재하지 않는다는 속담을 생각해냈다. "내가 데리고 있던 연대장 중에서 한 명은 이런 식으로 정곡을 찔렀다. 그는 스스로 신앙심이 깊은 사람이 아니라고 말하면서도 자신이 신의 손에 이끌려 걷고 있음을 느낀다고 말했다."

9

내리막길

"우리는 먼 거리를 걸었다. 우리는 참으로 머나먼 길을 걸어왔다."

「뉴욕타임스」 신문의 1면 기사 제목이 "워싱턴 껌(Washington Gum)"으로 보도되었는데, 이는 'Glum(우울한)'에서 'l'을 빠뜨린 것이었다. 그러나 뭔가 끈끈한 접착제를 연상시키는 이 단어는 '시무룩함'이라는 단어가 풍기는 분위기를 제대로 묘사하는 듯했다. 여느 때 같았으면 서로 원수처럼 으르렁거렸을 공화당과 민주당은 대통령이 국가비상사태라고 선포한 상황에 직면하여 초당적으로 단합된 모습을 보였다. 하원은 찬성 378 : 반대 20의 표차, 즉 75%의 압도적 찬성 비율로 초과 전시이득세(戰時利得稅) 법안을 통과시켰다. 거의 아무런 반대도 없이 상무부는 미국 선박이 해외 항구에서 취득했을지도 모르는 화물을 포함하여 소련과 중공 및 소련 위성국들에 대한 선적금지조치 권한을 발동했다. 한편 한반도 북동부 전선에서 중공군의 위험으로부터 거의 벗어난 해병대는 안전한 곳에 도착할 때까지 함께 이동하는 부대들을 지키기 위해 전열을 가다듬었다. 황초령을 넘어 남하하는 호송대열의 집단은 길이가 총 30마일(약 48킬로미터)에 이르는 것으로 보였다.

완전히 파괴된 황초령 협곡의 교량 남쪽에서 얼음에 뒤덮인 산등성이를 관통하는 자갈길을 따라 움직이던 부대와 전차들은 끊임없이 좌우 측방에서 사격을 퍼붓는 중공군의 무리를 각별히 조심했다. 프랭크 비펄크(Frank Bifulk) 병장은 이렇게 회상했다. "우리는 산에서 걸어 내려왔다. 믿지 못하겠지만, 하나님께 맹세하거니와 우리가 (청홍리) 계곡에 도착하자 마치 추운 미네소타에서 따스한 캘리포니아로 이동한 것 같았다. 야호! 날씨는 더 이상 춥지 않았다."

제5해병대는 사방에서 박살난 군대의 잔당들로 이루어진 북한군 게릴라가 숨어 있다는 보고에 긴장하면서 제7해병 뒤를 따라 이동했다. 중공군 부대는 이동로 좌・우측 사방에 숨어 있는 듯했다. 일부는 숨어 있던 곳에서 튀어나와 항복하기도 했다. 해병들은 적들의 위장항복에 이골이 나 있었지만, 실제로 중공군은 동상에 시달리고 먹을 것이 떨어져 굶주리고 있었다. 제7해병 소속 대대본부가 무전을 날렸다. "포로들을 심문할 테니 내려 보내기 바람." 셔먼 릭터(Sherman Richter) 병장에 의하면, "우리는 '알았음'이라고 답변했다. 그러나 중공군 포로는 본부에 도착하지 못했다. 대대본부에 다시 무전을 날렸다. '중공군이 달아나려고 해 사살해버렸음'" 비인도적 처사라고 하겠지만, 원치 않는 포로를 챙겨야 하는 부담을 덜어내는 작업은 전쟁에서 새삼스러운 일이 아니다. 협곡으로부터 힘겹게 하산하느라 기진맥진한 상태에서 남쪽으로의 이동을 엄호할 부대가 필요했던 해병부대 입장에서는 그렇잖아도 고갈된 전투력을 POW(전쟁포로)에 전환시키는 것은 달가운 일이 아니었다.

12월 5일 아몬드 군단장은 제3사단의 로버트 소울 소장과 회동하여 '레드' 미드('Red' Meade) 준장 예하에 보병, 공병, 포병으로 구성된 임시특임단(provisional Task Force)을 편성했다. 다음날 창설된 'Dog'란 명칭의 특임단은 황초령 협곡에서 하산한 부대와 접촉하여 중공군의 박격포와 저격병 사격이 계속되는 가운데서도 도로상으로 인원과 차량이 통행할 수 있도록 개방 — 거의 개방 — 하는 책임을 지고 있는 제1해병 1대대의 부담을 덜어주었다. 주보급로 상의 고장 난 차량은 도로 장애물로 변신하여 차량 주변에 정지한 부대를 겨냥한 중공군의 공격을 불러왔다. 고토리를 출발하여 황초령 계곡을 지나 청흥리로 내려오며 철수하는 동안 가뜩이나 중공군의 공격에 시달리던 해병은 347명의 사상자, 즉 75명 전사, 16명 실종, 256명 부상이라는 추가 손실을 입었다. 저 멀리 황초령 계곡을 넘어오는 것은 결코 식은 죽 먹기가 아니었다.

그 후유증도 만만치 않았다. 부대가 청흥리 바로 아래의 수동리(역주: 원산에서 북서쪽 약 50킬로미터 지점)에 도착하기 시작했을 무렵인 12월 10일 밤, 중공군은 수류탄과 따발총을 들고 부락의 가옥들에 몰래 숨어 있었다. 불의의 매복을 당했지만, 운전병들과 차량 탑승자들은 이들에게 즉각 응사했다. 난투극이 벌어지는 와중에 8명의 미군이 전사하였고 21명이 부상을 입었다. 9대의 트럭과 함께 위태로운 황초령 부교를 무사히 건너온 인원수송 차량들이 부서졌다. 불타는 트럭들에서 뿜어 나오는 총성이 마을의 밤하늘을 밝혔다. 16명의 중공군 시체더미 속에서 존 페이지(John U. D. Page) 중령이 46세의 나이로 숨을 거두었다.

제52 트럭수송대대 지휘관이던 페이지 중령은 육군 공병으로, 한국에 도착한 지 불과 12일밖에 되지 않았다. 항공기 편으로 고토리에 도착하여 체스티 풀러가 지휘하는 제1해병에 소속된 페이지 중령은 C-47 수송기의 이·착륙이 가능한 활주로를 중공군 저격수의 사거리가 미치지 못하는 약 1,000야드(약 915미터) 길이로 연장시키는 공사를 감독하는 임무를 부여받았다. 임무를 완수한다는 것은 단순히 임무 수행을 지켜보는 것 이상의 헌신을 요구한다. 그는 전차에 올라타고는 활주로를 겨냥해 사격하는 중공군을 향해 포탑에 장착된 기관총을 발사하면서 전차 포수의 사격을 유도했다. 곧 활주로가 완공되어 비행기의 이·착륙이 순조롭게 이루어졌다.

페이지 중령은 며칠 후에 황초령 협곡을 내려왔다. 중공군이 나타나 하산길의 부대가 정지하자, 그는 톰슨 기관총을 잡고 중공군의 공격을 침묵시켰다. 수동리에서 다시 중공군과 맞붙자, 그는 서둘러 대열 앞으로 달려가 적의 매복을 풀었지만 자신의 퇴로가 차단되고 말았다. 해병대원이 아니었지만, 제10군단은 사후에 그에게 최고 영예인 해군 십자훈장(Navy Cross)을 추서했다. 전투에서 보여준 그의 감투정신은 비록 기간이 짧았더라도 감탄할만한 것으로, 마침내 1957년 본국에서 그 공로가 인정되어 명예훈장(Medal of Honor)이 추서되었다.

철수로는 여전히 위태로웠다. 폐광에는 저격병이 숨어 있고, 비어 있는 듯 평범해 보이는 가옥에도 게릴라가 은거하고 있는 것 같았다. 'Dog' 특임단에 소속된 환영 차량들은 힘겹게 그곳까지 걸어온 장병들에게 모포 같은 덮을 것을 나눠주었다. 해병 수색중대 중에서 가장 후미에 있던 하겟(E. C. Hargett)의 소대는 부교에서 중공군과 교전을 벌였지만 별 탈 없이 11월 12일 아침 청흥리에 도착했다. 'Dog' 특임단 소속 장갑차와 트럭 행렬은 행군 때문에 피로하고 지쳤으면서도 투지가 왕성한 장병들을 태워 전투식량과 뜨거운 커피를 제공했다. 어떤 해병들은 자부심을 내세우며 호의를 완강하게 사양했다. 존 케이힐(John Cahill) 소위가 소리쳤다. "함흥까지 차에 타고 갈 텐가?"

그러자 꾀죄죄한 차림에 수염이 더부룩한 해병이 대답했다. "아뇨, 여기까지 걸어왔는데요 뭘. 앞으로도 내내 걸어갈 겁니다." 그러나 어떤 장병들은 걸을 수 없었다. 제7해병 2대대 폭스 중대에 소속된 192명 중에서 30명만이 생환에 성공했다. 성한 장교는 한 명도 없었다. 소대 병장인 리처드 댄포드(Richard Danford)는 병력이 크게 줄어든 부대를 맡아 지휘하고 있었다. 해병들은 제3사단 방어지역이자 동해안까지 43마일(약 69킬로미터) 떨어진 청흥리에 진입하는 순간부터 전투임무가 종결되었다. 열악한 무기와 혹한의 날씨로 인해 중공군 12개 사단이 제풀에 무력화되었다. 한편 해병사단의 1/3에 해당하는 병력이 죽음과 부상, 살벌한 추위를 견디고 살아남았다.

아마도 벤저민 리드(Benjamin Read) 대위가 지휘하는 105밀리 곡사포 '하우(HOW)' 포대의 이름을 따서 명명된 듯한 '하우힐(How Hill)'이라는 이름의 작은 고지 밑으로 마을에서 약 1.5마일(약 2.4킬로미터) 내려간 지점에 약 1,000야드(약 915미터) 길이의 U자 모양의 급커브가 있는데, 북쪽으로 연결되는 산등성이 아래를 지나 협곡을 넘어가면 고토리에 이르게 된다. 사단 155밀리 곡사포들은 원거리에서 중공군이 모습을 드러내지 못하도록 다가오는 해병대원의 대열 너머로 수백 발의 포탄을 퍼부었다. 이는 실로 위험한 전술이었다. 이론상으로 포탄은 10마일(약 16킬로미터)을 비행할 수 있지만, 얼어붙은 혹한의 날씨 속에서는 포탄이 짧은 거리에 낙하할 수도 있었다. 999야전포병대의 케네스 다왈트(Kenneth Dawalt) 중령은 가슴을 쓸어내렸다. "포탄 비행에 편각오차가 발생하면 우리 부대원들을 죽일 수도 있었다. 그런 걱정에 머리카락 몇 가닥이 하얗게 셌다."

AP통신 특파원 핼 보일(Hal Boyle)은 이렇게 기록했다. "공중에서 내려다보니 철수 행렬이 장엄하면서도 연민의 감정을 자아낸다. 행렬은 성서에 등장하는 화려한 행사 같은 분위기마저 풍겼다. 4천 피트(1,219미터) 상공에서 내려다본 거대한 철수부대의 대열은 실로 서사적 스토리를 다룬 조용한 영화 속의 한 장면 같았다. …… 모든 것은 회색 구름처럼 얼어붙어 있었다. …… 상록수로 뒤덮인 고지들, 노란색 도로, 먼지를 날리며 달리는 전투차량들, 한데 모여 강을 건너거나 고지를 향해 올라가는 흰옷 차림의 피난민 대열, 탁한 올리브색 전투복 차림의 부대가 끝없는 행렬을 이루고 있었다. 그러나 비행기가 고도를 낮추자, 이 광경은 수많은 인간들의 대열로 바뀌었다."

청홍리로부터 남쪽으로 13마일(약 21킬로미터) 떨어진 마전동 마을 밑을 지나는 철로에서 폭스 중대의 생존자들은 의자나 지붕도 없는 무개열차에 탑승하여 구닥다리 증기기관차가 내뿜는 매캐한 연기를 들이마셨다. 해병들을 잔뜩 태운 기관사는 탑승 완료를 알리는 날카로운 '땅콩 호루라기' 소리에 화답하며 경적을 울렸다. 군의관인 헨리 '닥' 리트빈(Henry 'Doc' Litvin) 중위는 기관차의 "경이롭고 환희에 찬" 비명 같은 소음을 회상하면서 탑승객들은 기관차가 뿜어내는 연기가 되돌아와 불꽃이 날려 파카에 구멍이 뚫어져도 전혀 개의치 않았다고 말했다. 어차피 온화한 날씨 속에서 두꺼운 파카는 곧 무용지물이 될 터였다.

황초령 협곡에서 내려오는 절벽과 계곡만 하더라도 곳곳에 중공군이 숨어 있었으므로 그나마 청홍리는 철도장비를 조립하기에 안전한 가장 북쪽 마을이었다. 갖가지 마모 상태를 보이고 있는 10개의 구식 기관차와 58칸의 차량이 좁은 협궤선로 위에 대기하고 있었다. 아울러 8동의 병원열차가 부상자를 직접 해안으로 수송할 채비를 했고, 더 구식이지만 아직도 쓸만한 열차들이 남쪽으로 12마일(약 19킬로미터) 내려간 오도리에 비축되어 있었다. 일본의 식민지 지배가 끝난 이후 한국에서 굴러다니던 온갖 바퀴 달린 수송수단들은 하나같이 이미 맛이 간 것들이었다. 부산의 시가지에서 돌아다니는 전차도 수십 년 전에 필라델피아에서 들여온 것이다.

어떤 병사는 수동리의 철도 종점에서 커다란 덮개 밑에 낯익은 포장지에 싸여 있는 코코아 향기가 풍기는 캔디 무더기를 발견하고는 기쁜 나머지 "캔디 먹을 사람?" 하고 소리를 질렀다. 제7해병의 레이먼드 데이비스(Raymond Davis) 중령은 병사들을 보내 혼잡한 열차 차량을 다니며 장병들에게 캔디 상자들을 분배토록 했다. 투치롤(Tootsie Rolls) 상자가 가장 먼저 바닥났다. 허기진 장병들은 캔디를 잔뜩 받아 주머니를 채웠다. 어떤 장교는 열차 통로를 돌아다니면서 병사들에게 이렇게 타일렀다. "귀관들은 캔디를 훔칠 필요가 없어요. 다 귀관들 거니까 마음껏 드세요." 유담리를 출발한 이후 투치롤의 가치는 다른 캔디의 두 배였다. 체온으로 녹인 투치롤은 총알 세례를 받아 차량 엔진이나 냉각기에 생긴 구멍들을 메우는 데도 요긴하게 사용되었다.

하갈우리에서의 대탈출이 성공한 이래 투치롤의 공급이 중단되는 일은 결코 벌어지지 않았다. 해병대 화기중대의 60밀리 박격포탄이 고갈되자, 무전병은 항공기에 '투치롤'이라는 암호명으로 탄약의 공중투하를 요청했다. (실제로 캔디가 실탄이었다.) 이들이 그런 암호명을 사용한 것은 해병대 박격포가 실탄 부족으로 위기에 처해 있다는 사실이 근처의 중공군에게 알려지기를 원치 않았기 때문이다. 이윽고 수십 박스의 탄약이 공수되었으나, 일본에서 화물적재를 담당한 사람은 보급특기 부호를 미처 숙지하지 못한 일본 사람이었던 모양이다. 긴급 컨테이너 담당자들은 당혹스럽게도 60밀리 탄약 대신에 진짜 투치롤을 가득 담았다. 아마도 해병대 수중을 벗어난 컨테이너를 차지한 중공군도 당황했을 것이다. 그들이 휴대한 소련제 박격포는 미군 박격포탄을 발사할 수 있었지만, 얼어붙은 수천 개의 투치롤로 사격할 수는 없었기 때문이다.

12월 11일 어둠이 깔린 후 흥남에 접근한 부대원들은 기차에서 내려 텐트와 난로, 따뜻한 음식이 배식되는 항구 근처의 야영지로 향했다. (전차는 아직도 덜컹거리며 이동 중이었다.) 레이먼드 데이비스 중령은 당시에 맛본 꿀맛 같은 음식에 대해 "2시간 만에 팬케이크를 18개나 먹어치웠다."고 회고했다.

청흥리 위쪽에서 행렬의 후미에 있던 'Dog' 특임단은 목숨을 걸고 협곡과 산등성이 주변에서 미끄러지며 달려드는 수천 명의 피난민들을 제지하느라 진땀을 빼고 있었다. 계곡 일대에 방어선을 치기 위해 지뢰를 매설하고 철조망을 설치했다. 해병들은 청흥리와 수동리에서 출발하면서 무기만 챙기고는 사용이 불가능한 자동차들은 도로 옆으로 밀어내 파괴시켰다. 공중수색에 투입된 항공기들이 산등성이에 숨어 있는 중공군을 찾아내어 지면에 납작 엎드린 채 매복해 있던 중공군 밀집부대를 향하여 기총소사와 로켓포를 발사했다. 트럭이 부족하여 도중에 유기해야 할 보급품 더미들은 폭약으로 파괴시키거나 불에 태웠다. 피난민들은 머리 위로 날아가는 해병들의 경고사격을 받아 멀찌감치 거리를 유지하면서도 계속해서 다가왔다. 제3사단 65보병연대는 피난민 속에 한국인 복장을 한 많은 무장한 중공군이 숨어 있을 것을 우려했다.

레이 마일스 병장에 의하면, 적들의 흔적을 찾아 수색정찰 업무를 수행하던 부대는 절대적으로 필요한 경우가 아니면 존재를 드러내지 말라는 명령을 받았다. 전투식량과 농가의 지하 저장고에서 찾아낸 말린 옥수수 씨앗으로 연명하던 춥고 배고픈 소대원들은 20~30파운드(약 9~13킬로그램) 정도 될 것 같은 새끼돼지를 발견하고는 잡으려고 이리저리 쫓아다녔다. "돼지가 M-1 소총과 카빈 소총 개머리판으로 얻어맞고도 하도 버둥거리는 바람에 완전히 침묵시키는 데 꽤나 힘이 들었다. 난 돼지가 그처럼 시끄럽고 오랫동안 괴성을 지르는지 꿈에도 몰랐다." 위치가 노출될 우려가 있어 야전에서 엄격히 금지된 모닥불까지 피우고 서둘러 돼지를 굽던 소대원들은 '반쯤 설익은' 돼지고기를 대검으로 신나게 발라먹었다.

12월 11일이 저물 무렵, 함흥에 새로운 방호구역이 설치되었다. 이로써 'Dog' 특임단이 해체되고 부대원들은 제65보병연대로 다시 전속되었다. 동남쪽에 위치한 연포 비행장을 포함하여 처음에 몇 개의 반원 형태로 이루어졌던 방어구역은 부대원들이 흥남지역으로 이동함에 따라 규모가 점점 줄어들었다. 아몬드 군단장은 일본 다이이치 사령부에게 "제10군단은 중공군과 격전을 치르며 장진호에서 철수하느라 전력이 많이 소진되었지만, 충분한 지상・해상 화력과 공중엄호가 제공될 경우에는 함흥, 흥남, 연포를 포함한 상당한 규모의 교두보를 무기한으로 확보할 수 있다."고 말했다. 그는 이러한 전략으로 중공군의 한반도 점령을 저지할 수 있다고 주장하며 몇 번이고 거듭해서 자신의 전략을 강조했지만, 아무도 그의 말을 귀담아 듣지 않았다. 그러나 독일과 서유럽에 대한 소련의 야심을 좌절시킴으로써 대단히 성공적이고 드라마틱했던 베를린 공수와는 달리, 그가 제안한 대로 상당한 해군 및 공군의 존재를 필요로 하는 안전지대에 지속적인 재보급을 제공하는 것은 별다른 전략적 또는 정치적 가치도 없이 군수품을 고갈시키는 결과를 초래했을 것이다. 경이적인 성공을 거둔 베를린 공수를 감독했던 극동공군 전투화물사령관 윌리엄 터너(William H. Tunner) 소장의 존재는 만일 결과가 노력을 정당화시킬 수 있다면 어떤 극단적인 조치도 취할 수 있음을 상기시켜주는 것이었다.

연포지역을 포기하기 전, 맥아더 장군은 12월 11일 정오가 되기 직전에 비행기를 타고 날아와 자신이 후퇴작전에 적극적으로 개입하고 있다는 인상을 주기 위해 기자들과 사진촬영하는 데 45분이나 소비했다. 해병대 사령부에서 연포에 파견된 사람은 아무도 없었으며, 다이이치 사령부의 '바탄 상륙 멤버(Bataan Gang)' 중 그 누구도 아몬드 군단장과의 토의에서 특별한 역할을 수행하지 않았다. 동경

발 언론과 AP통신이 제공한 사진은 맥아더 사령관과 아몬드 군단장을 촬영한 장소를 홍남이라고 소개하면서 맥아더 장군이 홍남에서 철수과정을 지켜보았다고 보도했다. 하지만 연포는 남쪽으로 지프차를 타고 더 내려가야 하는데, 맥아더는 지상에 머물렀던 45분간 한 번도 비행장을 떠난 적이 없었다. 그는 일본으로 돌아가는 비행기에서 이번 방문을 "전방 시찰"이라고 평가하고는 하네다 공항 활주로에서 기자들에게 방문 결과를 설명해주었다. 맥아더는 이미 상황이 자신의 통제 범위에서 벗어났기 때문에 "우리의 유엔군"이 유엔이 승인해준 "임무를 완수하지는 못했으나" 유엔의 명령을 효과적으로 준수했다고 언급했다.

스미스 사단장은 아몬드 군단장으로부터 해병 사단이 홍남에 도착하는 것과 거의 동시에 함정에 승선할 준비를 해야 한다는 소식을 전해 들었다. 아몬드는 중공군에 의해 막대한 타격을 입은 해병들이 더 이상 효과적인 전투력을 발휘하는 것은 불가능하다고 보고, 이들을 재배치하는 데 우선순위를 두었다. 그러나 이는 스미스 사단장이 예상하지 못한 상황이었다. 상륙작전의 경험으로 미루어볼 때, 그의 임무는 교두보를 확보하고 맨 마지막으로 철수하는 것이다. 그러나 이는 결국 해군의 작전이고, 해병은 해군의 일부에 불과했으므로 지시를 따를 수밖에 없었다.

장진호에서의 철수가 준비되고 있을 때, 극동군사령부 해군 참모차장 알레이 버크(Arleigh Burke) 제독은 불가피한 철수작전을 위해 일본에 도착하는 "모든 상선의 1/5"과 함께 "전차를 들어 올려 적재할 수 있는 중(重)화물 크레인이 장착된" 선박 5척을 징발할 것이라고 말했다. 그는 12월 초까지 "60~70척의 텅 빈 대형선박"을 집결시켰다. 트루먼 대통령까지 나서서 해결해야 할 정도로 철도 노조원들이 임금인상을 요구하며 전국적인 파업을 벌였음에도 불구하고 더 많은 선박들이 모여들 예정이었다. 이리하여 황초령 협곡에 부교가 설치되기도 전에 이미 흥남으로 선박들이 이동하고 있었다.

'90 특임단(Task Force 90)'으로 명명된 철수 함대는 해군 소장 제임스 도일(James H. Doyle)이 지휘했다. 아몬드 군단장에게 해병·해군작전에 대한 조언을 제공한 에드워드 포니(Edward Forney) 대령이 제10군단 철수통제장교로 임명되었다. 육군 제2공병특수여단이 항구시설 운용과 선박운항 통제를 담당했다. 선박들과 함께 미군 상인들과 오랫동안 경험을 쌓은 부두 노동자들로 구성된 1,200명의 일본인들도 도착했다. 이들은 예인선이자 모선인 '시나노마루(信濃丸)'호에서 교대로 취침하면서 24시간 주야로 선적작업에 투입되었다. 12월 14일 무렵, 종군기자단이 흥남항에서 전차를 인양하여 선박에 적재하는 모습을 촬영한 사진이 미국 신문에 보도되었다. 아몬드 군단장은 포니 대령의 조직적인 업무처리 솜씨에 감탄하면서 "포니 대령은 진작에 장군이 되었어야 할 사람이야!"라고 말했다. 얼마 후, 그는 준장으로 진급했다.

스미스 사단장이 기대한 임무는 12월 11일 아몬드 군단장이 하달한 명령 '10-50'호에 따라 부대를 철수시키는 것이었다. 그러나 스미스 사단장은 "장진호에서 중공군으로부터 심대한 타격을 입은" 제7사단 예하 대대원 중에서 해병들이 가장 많은 사상자 피해를 입었으므로 이들에게 철수 우선순위가 부여되어야 한다는 점을 강조했다. 맥아더 사령관이 연포로 날아간 상징적 제스처는 작전적인 측면에서 아무런 영향도 주지 않았지만, 이미 진행 중인 상황에 대해 그가 공식적인 명령을 하달하는 외양을 갖추는 효과가 있었다. 해병대의 뒤를 이어 제7사단의 잔여 병력이 제3사단 병력과 함께 배에 올랐다. 제3사단은 마지막으로 철수하는 선박의 방어선을 확보하는 과정에서 거의 아무런 전투도 치르지 않았다. 곧 폐쇄될 연포공항을 경비하던 한국군 부대들은 원산 부근으로 이동할 준비를 했다. 바탄(Bataan) 반도, 바둥 해협(Badung* Strait), 시실리(Sicily) 해안 일대 그리고 이번에 연포항 연안에 배치된 제1해병비행단은 한국의 부산항 서쪽에 위치한 마산으로 철수할 계획으로, 마산은 이곳에서 철수한 해병들의 숙영지가 될 예정이었다. 스미스 사단장은 해병대 공중작전을 담당한 필드 해리스(Field Harris) 소장에게 다음과 같은 내용의 편지를 보냈다. "기나긴 겨울밤과 눈폭풍 속에서 해병대원들은 해병대가 보내주는 비행기의 굉음을 다시 들을 수 있는 날이 오기를, 그리고 맑은 날씨가 주어지기를 간절히 기도했습니다."

연포항에서 맥아더 사령관은 아몬드 군단장에게 동경 다이이치 사령부의 참모장으로 복귀할지, 아니면 이번에 철수한 제10군단이 서부전선으로 이동하여 월턴 워커 사령관이 지휘하는 제8군과 합쳐진 다음에 계속해서 군단장 직책을 원하는지 물었다. 아몬드는 '조니 워커(Jonnie Walker)'를 택했다. 맥아더와 아몬드는 서로 좋아하지 않았으나, 아몬드는 맥아더가 마음에 들지 않거나 전투에서 실패한 장

* 역주: 원문에는 'Badoeng'이라고 되어 있으나 올바른 명칭은 'Badung'이다.

군의 보직을 해임시켜버리고, 워커 장군 대신에 자신이 총애하는 다른 장군을 새로운 사령관에 임명할 것으로 짐작했다. 그렇더라도 극동군사령부의 참모장 대행인 도일 히키(Doyle Hickey) 소장은 여전히 명목상으로나마 아몬드가 차지하고 있는 직위로 승진하지는 못했다. 맥아더는 아몬드 장군의 '극동군사령부 참모장' 직책을 전후(戰後)의 노른자위 보직으로 생각하고 있었는지도 모를 일이다.

중공군의 기습적인 포위공격에서 벗어나기 위해 허둥지둥 도망쳤던 소위 '대탈주(Big Bugout)' 사건 이후 만신창이가 되어 사기가 땅에 떨어질 대로 떨어진 워커 장군의 제8군은 불과 10일 만에 120마일(약 193킬로미터) 이상을 후퇴했다. 중공군과의 접전은 아직 이루어지지 않은 상태였으나, 제8군은 손실된 장비와 탄약의 일부를 공중수송으로 다시 보충 받았다. 전방부대들은 대부분 38선 이남으로 물러나 있었다. 제8군 후미부대는 서울에서 북쪽으로 약 30마일(약 48킬로미터) 지점인 임진강 일대에서 후퇴를 멈추고 정지했다. 아직 멀찌감치 떨어져 있던 중공군의 이동은 원시적인 군수체계로 인해 모멘텀을 상실했다. 북한지역에서는 철도망이 드물었고, 트럭도 희귀한 품목이었다. 유엔군이 혼비백산하여 도망치느라 미처 파괴하지 못한 보급창고에서 약탈하기도 하고, 발로 걸어 다니는 수천 명의 짐꾼들이 보급품을 운반해주기도 했지만, 적군에게 전투식량과 탄약은 늘 부족했다.

워커 장군과 대적했던 펑더화이는 평양을 탈환한 김일성이 상징적으로 축구장에서 재건된 인민군을 사열할 수 있도록 유엔군에 대한 추격을 중단했는데, 이러한 사열행사는 미군 항공기의 공습을 염려하여 서둘러 마련된 행사였다. 곧이어 12월 13일 마오쩌둥은 펑더화이에게 이런 내용의 전문을 보냈다. "만일 적이 싸우지 않고 서울을 포기하려 한다면, 서부전선의 우리 군대는 서울과 평양 사이에서 며칠간 정지하여 피로에 지친 군대에게 휴식을 주어야 한다." 스탈린의 상임대리이자 소련대사이던 테렌티 시티코프(Terenty Shtykov*)는 마오쩌둥의 명령을 전해 듣고 이에 반대했다. 그는 펑더화이에게 "전쟁에서 그처럼 주저하는 것은 세계 역사상 일찍이 없었던 일"이라면서 중공군이 남한으로 밀고 내려가야 한다고 조언했다. 시티코프는 적의 공격과 혹한의 날씨로 인해 이미 중공군이 전투력의 1/3을 상실했다는 사실을 모르고 있었다. 하지만 펑더화이는 그 사실을 이미 알고 있었다.

펑더화이는 자신의 부대에 과도한 사상자가 발생했다는 것을 언급하지 않은 채, "현대식 군대를 맨발로 쫓아가는 것은 난센스"라고 시티코프에게 쏘아붙였다. 그는 마오쩌둥에게 이렇게 무전을 보냈다. "두 차례의 승리 이후 모든 측면에서 조속한 종전을 기대하는 들뜬 분위기와 맹목적 낙관주의가 걷잡을 수 없이 증가했다. 소련 대사는 미군이 신속하게 도망칠 것이라고 주장하며 서둘러 움직일 것을 요구한다. 앞으로 전쟁이 장기전의 양상을 보일 것이므로 우리는 면밀한 계산도 없이 무조건 앞으로 밀고 나가지 말아야 한다."

유엔군이 동부전선에서 전진하는 것은 서부전선에서 무작정 남쪽으로 도망치는 것과 달랐다. 펑더화이는 조심스럽게 임박한 힘

* 역주: 원서에는 북한주재 소련대사의 이름을 'Shtyov'라고 했는데, 이는 'Shtykov'의 명백한 오기(誤記)이다.

의 공백상태를 메워나갔다. 함흥–흥남 지역의 방어선 경계를 책임지고 있던 제3사단장 로버트 소울 소장은 중공군이 자신의 방어태세를 시험할 것을 알고 있었지만, 약 200명의 중공군이 제7사단 E중대를 공격한 12월 13일 새벽까지 경미한 전투만이 벌어졌을 뿐이다. 미군을 기습적으로 공격한 중공군은 포로나 전사한 시체에서 약탈한 GI 파카와 전투복으로 위장하고 있었다. 약 50명의 중공군이 사살되었다. 다음날 밤, 더 많은 중공군이 제65보병연대 B중대를 공격하여 중대가 잠시 뒤로 밀려났지만, 포병사격으로 적들을 격퇴했다. 중공군의 대대적인 공격이 예상되자, 발사된 실탄들이 방어선 주변의 언덕과 계곡을 넘어 넓은 지역을 휩쓸고 지나갈 수 있도록 대공화기 고도를 낮춰서 배치했다. 적들은 대개 밤에 공격을 감행했고, 많은 예하부대의 철수로 필요한 공간이 줄어들고 있었기 때문에 제10군단의 책임구역은 계속해서 축소되었다.

「뉴욕타임스」 지의 동경 특파원 린드세이 패럿(Lindesay Parrott)이 12월 15일 보낸 기사는 "공산주의자들의 7~12개 사단이 함흥 부근의 교두보와 흥남항으로 육박했다"고 보도했으나, 이는 다이이치 사령부가 언론 보도문에서 부풀린 숫자였다. 중공군의 접근을 지연시키기 위해 제10군단은 철로 횡단지점을 포함하여 모든 교량을 폭파시켰다. 더 이상 화물수송에 필요가 없는 15개의 기관차와 275칸의 열차들도 파괴되었다. 쓸만한 것은 하나도 남겨두지 않았다.

12월 15일, 펑더화이는 사단장들을 소집하여 마오쩌둥 주석이 "정치적 고려로 인해" 양쪽 전선에서 상징적인 38선을 넘어 진격할 것을 주장한다는 사실을 알려주었다. 펑더화이는 사단장들에게 이렇게 말했다. "만일 성공한다면 우리는 승리를 선언할 것이며, 다음에 무엇을 할 것인지는 그때 사정에 따라 달라질 것이다." "외국 언론의 신문보도에 의하면" 적들이 철수하고 있고, 서부전선의 제8군이 서울 남쪽으로 후퇴한 상태에 있었으므로 상기 명령은 장진호 전선을 담당하고 있던 '동북사령부(Northeast Command)'에는 하등 문제가 없었다.

펑더화이의 부사령관 홍쉐지(洪學智)는 전투력이 소진된 휘하 부대들이 더 전진할 수 있다는 데 의구심을 가졌다. 중공군 총참모장이자 군수전문가인 네룽전은 또 다른 이유로 신중론을 제기하면서 "만일 우리가 너무 빨리 밀어붙이면, 또 다른 인천상륙작전 같은 것이 감행될 가능성"을 우려했다. 좀 더 논의가 진행된 후, 펑더화이는 12월 19일 마오쩌둥에게 보급품과 수송수단의 부족, 갈수록 늘어나는 전진거리, 부대원들의 피로와 혹한의 날씨 등으로 인해 모든 상황이 여의치 않다고 보고했다. 예하 중공군 집단군들이 수중에 보유한 트럭들은 "모두 합쳐보아야 300대 미만"이었다. 병사들은 동계 외투가 부족했고, 제42집단군은 목화로 만든 동계 군화도 부족했다. "동계 군화를 착용한 병사들의 신발이 다 낡았다. 대부분의 동계 외투와 담요들이 적군의 네이팜탄에 타버리고 말아 동계 군화를 착용하지 못한 병사들은 맨발로 다니고 있다." 뿐만 아니라, "식량, 채소, 소금, 식용유의 공급이 너무도 부족하여 군대의 건강상태가 악화되고 있으며 많은 병력이 병에 걸리고 있다."

전쟁기간을 통해 중공군은 마을에 심어놓은 첩자와 침투병력 그리고 미국의 언론보도 이외에도 거의 퇴물이 되다시피 한 소형

PO-2 복엽기(複葉機)를 운용했는데, 이 비행기는 레이더에 탐지되지 않을 정도로 저공으로 비행하여 적 부대의 위치와 장비, 철수과정 등을 염탐했다. 때때로 느리고 저공으로 비행하는 '한밤중의 스토커'는 적의 지역을 벗어나기 전에 작은 세열수류탄(細裂手榴彈) 같은 것을 집어던지고 도망쳤다.

마오쩌둥은 비록 "미국과 영국이 …… 선전 목적에서 과거 38선에 유지되었던 현상유지 가능성을 탐색하고, 우리로 하여금 휴전을 받아들이도록 강요할 것"이지만, 펑더화이의 실용적 판단이 '지구전'을 의미한다는 점을 인정했다. '크리스마스까지 승리'에 대한 기대는 '크리스마스까지 휴전'에 대한 허망한 희망으로 변질되었다. 정치적 해결을 위한 군사적 조건의 조성은 여전히 요원한 가능성으로 남아 있었다.

장거리 이동과 혹독한 날씨로 인해 갈수록 중공군의 군수보급체계가 위협을 받게 될 것이 뻔한 사실이었건만 유엔군, 아니 사실상 맥아더군은 중공군이 군수적 면에서 심각한 문제를 안고 있다는 간단하고도 명백한 적의 약점을 눈치 채지 못했다. 맥아더 사령관은 예하 부대의 대대적인 철수가 적의 병참선과 자산을 신장시키는 데 기여한 교묘한 전략이었다고 생각했다.

제10군단의 철수부대가 예상치 못한 문제점은 중공군의 수중에 넘어가지 않으려 필사적으로 밀려드는 민간 피난민들의 숫자가 걷잡을 수 없이 증가하고 있다는 사실이었다. 서부전선의 경우에는 피난민들이 육로로 남하할 수 있었다. 그러나 동북부 전선의 피난민들은 유동적인 전선을 뚫고 침투하여 퇴로를 차단한 중공군과 북한군 게릴라들에 의해 이동로가 막혔다. 제10군단은 사방에서 지뢰지대, 철조망, 공중공격, 야포 및 기관총 등으로 원거리로부터 이들의 접근을 막고 있었다. 틀림없이 한국인 피난민 대열 속에는 농민 복장, 심지어 두루마기 차림의 첩자가 숨어 있을 것이었다. 혹한의 추위와 식량·물 부족을 견디고 간신히 목숨을 부지하며 절망적인 상황에 있던 피난민들은 중공군의 침투를 저지할 수단을 갖고 있지 못하기도 했거니와, 침투에 저항했다가는 공산주의들의 손에 죽거나 아니면 미군들의 손에 죽거나 양자택일을 할 수밖에 없었을 것이다.

거의 매일같이 한국인 문관 현봉학(玄鳳學) 박사가 아몬드 군단장을 찾아와 피난민들이 미군들과 함께 떠날 수 있게 해달라고 간청했다. 의사로서 훗날 미국에서 의과대학 교수가 된 현봉학 박사는 결코 무시할 수 없는 쟁쟁한 관록을 갖고 있었다. 그는 해병대 에드워드 포니 대령에게 대부분의 피난민들은 신앙심이 투철한 선교사들에 의해 기독교로 개종되어 오랫동안 독실한 신자들로 살아온 사람들이라고 설명했다. 혹한의 칼바람 속에서 흥남 철도역 부근에 구름같이 모여든 수만 명의 피난민들은 필요하다면 신발도 신지 않고 동해안을 향하여 수십 마일을 걸어갈 태세였다. 포니 대령은 아몬드 군단장에게 선처를 호소하기로 동의했다. 그는 현봉학 박사에게 이렇게 말했다. "박사님, 군단장님이 이런 부탁을 받아들이기는 어려울 것이지만, 한번 시도해보시지요. 나폴레옹도 자기 사전에 '불가능'이란 단어가 없다고 했지 않습니까?"

피난민 문제는 단지 도덕적이고 전략적 문제일 뿐만 아니라, 동시에 미국에서는 정치적으로 민감한 문제가 될 잠재력도 갖고 있었다. 더구나 크리스마스가 다가오는 시점에서 미군이 지휘하는 제10군단 사령부가 종교를 믿지 않는 공산주의 불신자들의 잔혹한 압제에 기독교인들을 내버리고 간다는 것은 미국인들의 입장에서 도저히 용납될 수 없는 행위였다. 「라이프」 지와 「타임」 지 발행인 헨리 루스(Henry Luce) 같은 당시 미국의 막강한 보수주의자들은 중공에 기독교 선교사들을 파송해야 한다고 주장하고 있던 판국이었다. 전 세계적으로 판매부수가 엄청난 「리더스 다이제스트(Reader's Digest)」 발행인 디윗 월리스(DeWitt Wallace)는 장로교 목사의 아들이었고, 공화당 엘리트 중에서 외교정책 분야의 거물로 알려진 존 포레스트 덜레스는 미국에서 가장 영향력 있는 장로교 신자였다. 일본의 다이이치 사령부는 한국인 피난민 문제를 모르고 있었다. 일본 총독인 맥아더 사령관은 일본에 기독교 선교사들이 파견되도록 장려하고, 심지어 온순한 일본 정부에게 이런 조치를 수락하도록 압력을 가했다. 그는 일본인들이 대거 기독교로 개종할 것으로 확신하고, 미국성서협회(American Bible Society)에게 일본에 성경책을 보내달라고 요청했다. 그러나 동 협회는 실망스럽게도 맥아더의 군정기간 중 고작 1천만 부의 일본어로 번역된 성경책을 배포하는 실적을 올리는 데 그쳤다.

아몬드 군단장은 포니 대령과 현봉학 박사를 만나는 데 동의했다. 아몬드 군단장은 모든 가용 선박들이 흥남에 집결된 미군들을 철수시키는 데 필요하다고 설명했다. 미군 헌병들은 이미 엄청나게 불어난 피난민들을 저지하느라 진땀을 흘렸다. 그러나 현봉학 박사는 피난민들이 쉴만한 대피소나 식수 또는 취사시설 같은 것이 전혀 없다며 선처를 호소했다. 아몬드 장군은 무엇이 되었건 간에 남아 있는 식량을 이들에게 나누어주도록 명령할 것을 약속했다. 12월 9일, 제10군단 사령부 — 사실상 아몬드 군단장 자신 — 가 현봉학 박사에게 앞으로 더 이상 간청하지 말 것을 통보한 순간, 한국인 피난민들의 후송은 불가능해진 것처럼 보였다. 제10군단에 의하면, 어쩌면 한국 민간 고용인의 철수조차 불가능할지도 모른다는 것이다. 그러자 현봉학 박사는 다른 전략을 구사했다. 그는 자신의 견해에 동조하는 제10군단 군목이자 과거 메리놀(Maryknoll) 수도회 소속 선교사였던 패트릭 클리어리(Patrick Cleary)를 찾아갔다. 사람을 설득하는 수완이 탁월했던 클리어리 신부는 방어선이 축소됨에 따라 외곽경계 부대에 대한 한국 민간인들 집단의 압력이 완화되어야 하고, 미군이 머지않아 대부분의 피난민이 밀집된 함흥을 포기할 것이라는 점을 알고 있었다. 가까운 곳까지 육박하여 이미 산등성이 위에서 얼씬거리는 중공군의 모습이 눈에 띄었다.

군종신부의 탄원을 받은 아몬드 군단장은 마지못해 피난민 철수 문제에 대해 일본 다이이치 사령부의 승인을 요청했다. 피난민 대부분이 기독교로 개종한 신자들이라는 점을 언급한 것이 맥아더 사령관의 승인을 얻는 데 주효했다. 긴급사태에 굴복한 아몬드 군단장은 아직 홍남에서 움직이고 있던 기차들을 동원하여 한국인들을 항구 내 부두지역으로 데려올 것을 명령했다. (이런 명령을 내리기도 전에 이미 수천 명이 부두에 와 있었다.) 항구에 정박해 있던 선박 중 몇 척이 피난민 철수용으로 전환되었다. 한국인 피난민들의 대변인을 자처한 현봉학 박사는 50명의 피난민들이 곧 철수하게 될 함흥 시내 장로교회에서 기도하는 모습을 발견했다. 현 박사가 이들에게 한국인 피난민들이 구조될 것이라는 소식을 사람들에게 빨리 알려주라고 말하자, 절망적으로 기도하던 신자 중 한 사람이 이렇게 외쳤다. "마침내 모세가 우리를 구해주러 왔다!"

함흥으로부터 기차를 타고 온 수천 명의 한국인들이 부두 가까이로 몰려들기 시작했다. 피난민을 구하기 위한 구조선들이 12월 17일과 18일 사이에 한국 해군과 일본에서 도착했다. 한국 해군은 LST(상륙정) 3척을 보냈고, 일본에서는 더 많은 배들이 왔다. 12월 19일부터 각각의 선박들은 공식적인 수용인원을 훨씬 초과한 숫자의 피난민들을 태우기 시작했다. 12월 21일 '서전트 앤드루 밀러(Sergeant Andrew Miller)'호에 탑승한 현봉학 박사는 훗날, 그날 밤 부두에서 내륙을 행하여 불을 뿜는 해군의 함포사격이 "마치 지평선에 떨어지는 유성 같았다."고 회고했다.

10

크리스마스이브

"압록강변에서 중공군 성지춘은 …… 장진호를 향하여
철모를 벗고 깊이 고개를 숙이며, 함께 싸우다 숨진 동지들의 넋을 기렸다."

한국 북동부 지역에서의 철수는 제2차 세계대전 당시의 덩케르트(Dunkirt) 작전이 아니었다. 이는 해병들의 치밀한 계획 아래, 마지막 선박이 출발하기 전까지 12일간 실시한 작전이었다. 1940년 5월 27일부터 6월 4일까지 영국 해협에서와 같이 민간인 자원봉사자들이 몰고 온 수많은 소형 선박들의 함대는 없었다. 절망에 빠진 연합군 여단병력들이 바다에 떠 있는 것이라면 무엇이 되었건 올라타기 위해 필사적으로 파도를 헤치며 나아갔던 장면도 연출되지 않았다. 적들에게 산더미 같은 무기나 장비도 넘겨주지 않았다. 지상의 야포와 연안에 정박 중이던 전함들이 교두보를 확보하고 있었으므로 적들의 압박으로 인한 필사적인 긴박감이 조성되지도 않았다.

덩케르트 철수작전 이후 3년이 지나 이번에는 적이 대부분의 무기를 가지고 도망친 당혹스러운 사건이 벌어졌는데, 아이젠하워, 몽고메리, 알렉산더 장군 등은 아마도 이것이 역사 속에서 잊히기를 원했을 것이다. 1943년 시실리(Sicily) 섬을 출발하여 메시나 해협(Messina Strait)을 건너 이탈리아 반도로 철수하려던 독일군은 연합군 지도부의 괴이한 무능을 교묘하게 이용했다. 해럴드 알렉산더(Harold Alexander) 장군은 윈스턴 처칠 수상에게 "마지막 독일군이 시실리 섬을 탈출했다."고 무전으로 보고했다. 그러나 실제로 독일군은 아직 아무도 도망치지 않았다. 헤르만 괴링(Hermann Göring)의 기갑사단과 다른 부대들은 전차와 야포를 앞세우고 아무 저항도 받지 않은 채 해협을 건넜다. 1943년 8월 10일부터 8월 16일 사이, 외팔의 독일군 한스 휴브(Hand Hube) 중장 — 소련과의 전쟁 초반에 전사했다 — 은 3만 9,569명의 독일군과 6만 2,182명의 이탈리아군 그리고 수만 대의 차량, 대포, 탄약, 보급품 등 이탈리아에서 2년 이상 전쟁을 치를 수 있는 병력과 탄약 및 물자를 철수시키는 데 성공했다.

언론에 대서특필된 북한 흥남항으로부터의 철수 — 1950년 12월 18일 「타임」 지가 최초로 보도했다 — 는 마치 기원전 401년 크세노폰이 저술한 『페르시아 원정기(Anabasis)』에 등장하는 1만 명의 그리스 용병이 탈출하는 웅장한 고전적 서사시에 비견될 만한 것이었다. 로이 애플먼(Roy Appleman)은 『함정으로부터의 탈출(Escaping the Trap)』이라는 제하의 저술에서 엄동설한에 감행된 스미스 장군의 철수작전을 "크세노폰의 교과서를 그대로 적용한 작전이며, …… 첫 번째 교훈은 만일 그것이 가장 중요한 교훈이라면, 부대의 행군종대가 통과하기 전에 행군로를 따라 적들이 숨어 있는 고지를 선점하는 것이다."라고 기록했다.

함흥 교두보에서 공군, 해군 및 해병대 소속 항공기들이 안전막을 제공했고, 동해상에 정박 중이던 전함들이 발사한 16인치 함포는 중공군의 철수 행렬을 교란시킬만한 지점들을 맹렬히 두들겼다. 상륙정으로부터 소형 선박, 연락선 그리고 나중에 도착한 미주리(Missouri) 전함, 세인트폴(St. Paul) 순양함 등에 이르기까지 총 109척의 선박들이 해상 이동로에 북적거렸다.

홍남항 남쪽의 원산항은 12월 10일 폐쇄되었고, 12월 17일에는 원산과 연포 간의 항공기 비행도 중단되었다. 연포에 위치한 제17전투수송사령부는 마지막 순간까지, 때때로 5분 간격으로 대부분 C-119로 이루어진 항공기들의 이·착륙을 통제했다. 마지막으로 수송사령부는 연포로부터 393소티의 비행으로 228명의 사상자, 3,891명의 군인, 2,086톤의 화물을 후송했다. 일손이 부족해지자 항공기 승무원들도 출발하는 항공기의 화물적재에 투입되었다. 4대의 항공기에 문제가 발생했다. 그중에서 2대는 현장에서 문제가 해결되었다. 세 번째 비행기의 문제는 아시야 공항에 있던 비행기에서 두 벌의 엔진세트를 떼어내 "하늘을 나는 유개차(Flying Boxcars, C-119)"로 실어와 엔진을 교체하여 해결했다. 네 번째 항공기는 이륙을 위해 활주로로 이동하던 중에 펌프 고장이 일어나 파괴시켜야 했다.

유엔군이 포기하기 전까지 서울 인근의 김포공항은 몸집이 독일공군(Luftwaffe) ME-262 전투기의 젖힌 날개(swept-wing) 디자인을 모방한 소련제 MIG-15와 비슷한, 최신형 고속 전투기 F-86 세이버 제트기(Sabrejets)를 보유한 모체 공군기지였다. 그러나 동북부 전선에서는 홍남항 일대에 항공기의 긴급착륙에 사용될 수 있는 작은 활주로가 있기는 했으나, 유엔군의 철수로 갈수록 작전지역이 축소되었기 때문에 이들은 실전에서 별로 쓸모가 없었다.

원산항 교두보가 폐쇄되기 전까지 제1상륙전초대대(Shore Party Battalion)와 예하 부대들은 대부분 육군으로 구성된 3,834명의 병력, 1,146대의 차량, 1만 13톤의 화물 그리고 7,009명의 한국인 민간 근로자들을 수송했다. 전투손실 외에도 해병대는 7,338명의 비전투손실을 보고했는데, 대부분 심한 동상환자들이었다. 부상이 너무 심하여 움직일 수 없는 대다수의 환자들은 미리 일본으로 후송되었다.

12월 12일에는 제5해병, 이튿날인 13일에는 제1해병이 뒤이어 철수했다. 배에 탑승하던 군의관 헨리 '닥' 리트빈(Henry 'Doc' Litvin) 중위가 "선박에 오르는 계단의 맨 꼭대기 사다리에 이르렀을 때, 해군 병사들이 나를 붙잡고 밀치면서 마치 감자자루들처럼 난간을 폴짝 뛰어 넘어갔다. 나는 그전에도 그리고 그 후에도 그처럼 행복했던 적이 없었다." 이런 긴급한 상황에서는 서두르면서도 능률을 발휘하는 것이 중요한 법이다. 어떤 선박은 부산항에 도착한 다음, 급하게 흥남항으로 돌아가 더 많은 인원과 장비를 실어 날랐다. 스미스 사단장은 장진호 작전에 투입되었던 약 1,400대의 차량과 "같은 숫자가 복귀했지만, 도중에 보급된 차량 중 일부에는 해병대가 아닌 육군 로고가 찍혀 있었다."고 회상했다. 흥남항의 화물선들을 배경으로 촬영한 어느 사진에는 76밀리 소련제 곡사포가 보였는데, 처음에는 중공군이 기계화부대 장비를 가져온 증거로 해석되었으나, 나중에는 이것이 한국군의 장비라는 것이 밝혀지기도 했다.

12월 13일경, 제5해병 및 제7해병연대가 탑승하여 출발 준비를 완료했다. 제3해병사단은 수송함 4척, 상륙함 16척, 돌격화물선 1척 그리고 민간선박 7척에 총 2만 2,215명의 해병과 장비를 적재했다. 참으로 행복하게도 모든 병력들에게 호화로운 해군의 전투식량이 지급되었다. 동계 파카와 군화를 착용하여 수척해진 체구를 가린 스미스 사단장은 전사자들이 묻혀 있는 교두보 공동묘지에서 개최될 기념식에 참석하기 위해 지휘소의 문을 닫기 직전에 걸음을 멈추었다. 오후의 눈부신 햇살 속에서 그는 긴 그림자를 남기며 자신이 휴대하던 경기관총을 땅바닥에 내려놓았다. 무덤을 만들기 위해 땅을 파헤쳐둔 야트막한 언덕 주변에 개신교, 가톨릭, 유대교 군종들이 장례식을 집전했다. 흰색 깃대에 절반을 내려 게양된 조기(弔旗)가 바람이 없는 가운데서도 멈칫거리는 듯했다. 턱수염이 무성한 병장의 지시에 따라 파카와 헬멧을 착용한 해병대 조총반이 앞으로 나와 '차려 자세'를 취했다.

AP통신의 톰 램버트(Tom Lambert) 기자는 당시 현장 모습을 이렇게 보도했다.

> 다른 해병들보다 일찍 도착한 사단장은 행사가 진행되는 동안 거의 말이 없었지만, 먼저 떠난 이들에게 큰 신세를 졌다는 것을 느끼고 있었다. 그가 천천히 언덕을 오르자, 방한화에 빨간 진흙덩이들이 묻었다. 그는 묘지가 시작되는 자리에서 잠시 동안 아무 말 없이 서 있었다.
>
> 청담색 곰팡이 색깔의 지면을 배경으로 흰색 십자가와 다윗의 별들이 언덕에서 어슴푸레 빛을 냈다. …… 새로 생긴 언덕의 진흙이 신선했고, 십자가에서는 광채가 비쳤다. 북쪽에는 산이 있었다. 이곳에 고토리, 하갈우리, 유담리 같은 이상한 이름의 마을에서 싸우다

죽어간 해병들이 누워 있다. 남쪽에는 바다가 보였다. ……

그런 다음 해병대 군종장교들이 다가와 북쪽을 바라보았다. …… 그중 한 명이 이렇게 말했다. "증오가 그치고 전쟁이 영원히 중단되기를……."

그때 어디선가 갑자기 한 줄기 바람이 불어오더니 깃대에 묶여 있던 성조기가 풀어졌다. …… 저공비행하던 해병대 코르세어 전투기가 북쪽에 폭탄을 투하했다. 이때 스미스 소장이 무덤으로 다가갔다. 그는 깡마른 장신의 군인이었는데, 흰색 십자가를 배경으로 그의 모습이 무척이나 쓸쓸해 보였다. 그가 전투모를 벗자 하얗게 센 머리칼이 햇살에 반짝거렸다. …… 그는 이렇게 말했다. "잠시나마 이들의 영원한 안식처를 외국 땅에 마련해야 하다니 참으로 애석한 일이다. 그러나 그들의 용맹한 업적은 우리와 함께 영원히 남을 것이다."

해병대 병장이 구령을 붙이자, 3발의 총성이 묘지 위로 발사되고 외로운 나팔소리가 울려 퍼진 다음, 묘지의 마지막 줄 뒤편에 있던 해병들이 차려 자세를 취한 상태에서 구슬픈 영결식 나팔이 연주되었다. 마지막 소절이 연주될 무렵 바람이 잦아들고 깃발도 하기(下旗)되었다. 장례식 의식행사가 끝나자, 잠시 동안 중단되었던 철수 작업이 계속되었다.

미국 시각으로 12월 15일, 한국 시각으로 16일, 미국 전역의 신문들은 사진과 함께 "북한에 해병들이 잠들다. 흥남에서 거행된 엄숙한 장례식에서 크리스마스까지 귀국하지 못할 해병들의 묘지의 위치를 표시하기 위해 흰색 십자가가 남겨졌다."라는 기사를 보도했다.

한국전쟁의 '폭발'을 보여주는 신디케이트 사설 만화와 분화구에서 피어오르는 물음표

같은 날 등장한 신디케이트 사설 만화는 화산폭발 세례를 받은 '한국'의 모습이 등장했다. 분화구에서 하늘 꼭대기로 올라가면서 풍선 모양의 물음표들이 나타났다.

우리는 한국전쟁에 반드시 개입했어야 했나?

우리는 38선을 넘었어야 했나?

누구를 비난할 것인가?

우리는 한국에 대해 다른 입장을 취할 수 있나?

우리는 아시아에서 철수해야 하나?

(한국전쟁에 개입한) 마오쩌둥의 저의는 무엇인가?

이는 제3차 세계대전의 시작인가?

우리는 전면전에 대비되어 있는가?

이제 우리는 모든 자산을 재군비에 쏟아 부어야 하는가?

우리는 ……할 것인가?

이는 또 다른 덩케르트 철수작전인가?

긍정적인 측면을 강조하는 또 다른 만화는 만족스러운 표정의 엉클 샘(Uncle Sam)이 "양키들이 중공군의 함정을 돌파하다!"라는 신문 제목을 읽고 있는 모습을 보여준다.

12월 14일, 스미스 사단장은 공격수송함인 '베이필드(Bayfield)'호에 승선하여 15일 오전 10시 30분에 항해를 시작했다. 해병들은 배낭과 함께 장진호에서 가져온 기념품들을 들고 배에 올랐다. 어느 해병은 함정에 오르는 계단 위로 M-1 소총과 함께 소련제 카빈총을 갖고 왔다. 셰퍼드 장군은 같은 날 홍남항을 출발하여 동경을 거쳐 하와이로 날아갔다. 아직 해변에 남아 있던 해병들은 차량을 수송하는 88대의 수륙양용 트랙터로 구성된 제1상륙트랙터대대 예하 상륙전초중대인 공(空)·해(海) 함포연락중대 그리고 제10군단 참모부 요

장진호 '탈출'을 알리는 만화를 게재한 「포츠머스 헤럴드(Portsmouth Herald; New Hampshire 발행)」 지

원들이었다. 스미스 소장은 공병대대를 뒤에 남기고 싶지 않았으나, 도일 제독은 트랙터대대와 트랙터대대 소속 차량들을 선적하기 위해 몇 대의 상륙주정모함(LSD: Landing Ship Deck)에게 별도의 임무를 부과했다. 마지막 해병은 크리스마스 전날까지 상륙함(LST: Landing Ship Tank)에

흥남항에서 공격수송함 '베이필드'호에 승선하는 해병들

탑승한 상태로 공중통제반 예비조로 남아 있던 병력들이었다.

흥남지역 엄호부대를 돌파하려는 중공군의 노력이 심각한 양상으로 시도된 것은 12월 18일 자정이 지난 직후 제3사단 15연대 1대대가 박격포와 기관총을 퍼붓는 약 500명의 중공군의 공격을 받았을 때였다. 약 3시간 후 중공군은 70명의 사망자와 23명의 포로를 남겨둔 채 어둠 속으로 달아났다.

외곽 방어진지에서 중공군을 격퇴하기 위해 사격이 한창 이루어지는 사이, 제7사단의 일부가 아닌 한국군 부대들이 18일 일출 이후에 승선하여 같은 날 항구를 출발했다. 12월 19일 계속해서 7사단의 나머지 철수작전을 감독하게 될 지휘함 매킨리(Mt. McKinley)호에 오르기 전, 아몬드 군단장은 바(Barr) 장군에게 공로훈장(Distinguished Service Medal)을 수여했는데, 바 장군은 분명히 훈장을 받을 만한 자격이 있었다. 연안에 정박해 있던 매킨리호에 오른 아몬드 군단장에게 도일 제독은 군사교리에 따라 모든 지상군 부대와 항구 내 함정에 승선한 모든 부대들이 이제 특임단 사령관(task force commander)을 겸직하는 자신의 지휘 하에 있다는 점을 상기시켰다. 아몬드는 이제 승객 중 한 명에 지나지 않게 된 것이다.

12월 20일 데이비드 바가 지휘하는 제7사단이 승선하면서 대부분의 최종적 철수준비는 소울의 제3사단에게 넘겨졌다. 나중에 AP통신사의 중역이 된 스탠리 스윈턴(Stanley Swinton) 한국 특파원은 본국에서 듣기에 거북할 정도로 과장된 내용의 기사를 송고했다. "짜리몽땅한 로버트 소울 소장은 이곳에서 뉴스의 초점이 되는 인물이다. 소울은 인간 다이너마이트처럼 정열이 넘치는 지휘관으로서 …… 가장 전투에 늦게 참가한 신참 부대인 제3사단은 교두보 포위전투에서 유감없이 투혼을 발휘하는 부대로 부상했다." 스윈턴은 존경하는 어투로 소울 사단장의 '개인적 슬로건'을 '초전박살'이라고 소개했다.

한때 창고로 쓰였던, 압록강 바로 밑에 위치한 강계에서 8마일(약 13킬로미터) 떨어진 제10호 포로수용소에서 때 이른 크리스마스가 시작되었다. 12월 21일 그곳에서 수용소장의 명령에 따라 '크리스마스 파티'로 불리는 집단 세뇌교육을 위한 모임이 소집되었다. 영어를 떠듬거리며 구사하는 중공군 세뇌담당 장교가 이미 낯익은 마오쩌둥 주석의 "전쟁포로에 대한 관대한 정책"이라는 제목으로 강의를 했다. 놀랍게도 중공군 장교가 장광설을 늘어놓은 방에는 꽃다발, 빨간 색종이로 만든 종 모양의 장식 그리고 '메리 크리스마스'라는 글씨로 단장되어 있었다. 그 밑의 커다란 플래카드에는 이렇게 적혀 있었다.

> 만일 월스트리트(Wall Street)의 제국주의자들만 아니었더라면
> 귀하들은 크리스마스 날 밤을
> 가족들과 즐길 수 있었을 것이다.

해병대 시어도어 힐번(Theodore Hilburn) 일병은 크리스마스 날 받은 따스한 쌀밥과 삶은 돼지고기 식사를 3년간 철조망에 갇혀 있던 따분하고 배고픈 수용소 생활 중에서 최고의 대우라고 회고했다. 아마도 미군들에게서 노획한 물건들이었겠지만 캔디, 땅콩과 담배도 지급되었다. 녹음된 성탄절 음악도 틀어주었다. 해병대 레너드 매피올리(Leonard Maffioli) 병장의 회고에 의하면, "이들은 사방의 벽에 '평화를 위해 싸우자' 어쩌고저쩌고 하는 슬로건이 적힌 플래카드를 붙여

두었다. 또한 작은 촛불을 켜놓은 두 개의 크리스마스트리도 갖다놓았다."

가장된 크리스마스 파티가 끝난 후 굴종적인 대가가 기다리고 있었다. 그들은 미군 포로들에게 자발적으로 앞으로 나와 발언하도록 요구했다. 노르망디 상륙작전을 포함하여 17년간 육군에서 복무하고, 독일군의 포로가 된 적도 있는 윌리엄 올슨(William Olson) 상사가 먼저 일어서서 이렇게 말문을 열었다. "독일군은 기독교도였다. 그러나 그들은 우리에게 크리스마스를 행복하게 지내도록 해주지 않았다. 중공군은 크리스마스를 지키지 않으나, 이처럼 우리에게 훌륭한 파티를 열어주었다. 나치들은 죄수들을 구타했다. 그들은 우리에게 침을 뱉고, 견딜 수 없을 정도로 오랫동안 서 있도록 강요했다. …… 하지만 중공군은 따뜻한 의복과 잠자리 그리고 수건까지 주었다. 그들은 우리와 음식을 나누고, 우리에게 자신들이 갖고 있는 최고의 것을 주었다. 이는 우리에게 많은 것을 가르쳐준다. 이번에 미국으로 돌아가면 육군에서는 나를 받아들이지 않을 것이다. 만일 백만장자가 전쟁을 원한다면, 그들에게 스스로 총을 들고 싸우도록 해야 한다." 다른 병사들도 일어서서 선전문구를 따라 반복했다.

3월 1일 세뇌수용소가 폐쇄되고, '재교육'을 거친 포로들은 전염된 사상을 전파하도록 다른 곳에 분산되었다. 프랭크 노엘 특파원, 영국군 특공대원들과 함께 하갈우리 근처에서 매복에 걸려 항복했던 10호 수용소의 고참 장교 존 매클로플린(John McLaughlin) 소령은 동료들의 변절행위에 목청 높여 분노를 표출하는 찰스 해리슨(Charles Harrison) 소위에게 목숨을 부지하기 위해서라면 "어느 정도 적들의 프로그램에 장단을 맞추는 것"은 별로 나쁘지 않다고 조언해주었다. 그의 합리적 해석에 의하면, 동료들이 청취한 증언이란 것이 따지고 보면 "공산주의 이념에 대한 풍자"에 불과한 것이다.

12월 24일 오전 9시 15분, 아몬드 군단장은 지휘함 매킨리호에서 하선하여 마지막 철수부대가 들어오는 것을 지켜보고, 소울 사단장에게 아래와 같이 '탁월한 무공'을 세운 공로로 수훈십자훈장(Distinguished Service Cross)을 수여했다.

> 장진호와 하갈우리 지역에서 제10군단 예하 부대의 철수를 엄호하였고, …… 소울 장군의 행동은 적이 수적으로 압도적 우세를 점하고 있음에도 불구하고 혹한의 기온과 공세적인 적을 맞이하여 제1해병사단 전체와 제7보병사단 예하 부대의 성공적 철수에 기여했다. 소울 장군은 자신의 엄호임무를 성공적으로 완수함으로써 적을 …… 교두보에서 격퇴하였고, 이로써 완벽하고 질서정연한 철수가 이루어질 수 있었다. …… 그는 개인적 안전을 완전히 무시한 채 최전방에 위치하여 …… 휘하 장병들의 귀감이 되었다.

그의 사단은 황초령을 하산하는 철수부대에 엄호사격과 외곽순찰을 담당하여 철수작전의 성공에 기여했다. 부주의한 해병대 트랙터 운전병이 4천 파운드(약 1.8톤)의 박격포탄이 쌓여 있는 더미에 담배꽁초를 버리는 바람에 탄약더미가 때 이르게 폭발하여 출발이 잠시 지연되기는 했지만, 크리스마스이브인 12월 24일 오전과 이른 오후 소울 소장이 지휘하는 제3사단은 홍남지역의 7개 해변에서 출발하여 무사히 상륙함에 승선했다. 이 폭발사고로 해병대 소위와 해군 수병이 사망하고 34명이 부상을 입었다. 또한 3대의 해병대 '암트랙(Amtrack)' 수륙양용 상륙정도 부서졌다.

철수작전이 계속되는 가운데 해병대를 태우고 홍남을 출발한 선박들은 하루 만에 부산에 도착하였고, 해병들은 트럭으로 부산을 출발하여 무수한 텐트가 설치되고 있는 마산까지 이동했다. 스미스 소장은 마산에 위치한 일본식 가옥에 여장을 풀었다. 보도에 의하면 "화장실은 작동되었으나 라디에이터가 고장 난" 것으로 알려졌다. 12월 남한의 온화한 한기는 크게 성가시지 않았지만, 그는 화장실에 불만이 있었다. 하갈우리에서 부락민들을 동원하여 스미스 소장의 지휘소를 세운 적이 있는 한국군 소위 존 리(John Y. Lee)는 장군을 위해 목재 화장실을 세우도록 작업인부들에게 명령했다. (아몬드 군단장과 달리, 스미스 소장은 자신의 전투식량을 부하들에게 나누어주었으나, 계급에는 몇 가지 혜택이 따르는 법이다.) 마지막 못질을 하여 화장실 공사를 마친 다음, 한국군 목수가 볼일을 보고 있었는데, 바로 그때 스미스 소장이 용변을 보려고 화장실에 들어섰다. 이 소위는 경악했으나 장군은 "이 양반이 일을 마치면 나에게 알려달라고 했다. 스미스 사단장은 겸손한 신사였다."

해군 함포사격의 엄호 하에 홍남항에서의 철수작전이 계속되는 가운데 수천 명의 초라한 몰골의 한국인 피난민들이 항구로 몰려들어 남은 선박에 올라타려고 서로 밀치면서 난리를 피웠다. 철수작

흥남항에서 철수하기 위해 상륙정에서 화물선으로 올라가는 제5해병 부대원들

전이 시작된 지 2주 동안 미주리 전함이 발사한 16인치 함포 162발을 포함하여 2,932발의 8인치 포, 1만 8,637발의 5인치 포, 71발의 3인치 포 그리고 1,462발의 5인치 로켓포 사격을 퍼부어 접근하는 중공군을 위협했다. 109척에 달하는 온갖 종류의 선박들이 193회에 걸

쳐 후송작전을 실시하고, 어떤 선박은 흥남항으로 되돌아와 더 많은 인원과 장비를 실어 날랐다. 10만 5,000명의 미군과 한국군, 1만 7,500대의 차량, 거의 35만 톤에 달하는 보급품과 장비, 그리고 2만 9,400개의 50갤런 유류 드럼통이 운반되었다. 해변에 남아 있던 것은 모조리 사용 불가능한 상태로 폐기되었다.

여전히 항구에 남아 있던 선박들은 절망적 상태에 빠진 피난민, 그들의 소지품 그리고 등에 업힌 아이들을 모두 태울 수 없었다. 가족들은 따로 떨어진 채 배에 오르지 않으려고 발버둥 쳤다. 마지막으로 남은 배는 제2차 세계대전 당시에 사용되던 '메러디스 빅토리(Meredith Victory)'호였는데, 배에 오르는 난간은 승선하려는 한국인들로 초만원이었다. 화물선으로 건조된 이 배는 60명 이하의 승무원을 태우도록 설계되었으나, 비상사태로 인해 이런 규정을 적용할 형편이 아니었다. 후송팀에서 차출된 어느 장교가 선착장에서 승선하는 과정을 조율하기 위해 이 배에 올랐다. 미국 해안경비사관학교(Coast Guard Academy)를 갓 졸업한 초급 공병장교 메를 스미스(Merle Smith) 소위가 그를 맞이하면서 그가 추수감사절 이후 맛있는 음식을 먹지 못했을 것으로 짐작하고는 "뭔가 맛있는 것을 먹겠느냐?"고 물었다.

그의 대답은 뜻밖이었다. "양파가 먹고 싶어요. 몇 주 동안이나 양파 생각만 했어요." 양파를 건네주자 마치 사과를 먹듯 맛있게 먹어치웠다.

12월 24일 오전 7시 30분, 레너드 라뤼(Leonard LaRue) 선장 휘하의 승무원들은 절망적인 상태에 있던 피난민들을 먹이기 위한 쌀을 배에 실었다. 흥남항에서 승무원들은 배의 엔지니어이자 참모장교였

흥남항에서 메러디스 빅토리호에 오른 한국인 피난민들의 혼잡한 모습

던 러니(J. R. Runney)와 같이 자기가 먹을 식량과 물을 휴대하고 승선하라는 지시를 받았다. 러니는 고향에 보낸 편지에서 "나는 흥남항구 부두를 입추의 여지 없이 가득 메운 이 불쌍한 사람들이 무엇을 먹고 지내는지는 도저히 알 수 없었다."고 썼다. 떼 지어 몰려들어 태워주기를 간청하는 피난민들을 배 밑에 모두 태울 수 없었고, 더 이상 출발할 선박도 없음을 알아차린 라뤼 선장은 선박 운항에 필요가 없는 갑판에 수천 명의 피난민들을 태우기로 결정했다. 선박에는 3개의 갑판이 있었는데, 화물선이었던 관계로 전등이나 난방장치가 설치되어 있지 않았다.

흥남항에서 철수한 9만 1,000명의 민간인 피난민 중에서 1만

4,000명이 이루 말할 수도 없이 혼잡한 '메러디스 빅토리'호에 올랐다. 처음부터 부족한 음식과 식수가 곧 바닥이 났으나, 과도한 선상 하중을 고려하여 아주 느린 속도로 항해한 끝에 사흘 만에 무사히 부산에 도착했다. 선박의 주방 근처에 서 있던 어느 피난민은 삶은 계란 한 개를 손에 받아 쥐고는 껍질도 벗기지 않고 그대로 삼키듯 먹어치웠다. 다른 사람들도 오렌지를 받아들고는 껍질째 씹어 먹었다. 갑판에 수백 드럼의 항공유가 있었는데, 추위에 떨던 사람들이 몸을 녹일 셈으로 금속 드럼통에 불을 붙이기 시작했다. 드럼통이 폭발하면 배가 침몰할 것이 뻔했으므로 기절초풍할 듯 놀란 승무원들이 한국말을 모르지만 손을 마구 내저으며 불을 피우지 말라고 말렸다. 그래도 소용이 없자, 직접 달려들어 불길을 꺼버렸다. 또 다른 위험한 상황으로는 한국군 헌병 복장으로 위장한 사람이 공산주의 첩자인 것이 발각되어 수갑을 찬 상태로 기둥에 묶였다. 또한 만삭의 산모가 근처에 있던 여인들의 도움을 받아 갑판에서 출산하기도 했다. 부산으로 항해하는 동안 4명의 산모가 아기를 순산하였는데, 배 위에서 태어난 5명의 아기들은 최상의 음식인 모유를 먹었다. 위생시설이란 것도 없었는데, 메를 스미스 소위는 고향에 보낸 편지에서 "컨테이너에서 몇 개의 화장실을 발견했다. 악취가 사방에 진동하여 토할 지경이었다."고 적었다. 어떤 피난민들이 도중에 사망하여 이들의 시체에서 냄새가 나는 것이라는 소문도 나돌았지만, 실제로는 항해 도중에 죽은 사람은 한 명도 없었다.

장진호 작전을 마무리 짓는 대단원의 막은 마지막 선박이 흥남항을 출발할 때 내려질 예정이었다. 폭파팀이 선창과 크레인 그리고 해변에 버려둔 탄약더미와 창고 곳곳에 폭발물을 설치했는데, 이들이 모두 폭발하면 지구상 최대의 크리스마스이브 불꽃축제라도 하는 것처럼 보였을 것이다. 버려진 것들 중에는 1,000파운드(약 454킬로그램) 폭탄 500발도 포함되어 있었는데, 이것이 터지면 엄청난 폭음과 불기둥을 일으키며 해변에 거대한 분화구가 형성될 참이었다. 폭파지역은 1마일(약 1.6킬로미터) 길이로, 연안에 정박해 있던 전함이 출발하면서 발파하기로 예정되었다. 크리스마스이브 오후 2시 36분, 병력과 물자가 모두 철수한 해변에는 사람들이 아무도 없다는 사실이 확인되었다. 배에 오른 사람들 중 뒤편에서 해변을 향하고 사람들은 쌍안경으로 내륙 산등성이에 몰려 있던 중공군이 이동할 준비를 하는 모습을 볼 수 있었다. 연이은 함포사격이 이들의 이동을 계속해서 중단시키고 있었다.

훨씬 북쪽에 위치한 중국인민의용군 사령부는 다음 공격목표로 상대적으로 전투력이 약한 한국군 사단을 지목했다. 중공군 사령부는 달력을 확인하고는 12월 말과 1월 초 사이가 야간공격에 유리한 만월이라는 사실을 발견했다. 이 기간 동안 서부전선에서는 신정휴일이 끼어 있어 경계가 소홀할 터였다.

오후 2시 40분, 아몬드 군단장은 지휘함 매킨리호에서 동경의 다이이치 사령부에 제10군단 소속 모든 부대들이 흥남에서 성공적으로 철수했다고 보고했다. 철수 완료와 동시에 교두보에서 벌어졌을 불꽃놀이는 일대 장관을 이루었을 것이다. 그러나 아몬드 군단장이 맥아더 사령관에게 보고한 무전은 내용이 약간 부정확한 것이었다. 비상 활주로에서 안전한 거리로 벗어난 공병장교 에드 로니(Ed Rowny) 중령과 두 명의 병사는 마지막 상륙정이 자신들을 데리러 오기를 기다리고 있었는데, "상륙정이 우리 앞에 200야드(약 183미터)가량 다가 왔을 때 폭발물이 터졌다. …… 우리가 해변에 앉아 있는 줄도 모르

흥남항구가 폭파되는 동안 근처에 정박해 있던 해군 수송함 '비고르(the USS Begor)'호의 모습

고, 지휘함에 있던 제임스 도일 소장과 아몬드 군단장은 우리도 그 배에 탄 것으로 생각하고 남쪽으로 이동했다."

에드 로니 중령이 갖고 있던 무전기는 "고장 난 것 같았다. 그 무전기는 도일 소장과 통화가 되지 않았다." 공군에게 SOS 무전을 날리면 틀림없이 중공군이 달려들 것이었으므로 로니 중령과 함께 있던 병장은 이판사판의 심정으로 이렇게 제의했다. "중령님, 여기 분말우유가 산더미처럼 쌓여 있거든요. 이걸 가지고 활주로에다 10피트(3미터) 정도 되게 큰 글씨로 SOS라고 그리시죠." 이는 실로 위험한 아이디어였다. 이들은 폭파팀이 이동식 화장실에서 냉동주스 상자를 포함한 식량에 이르기까지 제거하거나 파괴시킬 수 없는 온갖 물건들에 부비트랩을 설치한 것을 알고 있었다. 다행히 폭파 전문가들은 분말우유에 폭발물을 설치하는 것을 까먹었다.

이들은 배에 실을 수 없어 활주로 근처에 쌓아놓은 분말우유 자루들을 질질 끌고 나와 "SOS라는 커다란 글씨를 써놓았고, 마침내 정찰기가 날아와 이것을 발견하고는 착륙하여 우리를 태워주었다. …… 우리 세 사람은 무사히 돌아가 크리스마스이브에는 동경에 있던 가족들과 재회했다. 크리스마스 날 나(에드 로니 중령)는 아몬드 군단장으로부터 내가 죽은 줄 알았다는 메시지를 받았지만, 나는 살아있는 것이 한없이 기뻤다. 나는 비행기를 타고 속히 미국으로 돌아가고 싶었다."

아몬드 군단장은 크리스마스 날 배에서 내려 부산 외곽의 베이스캠프에 있었다. 지휘함에서 맥아더 사령관에게 보낸 메시지는 백악관에도 전달되고, 이 소식에 안도한 트루먼 대통령은 "내 생애

최고의 크리스마스 선물"이라며 기뻐했다고 한다.

압록강변에서 중공군 제9집단군 사령관 성지룬 장군은 중공으로 돌아가기 위해 잠시 멈추고 철모를 벗어들더니 "장진호를 바라보고 고개를 숙이며, 그들의 이름은 모르지만 싸우다 숨진 동지들의 넋을 기렸다." 막대한 손실을 입은 제9집단군은 병력 보강을 위한 새로운 중공군의 장거리 행군이 요구되었고, 이들이 도착할 무렵에는 이미 해병들이 동해안을 벗어난 후였다. 4개 사단이 증원되어 부상자와 동상환자 그리고 전사자들을 교체했다. "그가 머리를 들더니 다시 철모를 쓰고는 엄숙하게 그들을 향해 경례를 했다. 그의 얼굴에서 눈물이 흘러내리고 있었다."

에필로그

"때는 크리스마스 무렵이었고,
우리는 칠면조요리를 맘껏 즐겼다. ……
(조이 제독은) 우리에게 크리스마스트리도 잔뜩 보내주었다."

제3사단이 흥남에서 철수를 준비하고 있을 때, 서부전선의 '조니 워커' 제8군사령관은 서울 바로 북쪽에 위치한 의정부의 제1군단 사령부를 방문하기 위해 머지않아 다시 한 번 철수할 예정으로 있던 서울에서 반짝거리는 검정색 지휘관 차량에 오르고 있었다. 때는 12월 23일 정오 무렵이었다. 육군 군수담당관들은 이미 일본으로부터 지난 추수감사절에 군용식당을 메웠던 것과 똑같은 크리스마스 만찬용 요리들을 선적하고 있었다. 한강 계곡에 있던 한국군 부대들은 중공군이 접근하자 재빨리 저녁을 먹고 철수할 참이었다.

워커 장군의 운전병은 1944년 프랑스에서부터 그를 따라다니던 고참병이었다. 지붕이 없는 무개지프에는 일상적인 교통신호를 무시하고 빨리 지나갈 수 있도록 좌우 흙받기 위에 적색등과 사이렌이 달려 있었고, 장군이 때때로 일어서서 잡을 수 있도록 조수석 좌석에 금속 손잡이가 장착되어 있었다. 차량에 앉은 워커 장군은 귀마개가 달린 털로 된 모자를 착용하였고, 추위에 견딜 수 있도록 무릎 주변을 모포로 둘러매었다.

반대방향에서는 남쪽을 향해 철수하는 한국군 트럭과 지프차의 행렬이 보였다. 다음날 수도를 포기할 것이라는 이승만 대통령의 발표는 겁에 질린 대탈출을 촉발했다. 병력들을 싣고 지나가던 한국군의 무기 적재용 차량이 쏜살같이 달리던 워커 장군의 지프차 좌측 후미와 충돌하면서 지프차가 빙판길에서 튕겨져 나가 뒤집히고 말았다. 워커 장군과 운전병은 현장에서 즉사했다.

사고소식을 접한 즉시 다이이치 사령부의 도일 히키 부사령관은 워싱턴에 전화를 걸었고, 맥아더 사령관은 평생 동안 워커 장군을 칭찬한 것보다 더 많은 찬사를 하며 그의 죽음을 애도했다. 네드 아몬드 군단장은 제8군사령관 취임을 고사했다. 그해 12월 55세가 된 강인한 공수부대원 출신 매튜 리지웨이 중장은 크리스마스 만찬을 집에게 즐길 수 없게 되었다. 버지니아 주 포트마이어(Fort Myer)에 있던 리지웨이 중장은 다이이치 사령부 참모장 로턴 콜린스(Lawton Collins) 장군에게서 전화를 받았는데, 지체 없이 한국으로 출발하라는 명령이 떨어졌다. 트루먼 대통령과 마셜 국방장관은 이미 그의 임명에 서명한 상태였다.

워커 장군이 사망했을 당시, 아몬드 군단장은 부산항에서 약 30마일(약 48킬로미터) 떨어진 울산항에 정박한 지휘함 매킨리호에 머무르고 있었다. 피곤에 지친 그는 선상에서 크리스마스이브 만찬을 마치고 '죽은 듯이 깊은 잠'에 빠져들었던 참이었다. 아직 제10군단장을 맡고 있던 그는 사흘 후 리지웨이 중장을 사령관으로 맞이했고, 그의 직책은 계속 유지되었다. 1951년 7월 귀국한 아몬드는 1953년 전역했다. 그에 앞서 1951년 4월 맥아더는 여러 차례에 걸쳐 대통령

흥남항에서 철수한 후 머나먼 한국에서 크리스마스 저녁을 먹고 있는 병사들

에게 항명한 합참의 건의에 따라 계속적인 명령 불복종을 이유로 트루먼 대통령에 의해 사령관 보직에서 해임되었다. 리지웨이 장군이 맥아더의 후임에 임명되었다.

부산항에서 트럭으로 이동한 해병들이 집결한 마산에서 야영을 하고 있던 스미스 사단장은 "북한지역에 주둔하는 동안 전투식량으로 끼니를 때우던 장병들의 사기를 돋우기 위해 신선한 고기 같은 먹거리를 제공해주고 싶었다. …… 다이이치 사령부의 조이 제독은 배에 칠면조고기를 가득 실어 마산으로 보내주었고, 동시에 육군도 약속을 지켜준 덕분에 우리는 칠면조고기를 신물이 나도록 먹을 수 있었다. …… 우리는 신선한 소고기를 먹지 못했으나, 크리스마스 무렵에는 주체할 수 없을 만큼 많은 칠면조고기를 확보하게 되었다. …… 조이 제독은 크리스마스트리도 한 아름 보내주었다." 텐트 밖에서 해병들은 하얗게 탈색된 작은 바위들을 모아 '메리 크리스마스'라는 글씨를 새겨놓았다. 그렇지 않았더라면 화이트 크리스마스가 되지 못했을 것이다. 당시 남한에서는 눈이 오지 않았다.

스미스 소장은 부대 고위급 장교들을 위해 오픈하우스 행사를 베풀었다. 일본 사세보 항구에서 한국으로 물자와 인원을 수송하는 일을 맡았던 제임스 소퍼(James P. Soper) 해병 소위는 스미스 장군에게 '올드 그랜대드 버번(Old Grandad bourbon)' 한 상자를 보냈다. 그의 참모들은 버번 위스키를 한국산 달걀, 분말우유, 설탕 등과 섞어 그럴듯한 크리스마스 칵테일을 제조해냈다.

에밀리오 '레이' 아귀레 병장은 대대원들과 크리스마스를 보내지 못했다. 크리스마스이브에 텍사스 주에 위치한 코퍼스 크리스티 해군병원(Corpus Christi Naval Hospital)에 입원해 있던 그의 곁을 아내가 지켜주었다. 비록 병원이었지만, 아내가 옆에 있었으므로 거의 집이나 마찬가지였다. 그의 사격팀 동료였던 케네스 윌슨(Kenneth Wilson)도 어깨수술에서 회복되어 병실로 걸어들어 갈 정도가 되었다. 이처럼 맥아더는 일부 부대원들에게는 "크리스마스까지 귀국"이라는 약속을 지킨 셈이 되었다.

선상에서 태어난 5명의 아기를 포함하여 1만 4,005명의 한국인 피난민을 태운 '메러디스 빅토리(Meredith Victory)'호는 이미 피난민으로 초만원이던 부산항에서 입항이 거부되었다. 이 배는 남서쪽으로 50마일(약 80킬로미터) 떨어진 거제도로 이동했다. 해안에서 조금 떨어진 이 섬에는 수만 명의 전쟁포로가 수용되어 있었다. 크리스마스 날 두 척의 해군 상륙정이 수많은 피난민들의 하선을 지원했다. 성공적으로 완수된 이 작전은 레너드 라뤼(Leonard LaRue) 선장의 인생을 송두리째 뒤바꿔놓았다. 1954년 '메러디스 빅토리'호가 폐기된 후 그는 '매리너스 형제(Brother Marinus)'로 알려진 가톨릭 베네딕트 수도사가 되었다. 그는 2001년 87세를 일기로 숨을 거두었다.

찾아보기

ㄱ

고토리(古土里) 45

과달카날(Guadalcanal) 143

그래디 미첼(Grady P. Mitchell, Jr.) 176

그로버 버그돌(Grover Bergdoll) 222

극동공군 전투화물사령부(Combat Cargo Command) 206

글렌 핀록(Glenn J. Finrock) 188

ㄴ

뉴욕타임스(New York Times) 63

뉴욕 헤럴드 트리뷴(New York Herald Tribune) 161, 238

니키타 흐루시초프(Nikita Krushschev) 58

닐 헤퍼넌(Neal Heffernan) 178

ㄷ

덩샤오핑(鄧小平) 84

다이이치 사령부 47

더글러스 드라이스데일(Douglas B. Drysdale) 193

덕동산 138

덕동 협곡 181

데이비드 더글러스 던컨(David Douglas Duncan) 254

데이비드 바(David Barr) 61, 109

데일 시버(Dale Seaver) 186

도널드 슈먹(Donald Schmuck) 264

도널드 프랜스(Donald France) 129

도일 스미스(Doyle Smith) 233

도일 히키(Doyle Hickey) 125

돈 맥앨리스터(Don McAlister) 141

돈 페이스(Don C. Faith) 133, 171

돈 휴스(Don Huth) 166

드라이스데일 특임단(Drysdale Task Force) 196, 249

드와이트 아이젠하워(Dwight Eisenhower) 66

디윗 월리스(DeWitt Wallace) 296

딘 러스크(Dean Rusk) 35

딘 애치슨(Dean Acheson) 158

ㄹ

랠프 밀턴(Ralph Milton 218

랠프 밀턴(Ralph Milton) 212

레너드 라루(Leonard LaRue) 315

레너드 매피올리(Leonard Maffioli) 310

'레드' 미드('Red' Meade) 279

레븐 앨런(Leven Allen) 85, 126

레이 데이비스(Ray Davis) 173

레이먼드 데이비스(Raymond G. Davis) 68, 165

레이먼드 머리(Raymond L. Murray) 74

레이테(Leyte) 항모 189
레지널드 마이어스(Reginald Myers) 179
렐먼 모린(Relman Morin) 87
로렌스 '더치' 카이저(Laurence 'Dutch' Keiser) 145
로렌스 벙커(Lawrence Bunker) 30
로렌스 슈미트(Lawrence Schmitt) 71
로렌스 카이저(Laurence Keiser) 126
로버트 골(Robert Gault) 257
로버트 드레이크(Robert E. Drake) 246
로버트 드모트(Robert DeMott) 273
로버트 래플릿(Robert Raplett) 58
로버트 롱스태프(Robert Longstaff) 201
로버트 매클루어(Robert McClure) 126
로버트 소울(Robert Soule) 127, 157
로버트 웨드마이어(Robert Wedemeyer) 131
로버트 켄모어(Robert Kennmore) 131
로버트 타이액(Robert Tyack) 196
로버트 태플릿(Robert Taplett) 165, 201
로버트 포엘스크(Robert A. Foelske) 142
로버트 하비(Robert Harvey) 202
로웰 토머스(Lowell Thomas) 82
로이 애플먼(Roy Appleman) 300
로턴 콜린스(Lawton Collins) 146, 226, 324
루이스 그래포(Louis J. Grappo) 186
르무엘 셰퍼드(Lemuel Shepherd) 57, 236
리 버지(Lee Bergee) 67
리스 크루(Leith Crue) 124
리처드 댄포드(Richard Danford) 281
리처드 수아레스(Richard Suarez) 245
리처드 스티븐스(Richard W. Stephens) 85
리처드 존스턴(Richard J. B. Johnston) 161
린드세이 패럿(Lindesay Parrott) 292

ㅁ
마오안잉(毛岸英) 83
마오쩌둥(毛澤東) 34
마거리트 히긴스(Marguerite Higgins) 235
마이클 미(Michael Mee) 188
마킨 환초(Makin Atoll) 전투 129
마틴 러스(Martin Russ) 217, 230
매튜 리지웨이(Matthew Ridgway) 107
맥아더(Douglas MacArthur) 22, 29, 51, 86, 152
메러디스 빅토리(Meredith Victory) 315
메러디스 케이른(Meredith Keirn) 141
메를 스미스(Merle Smith) 315, 317
몬테주마의 영웅들(Halls of Montezuma) 203
미국성서협회(American Bible Society) 296

ㅂ
밥 드루리(Bob Drury) 206
밥 에젤(Bob Ezell) 140
밥 해먼드(Bob Hammond) 65, 190
백린탄(white phosphorus shell) 176
벅 르페브르(Buck LeFevre) 218
베리 앤더슨(Berry Anderson) 219
벤저민 리드(Benjamin Read) 95, 209, 281
부교 264
브루노 포돌락(Bruno Podolak) 178
브루스 윌리엄스(Bruce Williams) 273
빈센트 포스코(Vincent Fosco) 210

ㅅ
사세보(佐世保) 153
셰팡(解方) 97
새로운 전쟁(entirely new war) 169
서전트 앤드루 밀러(Sergeant Andrew Miller)

298
섬유질 방탄복(fiberglass body armor) 273
성지룬(Sung Zhi Lun) 174
셀윈 핸들러(Selwyn Handler) 202
셔먼 릭터(Sherman Richter) 278
스키 왁스(ski wax) 154
시드 허프(Sid Huff) 86
시어도어 힐번(Theodore Hilburn) 310
시카고 데일리 뉴스(Chicago Daily News) 143
시카고 트리뷴(Chicago Tribune) 75

ㅇ

아서 치체스터(Arthur Chichester) 193
아서 크록(Arthur Krock) 149
안전통행권(safe-conduct passes) 58
알레이 버크(Arleigh Burke) 287
알렉산더 헤이그(Alexander Haig) 134
알파 바우저(Alpha Bowser) 228
압록강 40
앤서니 스토리(Anthony F. Story) 85
앨런 매클린(Allan D. MacLean) 74, 183
앨런 헤링턴(Alan Herrington) 143
앨프리드 그루엔더(Alfred Gruenther) 66
앨프리드 버그돌(Alfred Bergdoll) 222
어니스트 곤잘레스(Ernest Gonzalez) 253
어니스트 홀브레흐트(Ernst Holbrecht) 81
에드 로니(Ed Rowny) 135, 153, 319
에드 미프수드(Ed Mifsud) 95
에드 스탬퍼드(Ed Stamford) 128
에드워드 '네드' 아몬드(Edward 'Ned' Almond) 29
에드워드 리브스(Edward Reeves) 212
에드워드 포니(Edward Forney) 168, 288
에드윈 라이트(Edwin K. Wright) 53
에드윈 '핑키' 라이트(Edwin 'Pinky' Wright) 155
에밀리오 '레이' 아귀레(Emilio 'Ray' Aguirre) 68
에버렛 스몰리(Everett Smalley) 137
에스더 스미스(Esther Smith 222
엘머 월링(Elmer Walling) 95
여물통 265
연포 229
오마 브래들리(Omar Bradley) 146
오브리 스미스(Aubrey Smith) 156
오스카 비빈저(Oscar Bibinger) 212
올리버 프린스 스미스(Oliver Prince Smith) 46
올린 비올(Olin Beall) 209
우드로 윌슨 테일러(Woodrow Wilson Taylor) 255
원산 99
원자탄 163
원정연합군최고사령부(Supreme Headquarters Allied Expeditionary Force) 66
월터 윈첼(Walter Winchell) 125
월턴 워커(Walton Walker) 79
웨이드 헤이슬립(Wade H. Haislip) 147
웨인 피켓(Wayne A. Pickett) 205
윌리엄 듀건(William Duggan) 33
윌리엄 라이디(William Reidy) 217
윌리엄 로렌스(William L. Laurence) 63
윌리엄 바버(William Barber) 71, 181, 197
윌리엄 배닝(William Banning) 224
윌리엄 스페인(William Spain 194
윌리엄 시볼드(William Sebald) 77
윌리엄 올슨(William Olson) 311
윌리엄 제너(William Jenner) 162

윌리엄 퀸(William Quinn) 168
윌리엄 터너(William H. Tunner) 156
윌리엄 파운더(William Pounder) 122
윌리엄 해리스(William F. Harris) 216
윌버 헌든(Wilbur Herndon) 95
윌프레드 프로서(Wilfred Prosser) 266
유담리 176
유에스 뉴스 앤드 월드 리포트(US News and World Report) 149
유진 랜드럼(Eugene M. Landrum) 125
유진 팀세스(Eugene Timseth) 112
이브닝 불리틴(Evening Bulletin) 234
이스트힐(East Hill) 176
이주은 252
인디언타운 갭(Indiantown Gap) 126

ㅈ

장제스(蔣介石) 34
'조니' 워커('Jonnie' Walker) 53
장진호 45
잭 라이트(Jack Wright) 145
저우언라이 84
전략적 철수(strategic withdrawal) 183
전승기념 퍼레이드(a Grand Victory Parade) 77
제3사단 65보병연대 111
제3집단군 50
제5해병 112, 171
제7사단 17연대 61
제7연대 111
제7해병 112
제7해병 3대대 74
제7해병연대 50
제9집단군 174
제10군단 107
제15연대 111
제31보병연대 150
제31연대전투단 171
제32보병연대 150
제65연대 111
제롬 매케이브(Jerome McCabe) 175
제리 트릭스(Jerry Triggs) 140
제시 브라운(Jesse Brown) 250
제임스 개빈(James Gavin) 163
제임스 도일(James H. Doyle) 32
제임스 딜(James H. Dill) 75
제임스 랜손(James Ransone) 190
제임스 레스턴(James Reston) 160
제임스 모트루드(James Mortrude) 181
제임스 소퍼(James P. Soper) 326
제임스 이건(James Eagan) 195
제임스 캠벨(James G. Campbell) 180
제임스 클레이풀(James Claypool) 198, 269
제임스 폴크(James H. Polk) 243
조셉 매카시(Joseph McCarthy) 162
조셉 오웬(Joseph Owen) 112, 256
조지 마셜(George C. Marshall) 52, 158, 223
조지 스탠리(George Stanley) 137
조지 스트레이트마이어(George Stratemeyer) 77
조지 아미옷(George Amyotte) 273
조지 케넌(George Kennan) 162
조지 크로츠(George Crotts) 231
조 퀵(Joe Quick) 176
존 그로브(John Grove) 200
존 던(John Dunne) 198
존 매클로플린(John M. McLaughlin) 194, 311

존 바이시라인(John Beishline) 146
존 비숍(John Bishop) 200
존 셸넛(John C. Shelnutt) 175
존 아우다(John Audas) 206
존 얀시(John Yancey) 129, 198
존 오스틴(John Austin) 80
존 차일스(John H. Chiles) 53, 103
존 케이힐(John Cahill) 281
존 콜본(John A. Colborn) 176
존 쿨터(John Coulter) 80
존 패트리지(John H. Partridge) 259, 265
존 페이지(John U. D. Page) 279
지구전(On Protracted War) 77
지옥의 불 계곡(Hell Fire Valley) 192, 249

ㅊ

청흥리(青興里) 240
차량 행군(motor march) 104
찰스 로스(Charles Ross) 222
찰스 볼테(Charles Bolté) 157
찰스 워드(Charles Ward) 251
찰스 윌러비(Charles Willoughby) 33, 103
찰스 해리슨(Charles Harrison) 311
체스터 레슨던(Chester M. Lessenden) 143, 219
체스티 풀러(Chesty Puller) 67
칠면조고기 68
칠면조 고지(Turkey Hill) 71

ㅋ

케네스 다왈트(Kenneth Dawalt) 282
케네스 윌슨(Kenneth Wilson) 326
켄 벤슨(Ken Benson) 140
코르넬리우스 그리핀(Cornelius J. Griffin) 75
코트니 휘트니(Courtney Whitney) 81, 117
콘솔레이션(Consolation) 220
클라이드 매켈로이(Clyde McElroy) 233
클라크 러프너(Clark L. Ruffner) 157, 245
클레멘트 애틀리(Clement Atlee) 164
클리프턴 케이트(Clifton Cates) 56, 106
키스 비치(Keys Beech) 143

ㅌ

터너 조이(C. Turner Joy) 147
터키군 123
터키힐(Turkey Hill) 104
테렌티 시티코프(Terenty Shtykov) 291
토머스 리지(Thomas L. Ridge) 175, 179, 191, 219
토머스 핀레터(Thomas Finletter) 159
토머스 허드너(Thomas Hudner Jr.) 250
톰 램버트(Tom Lambert) 167, 303
톰 스톤(Tom Stone) 213
톰 클래빈(Tom Clavin) 206
투치롤(Tootsie Rolls) 283
트리폴리 해변(the shores of Tripoli) 203

ㅍ

펑더화이(彭德懷) 35
파니카(K. M. Panikkar) 34
패트릭 클리어리(Patrick Cleary) 297
페이스 특임대(Task Force Faith) 171
포레스트 셔먼(Forrest Sherman) 157
포트마이어(Fort Meyer) 146
포트베닝(Fort Benning) 80
폭스힐(Fox Hill) 104, 165
폴 마틴(Paul Martin) 253

폴 프리츠(Paul Fritz) 245
폴 흄(Paul Hume) 223
프랜시스 매튜(Francis P. Matthews) 220
프랜시스 킬린(Francis Killeen) 189
프랭크 노엘(Frank Noel) 194, 196, 258
프랭크 로(Frank Lowe) 100
프랭크 밀번(Frank Milburn) 78
프랭크 비펄크(Frank Bifulk) 278
프랭크 처치(Frank Church) 79
프레더릭 다우셋(Frederick Dowsett) 200, 219
필드 해리스(Field Harris) 46, 216, 289
필립 컬비스(Philip A. Kulbes) 47
필립 쿨베스(Philip A. Kulbes) 175
필즈 셸턴(Fields E. Shelton) 186

ㅎ

하갈우리(下碣隅里) 46
현봉학(玄鳳學) 295
홍쉐지(洪學智) 84
황초령(黃草嶺) 협곡 45
히비야 공원(日比谷公園) 66
하늘을 나는 유개차(Flying Boxcars) 141, 206
하우힐(How Hill) 281
하워드 쿤(Howard Koone) 262
한스 휴브(Hand Hube) 300
할리 트루블러드(Harley Trueblood) 69
합동통신사(United Press: UP) 149
해럴드 딜(Harold Dill) 109
해럴드 스태슨(Harold Stassen) 34
해럴드 알렉산더(Harold Alexander) 300
해리 스미스(N. Harry Smith) 211, 267
해리 트루먼(Harry Truman) 100
해병대 찬가(Marines Hymn) 203
핵무기 164
핼 보일(Hal Boyle) 36, 54, 167
허버트 파월(Herbert Powell) 61
헥터 카페라타(Hector Cafferata) 140, 182
헨리 '닥' 리트빈(Henry 'Doc' Litvin) 234, 282
헨리 루스(Henry Luce) 116, 296
헨리 호지(Henry Hodges) 172
호머 리첸버그(Homer Litzenberg) 45, 74, 105
호머 비가트(Homer Bigart) 161
호바트 래드너(Hobart Ladner) 141
호이트 밴덴버그(Hoyt Vandenberg) 226
활주로 130
후하이보(Hu Hai Bo) 67
휴 로빈스(Hugh Robbins) 185, 190
휴즈 발리(Huge Ballie) 149
흥남 99
흥남항 315

123

1081고지 264
1221고지 171
1419고지 71
31연대전투단(RCT: Regimental Combat Team) 74
90 특임단(Task Force 90) 288

C

C-119 수송기 141
CCV(Communist China Volunteers, 중공의용군) 40
CPV(Chinese People's Volunteers, 중국인민의용군) 40

D

dead man! 265

F

F4U-5 코르세어(Corsairs) 128

F-80C 55

F-80 슈팅스타(Shooting Stars) 128

F-84 선더제트기(Thunderjets) 128

M

MIG-15 55

P

P-51 머스탱(Mustang) 전투기 139

역자 **송승종**

학력

- 육군사관학교 졸업 (문학사)
- 국방대학원 석사과정 졸업 (국방관리 석사)
- 美 미주리주립대(University of Missouri – Columbia) 국제정치학 박사과정 졸업 (국제정치학 박사)

경력

- 현, 충남대학교 초빙교수
- 현, 한국전략문제연구소(KRIS) 선임연구위원 겸 『국가안보전략』 편집위원
- 駐제네바 군축담당관 겸 스위스 국방무관
- 국방부 정책실 미국정책과장
- 이라크 다국적군사령부 한국군 협조단장
- 駐유엔대표부 군사담당관
- 국방부 미국정책과 총괄장교
- 국방참모대(現 합참대) 전략학처 교수

저서, 번역서 및 주요 논문

- 『북한의 협상전략(번역)』(*Over the Line: North Korea's Negotiation Strategy*, 한울출판사, 1999)
- "유럽에서의 재래식 군비통제에 관한 연구: 협상전략을 중심으로"(『한국정치학회』 제31집 1호, 1997.6)
- "인도 · 파키스탄의 핵실험과 북한의 핵문제"(『북한』, 1998.9)
- 『유엔 평화유지활동의 이해』(연경문화사, 2006)
- "에볼라 바이러스로 인한 글로벌 위기"(『국가안보전략』, 2014.11)
- "부상하는 ISIS(Islamic State in Syria/Levant) 위협과 미국의 대응전략"(『전략연구』, 2014.12)
- "오바마 행정부의 아 · 태 재균형전략 중간평가"(『국방연구』, 2014.12)
- "The Shale Revolution, Its Geopolitical Implications, and a Window of Opportunity for Northeast Asia"(*The Korean Journal of Defense Analysis*, Vol. 27, No. 1, March 2015, SSCI급 논문)
- "American Exceptionalism at a Crossroads"(*The Korean Journal of International Studies*, Vol. 13, No. 1, April 2015)